X의 즐거움

인생을 해석하고
지성을 자극하는
수학 여행

|

스티븐 스트로가츠 지음
이충호 옮김

웅진 지식하우스

THE JOY of X

스티븐 스트로가츠의 수학 세계

김민형 | 옥스퍼드 대학 수학과 교수

수학 대중화 활동을 하다 보면 응용수학이라는 분야가 존재한다는 사실이 일반인들에게 잘 안 알려져 있다는 인상을 가끔 받는다. 그럴 수도 있는 것이, 대부분의 과학이 일종의 응용수학이기 때문이다. 물리학은 물론이고, 화학·공학·생명과학에서 정량적인 사고가 점점 중요해지는 추세이고 경제학 분야에서 노벨상 수상자가 실제로는 수학자인 경우가 계속 생긴다(가장 잘 알려진 경우는 물론 영화 〈뷰티풀 마인드〉의 주제가 되기도 했던 존 내시John Forbes Nash Jr.일 것이다). 요새 와서는 사회학·역사학·고고학 등에서도 데이터 분석이 일상화됐기 때문에 수학을 응용한다고 주장할 수 있는 학자의 인구는 점점 늘어만 난다. 그렇다면 응용수학자라는 개념이 따로 필요 없지 않을까? 거기에 대한 답변으로 나는 응용수학자가 '보편적 수학 사고를 하는 사람'이라는 정의를 제시하고 싶다. 어쩌면 이 정의 자체가 스티븐 스트로가츠와의 만남을 통해서 얻은 것인지도 모르겠다.

스트로가츠는 탁월한 응용수학자다. 나는 그 분야의 전문가가 아니지만 '응용수학의 대가'를 꼽으라면 당연히 떠오르는 이름이 스트로가츠다. 1990년 내가 박사학위를 받은 직후의 첫 직장인 매사추세츠 공과대학MIT에서 스트로가츠는 이미 조교수로 재직 중이었다. 같은 미적분학 강의를 나누어 맡기도 했고, 우리 둘 다 젊었던 시절이었기에 연구 분야가 상당히 다름에도 이야기는 쉽게 오갔다. 그 당시 나는 수학의 응용을 이론 물리학정도로 생각하고 있을 때였다. 내가 대학원 공부를 할 시절에는 양자장론과 초끈 이론이 수학과에서도 인기였고 거기에 이용되는 고등한 개념들에 매료된 사람이 수학계와 물리학계에 즐비했다.

그런데 어느 날 대화 중에 스트로가츠로부터 레이저의 작용에 대한 설명을 듣게 되었다. 사실 그 설명은 나에게 상당히 충격적이었다. 왜냐하면 나는 항상 그 현상을 양자장론으로부터 시작해 설명해야만 이해할 수 있다고 생각했기 때문이다. 물론 원칙적으로는 내 고정관념이 맞았다고 주장할 수 있다. 그러나 매사를 그런 근본론에서 시작하면 현실 문제로부터 너무 멀어져서, 생전 유용한 작업에는 가까워질 수 없다는 것이 요점이다. 그것은 마치 사회 조직을 만들려면 인간의 본성부터 완벽하게 파악해야만 한다는 식의 답답한 견해라는 것을 결국 깨닫게 해주는 대화였다. 스트로가츠가 그날 설명한 것은 학부 수준의 미분방정식만 가지고도 상당히 설득력 있고 효율적인 레이저의 모델을 만들 수 있다는 것이었다(이 내용은 스트로가츠의 교재 『비선형역학과 카오스』 3장에 상세히 설명되어 있다). 그때의 간단명료하면서도 실질적인 분석이 바로 스트로가츠의 전매특허라는 사실은 그 이후로 나 자신의 학문적 시야가 넓어지면서 차차 파악됐다.

응용수학자의 특징을 꼽으라면 구체적으로 두 가지가 생각난다. 첫째, 그들은 세상의 어떤 현상이든 수학적인 분석을 할 준비가 되어 있다. 자연현상은 물론 경제, 금융, 스포츠, 게임, 인간관계에 이르기까지 수학적인 도구로 유용하게 모델링 할 수 있으리라는 강한 신념을 가지고 있고, 또 이런 신념을 항상 실천으로 옮기며 산다. 둘째는 철저히 긍정적인 의미에서 학문적인 '기회주의자'라는 것이다. 순수수학자는 다른 종류의 기초과학자나 마찬가지로 근본주의적인 성격이 강하다. 앞에서 언급한 레이저의 예처럼 물질의 성질을 이해하려 할 때 화학작용을 열역학적으로 분석할 수도 있고, 양자역학적인 모델을 들여다보아야만 직성이 풀리는 사람이 있는가하면, 기본입자의 성질에서부터 시작해서 물질의 구성을 생각하는 관점 말고는 다 틀리다고 주장하는 근본주의자도 있다. 그러니까 개념적 척도를 정하고 나서 세상을 가늠하는 방법론이 사람에 따라서 상당히 다양하게 존재한다. 그런데 응용수학자란 바로 척도를 자유자재로 바꿀 수 있는 사람이고 그런 인식론적인 유연성이 그들의 과학관에 엄청난 힘을 부여한다. 다르게 표현하면 순수수학자는 세상을 이해하고자 할 때 궁극적으로 '가장 맞는 관점'을 찾아야 한다고 생각하는 경향이 강하다. 반면 응용수학자는 궁극적 원리에 대한 굳은 믿음보다는 그때그때 도움이 될 만한 관점과 도구를 무엇이든 이용할 준비가 되어있다. 그런 면에서 나는 나이가 들수록 응용수학의 융통성이 부러울 때가 많다.

스트로가츠의 지난 30여 년간의 연구업적을 훑어보니, 이미 그의 학문적 성향을 알고 있는 나로서도 놀라지 않을 수 없었다. 그는 DNA의 기하학, 인간수면의 동역학, 삼차원 화학파동의 위상수학, 반

딧불 같은 생물학적 발진기의 집단 작용, 레이저, 슈퍼컨덕터, 귀뚜라미(!)의 동시 통합작용, 언어소멸의 비선형동역학 등, 믿기 어려울 만큼 여러 종류의 과학 사회적인 문제에서 중요한 이론을 구축해냈다. 그는 특히 복잡계 이론의 대부로서 활동해왔고 동시성synchronicity의 통일적인 역할을 연구의 테마로 정하고서 다른 과학자들에게 그 현상의 중요성을 전도해온지 오래다. 그가 생각해낸 실제적 응용도 수없이 많지만 한 예로 런던의 밀레니엄 브리지 준공식에서의 불안정한 진동을 관중의 움직임과의 통합 작용을 통해서 설명한 논문이 생각난다. 이런 주제의 논문이 자연과학에서 제일 권위 있는 저널《네이처》에 게재될 만큼 고등한 과학과 일상의 유기적 연결점들을 탁월하게 찾아내는 과학자다.

이런 세계관의 당연한 산물로 스트로가츠는 학생 교육 그리고 과학의 대중화에 지대한 관심을 가지고 열성을 퍼부었고 그럼으로써 사회적인 지명도는 계속 높아져왔다. 그는 코넬 대학 내부 교육상을 여러 번 받은 것은 물론이고, 2007년에는 미국수학회, 수학교육협회, 통계학회, 그리고 응용 및 산업수학협회에서 공동으로 주는 수학 커뮤니케이션상을 수상했다. 2013년에는 미국 과학-인문학 증진 협회의 사회 공헌상을 받았다.

나는 옛날부터 그의 교육자로서의 자질을 목격한바 있지만 MIT에서 가르치던 시절에 대한 재미있는 이야기가 하나 있다. 이 이야기는 그의 책 『동시성의 과학, 싱크』 마지막 장에 나온다. 1994년에 그는 유명한 영화배우이자 감독인 알란 알다Alan Alda와 만났다. 알다가 동시성 이론에 대해서 배우고 싶어 했기 때문이다. 알다는 각종 사회 계몽 사업에 가담하고 있었는데, 일종의 동시성 현상을 이용해서 중요한 아이디어들이 전 세계에 번질 가능성에 대해 스트로가츠에게 묻고 싶어서 MIT에 찾아왔던 것이다. 스트로가츠의 사무실에서 여러 시간 대화한 후 학교식당에서 점심을 먹고 있는데 학생 하나가 주위를 맴돌며 가지도 오지도 못하는 모습이 보였다고 한다. 역시 영화배우와 있으니까 팬들이 모이는구나 생각한 스트로가츠는 학생에게 같이 앉자는 손짓을 한 모양이다. 다분히 수줍은 모습으로 다가온 학생은 알란 알다는 거들떠도 안보고, "교수님이 『비선형역학과 카오스』의 저자 맞으시지요? 너무 재미있게 읽었어요."라고 했단다. 전형적인 MIT 이야기면서 스트로가츠의 교육자로서의 자질과 인간성을 환하게 조명해주는 일화이기도 하다.

나처럼 정치에 무지한 사람도 사회 속에서의 과학의 역할에 대해서 가끔은 생각하지 않을 수 없다. 그리고 그런 생각도 나이가 들면서 이 방향 저 방향으로 방황하곤 한다. 그러면서도 나 자신의 변화를 지속적으로 느껴왔는데, 젊은 시절의 근본론이 점점 누그러진다는 것이다. 그 변화의 배경은 앞에서 이미 대강 설명한 것 같다. 그런데 또 하나의 깨달음은 사실 응용수학적인 유연한 사고가 순수수학에서도 아주 중요하다는 것이다. 순수수학 연구를 할 때도 원리에 너무 집착하면 논리가 막히는 경우가 많고, 오히려 어떤 방법으로든 쓸 만한 결과를 만드는데 치중하다보면 시간이 지나 원칙적인 문제도 이미 해결되어 있는 경험을 여러 번했기 때문이다. 그러고 보면 순수와 응용 사이의 구분도 좁은 식견이 낳은 고집이라는 느낌이 이제는 강해졌다. 여느 학자처럼 나도 영원불멸한 진리를 발견하겠다는 꿈이 없지는 않다. 그러나 이즈음에 와서는 교육자로서 학생들을 대할 때 원리보다는 융통성을 많이 강조하는 편이다. 자기의 자연스러운 호기심과 열린 마음으로 세상을 바라보는 탐구정신을 쫓아가다 보면 각 개인 특유의 강점이 언젠가 발휘된다는 믿음은 옛날 그대로다. 그러나 그런 가운데서도 하루하루의 작은 문제를 끊임없이 다루고 반기면서 근사적인 답이라도 계속 만들어 나가는 순발력을 중시하고 있다. 그런 종류의 진리 추구는 학계에서만 가능한 것도 아니고 특정한 분야를 순수하게 추종해야 하는 것도 물론 아니다.

보편적인 학자로서의 건설적인 삶을 사는 구체적인 방법론이 있을까? 물론 답이 없는 질문이다. 그러나 본받을 만한 선생을 찾는 젊은 이에게 스티븐 스트로가츠는 더없이 훌륭한 롤모델이다. 나도 다른 학자들과 마찬가지로 우리나라 학생들 가운데서 기초과학의 뛰어난 원리, 그러니까 양자중력장론이나 인식의 기원 같은 혁명적인 이론을 만들어내는 사람이 나올 것을 기대하고 있다. 그러면서도 일상적인 과학적 사고와 대화가 원활하게 오가는 공동체를 만들어나가는 작업 역시 교육문화계의 중요한 현실 과제임을 강조하고 싶다. 정성적인 이야기만 가지고 과학을 하는 것은 물론 불가능하기에 수학을 친근하게 전해줄 수 있는 자료의 개발이 더없이 중요한 시대다. 그런 의미에서 어린 학생과 일반인 모두를 위한 책, 대가의 수학 지침서일 뿐만 아니라 수학적 사고에 대한 각별히 친절한 사용 설명서의 성격을 띤 이 책의 국내 출판은 참으로 반길만한 일이다.

이 책을 읽을 때 다음 몇 가지를 염두에 두면 좋겠다. 이 책의 내용은 처음에는 신문에 실렸기에 간략한 설명을 중시했다. 그러면서 아주 기초적인 산수와 기하에서부터 실생활문제의 수학까지 다양하게 다루었다. 학교를 떠난 지 오래된 성인에게는 좋은 복습의 기회가 될 것이다. 읽으면서 '아, 이게 그런 내용이었구나.' 라는 느낌을 자주 받을 것이라고 믿는다. 사실 지금 한창 공부를 잘 하고 있는 학생들도 마찬가지로 느낄 것이다. 스트로가츠의 글은 기초적인 수학에 대해서도 배울만한 이야기로 가득하다. 그렇기 때문에 이 내용을 잘 아는 학생일지라도 자세히 읽고 생각해볼 가치가 충분히 있다. 섣불리 쉽게 여기고 넘어가지 말라는 이야기다.

한국 학생들의 수학 수준이 굉장히 높은데, 어른들은 OECD 국가 중에서 평균 정도라는 조사를 최근에 보았다. 어쩌면 쉬운 내용도 계속 곰곰이 생각해보는 시간이 충분치 않았기 때문이 아닐까 싶다(사실 우리가 지금 쉽다고 생각하는 대부분의 수학이 수천 년에 걸쳐서 각 시대 첨단 과학자들에 의해서 개발된 것들이다). 이 책이 다루는 내용을 완벽하게 파악하고 있는 사람도, 수학을 설명하는 방법을 검토하는 시간이라 여긴다면 독서가 헛되지 않을 것이다.

천천히 읽으면서 깊고 넓게 사색할 시간을 갖기 바란다.

차 례

유치원 산수부터 수학 지식의 변경까지

내 친구는 미술가인데도 과학을 무척 좋아한다. 만날 때마다 그 친구는 심리학이나 양자역학의 최신 발견에 대한 이야기를 꺼낸다. 하지만 수학 이야기가 나오면 갑자기 꿀 먹은 벙어리가 되는데, 그 때문에 무척 속상해한다. 이상한 기호들이 나오면 눈길을 돌리고 싶고, 심지어 그것을 어떻게 읽어야 하는지조차 모른다고 하소연한다.

사실 친구가 느끼는 소외감은 이보다 훨씬 심하다. 그는 수학자가 하루 종일 무슨 일을 하는지 전혀 모르며, 수학자들이 어떤 증명을 우아하다고 말할 때 그것이 정확하게 무슨 뜻인지 이해하지 못한다. 우리는 가끔 내가 친구를 붙들고 $1+1=2$부터 시작해 수학에 관한 모든 것을 처음부터 차근차근 가르쳐야 할 것 같다고 농담을 한다.

터무니없는 소리처럼 들릴지 모르겠지만, 내가 이 책에서 시도하려는 일이 바로 그것이다. 유치원 과정에서부터 대학원 과정에 이르기까지 수학의 모든 것을 쉽게 설명하는 이 여행에는 수학과 친해질 또 한 번의 기회를 원하는 사람이라면 누구든지 동참할 수 있으며, 친절한 안내자의 설명을 들으며 흥미진진한 여행을 즐길 수 있다. 다만, 이번에는 어른의 시각에 초점을 맞춰 안내할 것이다. 이 여행의 목적은 부족한 수학 실력을 보충하기 위한 것이 아니다. 수학이란 무엇이며, 수학을 이해하는 것이 왜 그토록 즐거운 일인지 깨닫게 하는 것이 주 목적이다.

이 여행에서 여러분은 마이클 조던의 덩크 슛이 어떻게 미적분학의 기초를 설명하는 데 도움을 주는지 보게 될 것이다. 나는 기하학의 핵심 원리인 피타고라스의 정리를 아주 간단하게(그리고 흥미진진하게) 이해하는 방법도 보여줄 것이다. 살아가면서 맞닥뜨리는 크고 작은 수수께끼도 풀려고 노력할 것이다. 예를 들면 이런 문제들을 살펴볼 것이다. O. J. 심프슨Orenthal James Simpson은 살인을 저질렀을까? 몇 명과 연애를 한 뒤에 결혼 상대를 선택하는 게 좋을까? 또, 무한에도 종류가 있고, 어떤 무한은 다른 무한보다 더 크다는 사실을 보게 될 것이다.

수학은 그것을 알아보는 눈만 있다면 우리 주변 어디에서나 볼 수 있다. 얼룩말의 줄무늬에서 사인파를 볼 수 있고, 미국 독립 선언서에서 유클리드의 메아리를 들을 수 있으며, 제1차 세계 대전으로 치달은 일련의 사건들에서 음수의 산술을 발견할 수 있다. 그리고 오늘날 우리가 온라인으로 식당을 검색하고, 주식 시장의 요동을 이해하려고 (그리고 거기서 살아남으려고) 노력하는 등 우리의 삶이 새로운 종류의 수학에 얼마나 큰 영향을 받는지 보게 될 것이다.

수에 관한 책으로서는 참 묘한 우연의 일치라고 생각하는데, 이 책은 내가 50세 생일을 맞이하던 날에 태어났다. 《뉴욕 타임스》의 특집

기사 담당 편집자였던 데이비드 시플리David Shipley가 바로 그 소중한 날에 나를 점심 식사에 초대해서는(물론 그는 그 날이 내게 탄생 50주년의 의미를 지닌 날인지 까맣게 모른 채), 독자들을 위해 수학 이야기를 연재할 의향이 없느냐고 물었다. 나는 호기심 많은 미술가 친구 외에도 많은 사람에게 수학의 즐거움을 공유할 기회를 제공한다는 생각이 무척 마음에 들었다.

〈수학의 기본 원리The Elements of Math〉는 2010년 1월 말에 온라인으로 게재되었고, 15주 동안 연재되었다. 이에 대한 반응으로 모든 연령의 독자들에게서 많은 편지와 댓글이 쇄도했다. 학생과 교사가 대다수였지만, 학교에서 수학 교육을 받던 시절에 어떤 이유로 수학을 포기했다가 나중에 뭔가 중요한 것을 놓쳤다는 생각이 들어 다시 배울 기회를 모색하던 사람들도 있었다. 무엇보다도 뿌듯했던 순간은 내 글이 자녀에게 수학을 설명하는 데 큰 도움이 되었고 또 그 과정에서 자신도 수학을 이해하는 데 큰 도움을 받았다면서 감사를 전하는 부모들의 글을 읽을 때였다. 심지어 내 동료들과 수학 애호가 친구들도 내가 연재한 글을 즐기는 것 같았다 — 단, 수정할 부분을 제안하지 않을 때면(혹은 바로 그런 제안을 할 때!).

이 경험을 통해 보통 사람들이 수학에 대해 느끼는 갈증이 아주 크다는 사실을 새삼 확인했다. 우리는 주위에서 수학이 싫다는 이야기를 많이 듣지만, 사실은 수학을 좀 더 잘 이해하길 간절히 '원하는' 사람들이 많다. 그리고 일단 조금 이해하기 시작하면, 헤어날 수 없는 수학의 매력에 빠지게 된다.

『x의 즐거움』은 수학에서 아주 중요하면서 널리 쓰이는 개념들을 쉽게 소개하기 위해 쓴 책이다. 각 장 — 일부는 《뉴욕 타임스》에 실은 글을 그대로 옮겨놓은 것 — 은 비교적 짧은 편이며, 각각 독립적으로 쓴 글이기 때문에, 원하는 대로 아무거나 골라서 읽어도 된다. 어떤 주제에 대해 좀 더 깊은 내용을 알고 싶은 독자는 책 뒤에 붙어 있는 주를 참고하라. 주에는 보충 설명과 함께 추가로 참고할 만한 자료가 실려 있다.

차근차근 단계를 밟아 수학을 이해하고 싶어하는 독자를 위해 책의 내용은 전통적인 교과 과정 맥락에 따라 모두 6부로 나눠 배열했다.

1부 '수'에서는 유치원과 초등학교에서 배우는 산술로 여행을 시작한다. 여기서는 수가 우리의 삶에 얼마나 큰 도움을 주며, 세계를 기술하는 데 얼마나 놀라운 능력을 발휘하는지 보게 될 것이다.

2부 '관계'는 수를 다루는 방식을 일반화하여 수들 사이의 '관계'를 다룬다. 이것들은 대수학의 핵심을 이루는 개념들이다. 이 개념들이 중요한 이유는 원인과 결과, 공급과 수요, 투여와 반응 등을 통해 한 사건이 다른 사건에 어떻게 영향을 미치는지 기술할 수 있는 최초의 도구를 제공하기 때문이다.

3부 '형태'에서는 수와 기호에서 기하학과 삼각법의 영역인 형태와 공간으로 초점을 옮긴다. 이 분야들은 모든 것을 시각적 특징에 초점을 맞춰 바라보며, 논리와 증명을 통해 수학을 새로운 단계의 엄밀성 위에 올려놓는다.

4부 '변화'에서는 수학에서 가장 심오하고 또 가장 큰 결실을 낳은 분야인 미적분학을 다룬다. 미적분학은 행성의 운동과 조수의 주기를 비롯해 우주와 우리의 삶에 일어나는 모든 종류의 연속적 변화를 예측할 수 있게 해주었다. 4부에서 다루는 또 하나의 중요한 주제는 무한의 역할이다. 무한을 제대로 다룸으로써 미적분학의 어려운 계산을 할 수 있는 돌파구가 열렸다. 미적분학은 무한의 경이로운 힘을 이용함으로써 오랫동안 풀 수 없었던 문제들을 풀어냈고, 그럼으로써 결국에는 과학 혁명과 현대 세계를 탄생시켰다.

5부 '데이터'는 확률과 통계, 네트워크, 데이터 마이닝data mining (대규모로 저장된 데이터 안에서 체계적이고 자동적으로 통계 규칙이나 패턴을 찾아내는 것)을 다룬다. 이것들은 모두 우연과 운, 불확실성, 위험, 변동성, 무작위성, 상호 연결성 같은 삶의 어지러운 측면에 영감을 받아 비교적 최근에 탄생한 분야들이다. 적절한 종류의 수학과 적절한 종류의 데이터를 골라 사용하면, 혼란의 소용돌이 속에서 의미를 찾아낼 수 있다.

여행의 종착역에 해당하는 6부 '경계'에서는 수학 지식의 변경, 즉 알려진 것과 아직 제대로 알려지지 않은 것 사이에 놓인 경계 지점을 살펴본다. 6부의 장들은 우리에게 익숙한 순서 — 수, 관계, 형태, 변화, 무한 — 로 펼쳐지지만, 각각의 주제를 현대적 관점에서 좀 더 깊이 살펴본다.

나는 이 책에 소개한 모든 개념에서 여러분이 즐거움을 얻길 바란다. 그리고 그와 함께 깨달음의 순간도 많이 얻었으면 좋겠다. 하지만 모든 여행은 첫걸음부터 시작해야 하니, 단순하면서도 마술적인 수 세기부터 시작하기로 하자.

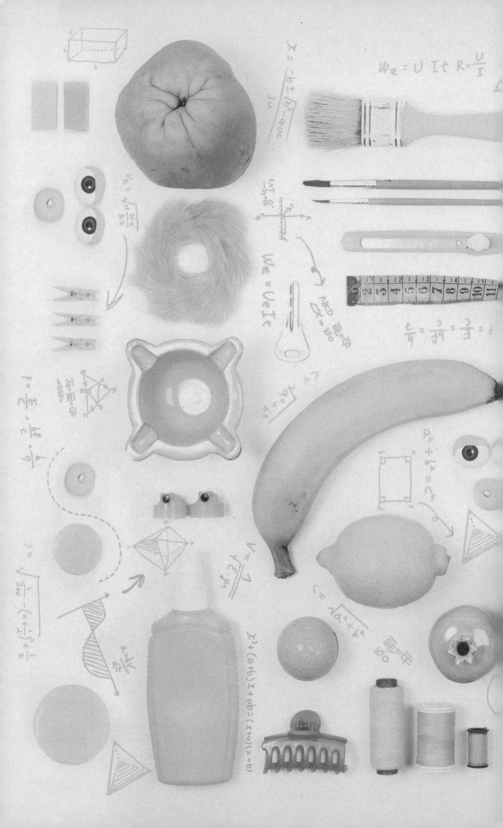

x 의 즐 거 움

—

1

이걸 아는 순간
인생이 달라진다
수

생선에서 무한까지

—
수란 무엇일까?
사람이 수를 만들어낸 것인지 발견한 것인지는 분명치 않다.
그러나 수는 나름의 생명을 가지고 우리를 돕는다.

지금까지 내가 본 것 중 수를 처음 소개하는 방법 — 수는 무엇이며 수가 왜 필요한지 가장 명쾌하고 재미있게 설명한 것 — 으로 가장 훌륭하다고 생각하는 것은 〈세서미 스트리트Sesame Street〉[1]의 '123 나와 함께 수를 세어보아요123 Count with Me'편이다. 분홍색 털에 코가 초록색인 험프리는 상냥하지만 명청한 편인데, 퍼리암스 호텔에서 근무하다가 점심 시간에 같은 방에 투숙한 펭귄들에게서 전화로 점심 메뉴를 주문 받는다. 험프리는 주문을 자세히 듣고 주방에 그 주문을 소리쳐 알려준다. "생선, 생선, 생선, 생선, 생선, 생선!" 그것을 보고 어니는 6이라는 수가 얼마나 편리한지 깨닫는다.

"생선, 생선, 생선, 생선, 생선, 생선!" 수가 없다면 이렇게 외쳐야 할지도 모른다.

어린이는 이 이야기를 통해 수가 얼마나 편리한 것인지 배운다. 펭귄 수만큼 '생선'을 계속 외치기보다는 6이라는 수를 사용하면 훨씬 편리하기 때문이다.

하지만 어른들 눈에는 수의 단점이 눈에 띌 수도 있다. 수를 사용하면 시간은 많이 절약할 수 있지만, 그렇게 추상화하는 과정에서 큰 대가를 치러야 한다. 6은 생선 여섯 마리에 비해 실체가 불확실한 개념인데, 그것은 바로 더 일반적인 속성이기 때문이다. 6은 쟁반 여섯 개, 펭귄 여섯 마리, '생선'이라는 말 여섯 번 등 여섯이라는 속성을 지닌 것이면 어디에나 쓸 수 있다. 6은 이 모든 것이 공통적으로 지닌 속성이다.

이런 관점에서 보면 수는 다소 불가사의하게 보이기 시작한다. 수는 현실을 초월한 일종의 정신적 영역에 존재하는 것처럼 보인다. 이

점에서 수는 일상 생활에서 마주치는 보통 물체들보다는 진리나 정의 같은 고상한 개념에 더 가깝다. 그런데 더 깊이 생각할수록 수의 철학적 지위는 더욱 불분명해진다. 수는 정확하게 어디서 나왔을까? 수는 사람이 만들어낸 것일까? 아니면, 단순히 발견한 것일까?

또 한 가지 미묘한 점은 수는 (이 점에서는 다른 수학 개념들도 모두) 나름의 생명을 갖고 있다[2]는 사실이다. 우리는 수를 마음대로 통제할 수 없다. 수는 우리 마음속에 존재하지만, 수가 무엇을 의미하는지 정하고 나면, 우리는 수의 행동에 간섭할 수가 없다. 수는 나름의 법칙을 따르고, 나름의 속성과 개성과 서로 결합하는 방식이 있으며, 우리는 그저 지켜보고 이해하려는 노력만 할 수 있을 뿐 아무런 영향도 미칠 수 없다. 이 점에서 수는 기묘하게도 이 세계의 물질인 원자와 별을 연상시키는데, 원자와 별도 우리의 통제에서 벗어나는 법칙을 따르기 때문이다. 다만, 이것들은 우리의 마음 밖에 존재한다.

이러한 이중성 — 천상의 속성과 지상의 속성을 모두 지닌 — 은 수가 지닌 가장 역설적인 특징이자, 수에 놀라운 편의성을 부여하는 특징이다. 물리학자 유진 위그너Eugene Wigner가 "자연과학에서 수학이 차지하는 불합리한 효율성"[3]이라고 표현했을 때 염두에 두었던 특징도 바로 이것이다.

수의 생명력과 통제 불가능한 행동에 대해 내가 한 말이 정확하게 무엇인지 이해하기 어렵다면, 다시 퍼리암스 호텔로 돌아가보자. 험프리가 펭귄들이 주문한 것을 주방에 알려주기 전에 또 전화를 받았다고 하자. 이번에는 다른 방에 있는 펭귄 여섯 마리가 전화를 했는데, 이들 역시 모두 생선을 주문했다. 두 건의 주문을 받은 험프리는 주방에 뭐라고 알려주어야 할까? 만약 수에 대해 아무것도 배운 게 없다면, 각각의 펭귄이 주문한 것에 대해 '생선'을 열두 번 외쳐야 할 것이다. 만약 수를 사용한다면, 첫 번째 방에서 생선 요리 6개, 두 번째 방에서도 생선 요리 6개를 주문했다고 알려줄 것이다. 하지만 여기서 정말로 필요한 것은 '덧셈'이라는 새로운 개념이다. 덧셈을 능숙하게 잘 한다면, 험프리는 6 + 6개의(혹은 잘난 체하길 좋아한다면 12개의) 생선 요리가 필요하다고 말할 것이다.

여기서 일어난 창조적 과정은 수가 탄생한 과정과 똑같다. 수가 개수를 일일이 하나씩 세는 일을 편리하게 해주는 것처럼, 덧셈은 수를 어떤 양만큼 세는 일을 편리하게 해준다. 수학은 바로 이런 과정을 통해 발전했다. 적절한 추상화 과정이 새로운 통찰과 새로운 힘을 낳은 것이다.

험프리도 오래 지나지 않아 수를 무한히 계속 셀 수 있다는 사실을 발견할 것이다.

그런데 수의 세계는 이렇게 무한하지만, 우리의 창조성에는 늘 한계가 있다. 우리는 6이나 +가 무엇을 의미하는지 결정할 수 있지만, 일단 결정하고 나면 6 + 6과 같은 표현의 결과는 우리의 의지와는 상관없이 결정된다. 논리는 우리에게 선택의 여지를 주지 않는다. 이런 의미에서 수학은 항상 발명과 발견을 모두 포함한다. 우리는 개념을 발명하지만, 그 결과는 발견한다. 이어지는 장들에서 보게 되겠지만, 수학에서 우리가 누리는 자유는 우리가 던지는 질문 ― 그리고 그것을 추구하는 과정 ― 에 있는 것이지, 우리를 기다리는 답에 있는 것이 아니다.

돌멩이 집단

—
보통 우리는 수를 아라비아 숫자로만 생각한다.
수를 숫자가 아닌 돌멩이로 상상해보자.
수학을 보는 눈이 바뀌기 시작할 것이다.

모든 것과 마찬가지로, 산술에도 진지한 측면과 장난스러운 측면이 있다.

진지한 측면은 우리가 학교에서 배우는 것들이다. 그러니까 더하고 빼고, 세금 환급이나 연말 보고서 작성을 위해 스프레드시트로 계산을 하는 등 수를 가지고 계산하는 것이 모두 여기에 속한다. 산술의 진지한 측면은 중요하고 실용적이며 그리고 (많은 사람에게는) 전혀 즐겁지 않다.

산술의 장난스러운 측면[1]은 잘 알려지지 않은 것인데, 특히 고등 수학을 배우지 않은 사람에게는 더욱 생소할 것이다. 하지만 그렇다고 여기에 특별히 고차원의 사고가 필요한 것은 아니다. 그것은 어린이의 호기심[2]만큼이나 자연스러운 것이다.

폴 록하트Paul Lockhart는 『어느 수학자의 탄식A Mathematician's Lament』에서 수를 평소에 우리가 다루는 것보다 더 구체적으로 다루는 교육 방법을 옹호한다. 그는 수를 돌멩이 집단으로 상상하라고 한다. 예를 들면, 6을 다음과 같이 돌멩이 6개의 집단으로 생각하는 것이다.

아마 여러분은 여기서 그다지 눈에 띄는 특징을 발견하지 못할 텐데, 뭐 그래도 상관없다. 수에 대해 추가로 더 많은 것을 요구하지 않는 한, 수들은 대체로 이와 비슷하게 보인다. 우리가 창조성을 발휘할 기회는 추가로 더 많은 것을 요구할 때 나온다.

예를 들어 돌멩이를 1개부터 10개까지 포함한 집단들에 한정해 이 중에서 정사각형으로 배열할 수 있는 집단은 어떤 것이냐는 질문을 던져보자. 그런 집단은 돌멩이 4개와 9개로 된 집단 2개뿐이다. 4 = 2×2, 9 = 3×3이기 때문이다. 그 밖의 다른 수도 제곱함으로써(이것은 사실상 정사각형 모양을 만드는 것에 해당한다.) 이런 수를 구할 수 있다.

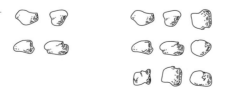

이보다 좀 덜 어려운 문제는 돌멩이들을 정확하게 두 줄로 늘어세워서 직사각형으로 만들 수 있는 집단을 찾는 것이다. 돌멩이가 2, 4, 6, 8, 10개인 집단은 이것이 가능하다. 그 수가 짝수이기만 하면 된다. 1~10 중에서 다른 수(즉, 홀수)를 가지고 두 줄로 늘어세우려고 하면, 항상 하나가 따로 남아 줄에서 삐죽 튀어나온다.

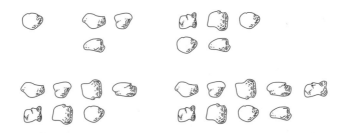

그렇다고 홀수에게 아무 희망도 없는 것은 아니다. 홀수와 홀수를 더하면, 삐죽 튀어나온 돌멩이끼리 짝을 이루어 전체 합은 짝수가 된다. 즉, 홀수+홀수=짝수.

만약 규칙을 조금 더 완화하여 10보다 큰 수도 사용할 수 있고, 직사각형을 만들 때 두 줄 이상으로 늘어세워도 된다면, 일부 홀수는 큰 직사각형을 만드는 능력을 보여준다. 예를 들면, 15는 3×5 직사각형을 만든다.

따라서 15는 비록 홀수이지만, 합성수(5개씩 세 줄로 늘어선 돌멩이들로 이루어진)라는 사실에서 위안을 얻을 수 있다. 마찬가지로 구구단 표에 있는 나머지 수들도 거의 다 직사각형 돌멩이 집단을 이룬다.

하지만 2, 3, 5, 7 같은 일부 수는 아무 희망이 없다. 이 수들은 그저 돌멩이들을 한 줄로 죽 늘어세울 수만 있을 뿐, 어떤 종류의 직사각형도 만들 수 없다. 유연성이 전혀 없는 이 수들은 바로 그 유명한 소수素數이다.

따라서 수는 각자 나름의 독특한 구조를 갖고 있으며, 그 때문에 개성을 지닌다는 사실을 알 수 있다. 하지만 수의 행동을 모두 다 보려면, 단지 개개의 수를 살펴보는 것에 그치지 말고, 수들이 서로 만나 작용할 때 어떤 일이 일어나는지도 살펴보아야 한다.

예를 들어 이번에는 단지 두 홀수를 더하는 것에 그치지 말고, 1부터 시작해 연속되는 홀수들을 모두 계속 더하면 어떤 일이 일어나는지 살펴보자.

$$1+3=4$$
$$1+3+5=9$$
$$1+3+5+7=16$$
$$1+3+5+7+9=25$$

그 합들은 놀랍게도 항상 완전제곱수(정수의 제곱으로 된 수)이다. 앞에서 4와 9는 정사각형 모양이 되는 걸 보았고, 16=4×4, 25=5×5이다. 계산을 더 해보면 더하는 홀수가 아무리 커져도 이 규칙은 항상 성립한다는 걸 알 수 있다. 이 규칙은 무한에 이를 때까지 성립하는 것처럼 보인다. 그런데 눈에 거슬리게 삐죽 튀어나온 부분을 포함한 홀수와 완전히 대칭적인 정사각형을 이루는 제곱수 사이에는 도대체 무슨 관계가 있을까? 돌멩이들을 잘 배열하기만 하면, 그 놀라운 연결 관계가 명백하게 드러나는데, 이것은 바로 우아한 증명[3]에 해당한다.

그 열쇠는 삐죽 튀어나온 부분을 모퉁이로 보냄으로써 홀수를 L자 모양으로 배열하는 방법에 있다. 이렇게 연속되는 홀수들을 계속 L자 모양으로 만들어 쌓아나가면 항상 정사각형이 생긴다!

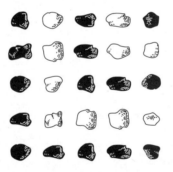

이렇게 생각하는 방식은 최근에 출간된 다른 책에도 등장한다. 그 책은 이 책과는 완전히 다른 문학적 동기에서 쓴 오가와 요코小川洋子의 소설 『가정부와 교수The Housekeeper and the Professor』(국내에서는 『박사가 사랑한 수식』이라는 제목으로 출간됨)이다. 이 소설에서는 뇌 손상을 입어 단기 기억을 80분만 할 수 있는 수학자를 돌보기 위해 젊은 여성이 가정부로 들어온다. 이 여성은 영리하지만 교육을 제대로 받지 못했으며, 열 살짜리 아들이 있다. 허름한 시골 집에서 혼자 수만 붙들고 씨름하며 살아가는 교수는 자신이 아는 유일한 방법으로 가정부와 연결을 시도한다. 그것은 바로 가정부의 신발 사이즈나 생일을 물어보거나 그녀와 관련된 그 밖의 통계 자료를 가지고 사소한 대화를 하는 것이다. 교수는 또한 가정부의 아들을 특별히 좋아하여 '제곱근'이라는 뜻인 루트Root라는 별명으로 부른다. 그것은 소년의 편평한 모자 꼭대기 부분이 제곱근 기호인 $\sqrt{}$를 연상시켰기 때문이다.

어느 날, 교수는 루트에게 간단한 문제를 하나 낸다. 1부터 10까지의 합을 구하라는 것이었다. 루트는 1부터 10까지 수들을 일일이 더한 뒤에 55라는 답을 알아맞히지만, 교수는 그 방법 말고 더 나은 방법을 생각해보라고 한다. 과연 루트는 수들을 일일이 더하지 '않고' 답을 구할 수 있을까? 그러자 루트는 의자를 박차고 일어나 "그건 공평하지 않아요!"라고 외친다.

하지만 가정부는 수의 세계로 점점 빠져들고, 교수가 낸 문제를 혼자서 풀어보려고 노력한다. 그녀는 "현실적으로 아무 가치도 없는 아이의 수학 문제에 왜 빠져들었는지는 나도 몰라요."라고 말한다. "처음에는 교수님을 기쁘게 하려는 마음이 있었지만, 점차 그 느낌은 사라지고, 결국 그것은 문제와 나 사이의 대결이 되었지요. 아침에 일어나면 그 방정식이 기다리고 있었어요.

$$1+2+3+\cdots+9+10=55$$

그것은 온종일 나를 따라다녔지요. 마치 내 망막을 태우고 눈 속에 자리를 잡고 앉아 더 이상 무시할 수 없는 것처럼."

이 문제를 푸는 방법은 여러 가지가 있다(여러분도 문제를 다양한 방법으로 풀려고 시도하면서 몇 가지나 발견할 수 있는지 알아보라). 교수는 우리가 앞에서 다룬 것과 같은 방식으로 문제를 푼다. 그는 1부터 10까지의 합을 돌멩이들의 삼각형으로 해석한다. 즉, 첫 번째 줄에는 돌멩이 1개, 두 번째 줄에는 돌멩이 2개, ……, 열 번째 줄에는 돌멩이 10개를 배열한다.

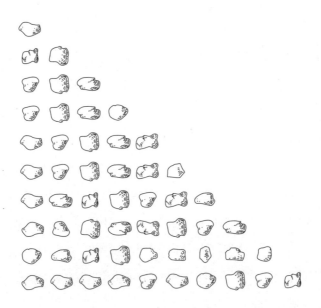

이 그림을 보면 공간의 여백이 분명하게 드러난다. 즉, 전체 공간 중 절반만 완성된 것처럼 보인다. 바로 여기에 창조적 도약의 열쇠가 숨어 있다. 이 삼각형을 복사하여 거꾸로 뒤집은 뒤에 원래 있던 나머지 절반의 삼각형과 합치면 훨씬 단순한 모양이 된다. 그것은 바로 가로 줄에는 돌멩이가 11개씩, 세로 줄에는 돌멩이가 10개씩 늘어선 직사각형이고, 따라서 전체 돌멩이 수는 110개이다.

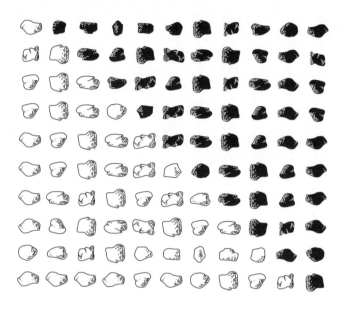

원래 삼각형의 돌멩이 수는 이 직사각형의 절반이므로, 우리가 구하는 답은 110개의 절반인 55개이다.

수를 돌멩이들의 집단으로 보는 것은 기묘해 보일지 모르지만, 이 방법은 수학 자체만큼이나 그 역사가 오래되었다. '계산하다'라는 뜻의 영어 단어 calculate에도 바로 그러한 역사가 반영되어 있다. 이 단어는 라틴어 calculus에서 유래했는데, calculus는 수를 세는 데 사용하던 조약돌을 가리킨다. 꼭 알베르트 아인슈타인Albert Einstein(재미있게도 아인슈타인이란 이름은 독일어로 '하나의 돌'이라는 뜻이다) 같은 천재가 아니어도 수를 가지고 노는 걸 즐길 수 있지만, 머릿속에 돌멩이를 떠올리면 큰 도움이 된다.

내 적의 적

—
음수와 음수를 곱하면 양수가 되는
불편한 진실을 이해하려면?
친구 관계에 대입해보자.

덧셈을 배우고 나면 곧장 뺄셈을 배우는 것이 전통적인 교육 방식이다. 이것은 충분히 일리가 있는데, 뺄셈을 할 때에도 덧셈을 할 때 사용했던 것과 똑같은, 수에 관한 사실들을 사용하기 때문이다(비록 거꾸로이긴 하지만). 그리고 뺄셈을 잘하는 데 꼭 필요한 빌려오기의 마술은 덧셈에 사용되는 자리올림보다 아주 약간 더 복잡할 뿐이다. 만약 23+9를 계산할 수 있다면, 23-9도 충분히 계산할 수 있다.

하지만 뺄셈에서 좀 더 깊이 들어가면 좀 골치아픈 문제와 마주치게 되는데, 이것은 덧셈에서는 마주친 적이 없는 문제이다. 뺄셈에서는 음수가 나올 수 있다. 내가 쿠키를 6개 가져가려고 하는데 여러분이 가진 쿠키는 2개뿐이라면, 나는 원하는 만큼 쿠키를 가져갈 수 없다. 다만, 마음속으로 이제 여러분이 가진 쿠키는 -4개라고 생각할 수는 있다. 그것이 정확하게 무엇을 뜻하는지는 모르더라도 말이다.

뺄셈은 우리에게 수의 개념을 확대하도록 강요한다. 음수는 양수보다 훨씬 더 추상적이지만(우리는 -4개의 쿠키를 볼 수도 없고, 물론 먹을 수도 없다), 우리는 머릿속으로 음수를 생각할 수 있으며, 또 빚과 마이너스 통장에서부터 냉동 온도와 주차장의 지하층 표시에 이르기까지 일상 생활의 많은 측면에서 음수를 의식하면서 살아간다.

하지만 많은 사람들은 여전히 음수를 불편하게 여긴다. 내 동료인 앤디 루이나Andy Ruina가 지적한 것처럼, 사람들은 그 지긋지긋한 음수 부호를 피하려고 온갖 종류의 우스꽝스러운 심리 전략을 만들어냈다. 뮤추얼 펀드 운용 보고서에서는 손실(음수)을 마이너스 부호를 쓰지 않고 빨간색 숫자로 인쇄하거나 괄호에 넣어 표시한다. 역사책에서는 율리우스 카이사르Julius Caesar가 기원전 100년에 태어났다고 하지, -100년에 태어났다고 하지 않는다. 주차장에서 지하층은 B1, B2라는 식으로 표시한다. 온도도 드문 예 중 하나이다. 사람들은(특히 이곳 뉴욕 주 이사카에서는) 바깥 기온이 -5도라고 말하지만, 그럴 때에도 많은 사람들은 영하 5도라고 말하는 쪽을 선호한다. 음수 부호에는 뭔가 불편한 것이······뭔가 부정적인 것이 있다.

무엇보다 불편한 진실은 음수에 음수를 곱하면 양수가 된다는 사실이다. 그러면 그 뒤에 어떤 논리가 숨어 있는지 살펴보기로 하자.

음수에 양수를 곱할 경우, 예컨대 -1×3과 같은 식의 값은 어떻게 정의해야 할까? 1×3은 1+1+1을 뜻하므로, -1×3도 (-1)+(-1)+

(−1)로 정의하는 게 자연스러우며, 그 답은 −3이 된다. 돈을 예로 들어 생각해도 이것은 명백해 보인다. 만약 여러분이 내게 1주일에 1달러씩 빚을 진다면, 3주일 후에는 모두 3달러의 빚을 질 것이다.

이 논리를 바탕으로 생각하면, 음수에 음수를 곱하면 양수가 된다는 사실은 어렵지 않게 유추할 수 있다. 다음 식들을 살펴보자.

$$-1 \times 3 = -3$$
$$-1 \times 2 = -2$$
$$-1 \times 1 = -1$$
$$-1 \times 0 = 0$$
$$-1 \times -1 = ?$$

우변의 수들에 주목하면, −3, −2, −1, 0, …으로 증가한다는 걸 알 수 있다. 각 단계마다 이전 단계보다 수가 1씩 증가한다. 따라서 다음 번의 수는 논리적으로 1이 되어야 할 것이다.

이것은 왜 $(-1) \times (-1) = 1$인지를 설명하는 한 가지 방법이다. 이 정의의 장점은 산술의 규칙을 보존할 수 있다는 점이다. 즉, 양수에서 성립하는 규칙이 음수에서도 성립한다.

하지만 여러분이 완고한 현실주의자라면, 이러한 추상적 개념이 현실 세계에 실제로 쓰이는 예가 있을까 하고 의문을 품을 것이다. 우리의 삶은 가끔 완전히 다른 규칙들에 따라 흘러가는 것처럼 보인다. 잘못된 일을 두 번 저지른다고 해서 올바른 일이 되는 것은 아니다. 마찬가지로 이중 부정이 항상 긍정이 되는 것은 아니다. "I can't get no satisfaction(나는 아무런 만족도 전혀 느낄 수 없어).”이라는 문장처럼 오히려 부정의 의미가 더 강해질 수도 있다(사실 이 점에서 언어는 아주 까다롭다. 옥스퍼드 대학의 언어철학자 오스틴J. L. Austin은 강연에서 이중 부정이 긍정의 의미가 되는 언어는 많지만, 이중 긍정이 부정의 의미가 되는 언어는 하나도 없다고 말했다. 청중 속에 앉아 있던 컬럼비아 대학의 철학자 시드니 모겐베서Sydney Morgenbesser는 이 말을 듣고 비꼬는 투로 “Yeah, yeah〔잘도 그러겠다〕.”[1]라고 응수했다).

하지만 현실 세계에도 음수의 규칙이 나타나는 사례가 아주 많다. 한 신경세포가 발사하는 신호를 두 번째 신경세포가 신호를 발사함으로써 억제할 수 있다. 만약 세 번째 신경세포가 두 번째 신경세포의 신호 발사를 억제한다면, 첫 번째 신경세포는 신호를 다시 발사할 수 있다. 세 번째 신경세포가 첫 번째 신경세포에 미치는 간접적 작용은 신호를 발사하게 하는 자극에 해당한다. 여기서는 이중 부정이 긍정을 낳는다. 유전자 조절에서도 비슷한 효과가 나타난다. 단백질은 DNA에서 어떤 유전자를 억제하는 다른 분자의 활동을 차단함으로써 그 유전자를 활성화시킬 수 있다.

아마도 우리에게 가장 익숙한 사례는 사회와 정치 부문에서 흔히 접하는 “내 적의 적은 친구”라는 표현이 아닐까 싶다. 이 관계를 비롯해 이와 연관된 내 적의 친구 또는 내 친구의 적 같은 관계는 다음 그림과 같은 관계 삼각형[2]으로 나타낼 수 있다.

각 꼭지점은 사람이나 회사 또는 나라를 나타내고, 꼭지점들을 연결하는 변은 그 관계를 나타내는데, 관계에는 긍정적 관계(친밀한 관계. 그림에서 실선으로 나타낸 것)와 부정적 관계(적대적 관계. 그림에서

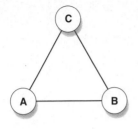 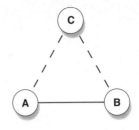

점선으로 나타낸 것)가 있다.

　사회과학자들은 왼쪽 그림처럼 모든 변이 긍정적인 삼각형을 균형 잡힌 관계라고 이야기한다. 이 중 어느 누구도 자신의 감정을 바꿀 이유가 없는데, 자기 친구의 친구를 좋아하는 것은 합리적이기 때문이다. 마찬가지로 부정적 관계 2개와 긍정적 관계 1개로 이루어진 오른쪽 삼각형도 균형 잡힌 관계로 간주되는데, 이 관계들에서는 어떤 불협화도 발생하지 않기 때문이다. 비록 이 삼각형에는 적대 관계가 존재하지만, 동일한 인물을 미워하는 것만큼 두 사람의 우정을 돈독하게 하는 것도 없다.

　물론 불균형 상태의 관계 삼각형도 있다. 서로 적대 관계인 세 사람이 상황을 면밀히 살피다가 그 중 두 사람 — 서로에게 느끼는 적개심이 세 번째 사람에 비해 덜한 두 사람 — 이 힘을 합쳐 세 번째 사람에게 대항하려는 유혹을 느낄 수 있다.

　더 불안정한 것은 부정적 관계가 하나만 있는 삼각형이다. 예를 들어 캐럴은 앨리스와 밥과 친한 관계이지만, 앨리스와 밥은 서로 싫어한다고 하자. 이것은 모두에게 심리적 스트레스를 준다. 균형을 회복하려면 앨리스와 밥이 화해하거나 캐럴이 어느 한쪽 편을 들어야 한다.

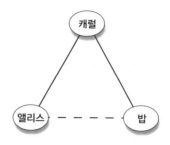

이 모든 경우에 균형의 논리는 곱셈의 논리와 일치한다. 균형 잡힌 삼각형에서는 어느 두 변을 곱한 부호는 양수이건 음수이건 항상 세 번째 변의 부호와 일치한다. 반대로 불균형한 삼각형에서는 이 패턴이 무너진다.

모형의 신빙성을 제쳐놓고 생각한다면, 여기서 흥미로운 수학적 질문들을 던질 수 있다. 예를 들어 모든 사람이 서로를 아는 긴밀한 관계의 네트워크에서는 어떤 것이 가장 안정한 상태일까? 한 가지 가능성은 네트워크 내의 모든 관계가 긍정적이고 모든 삼각형이 균형 잡혀 있어 선의가 넘쳐나는 낙원과 같은 경우이다. 하지만 놀랍게도 그에 못지않게 안정한 상태들이 또 있다. 네트워크가 적대적인 두 파벌(임의의 크기와 구성원을 가진)로 쪼개져 풀 수 없는 갈등 상태에 빠진 경우가 바로 그렇다. 한 파벌의 모든 구성원은 서로 친밀하지만, 다른 파벌의 구성원과는 매우 적대적이다(어디서 많이 들어본 이야기 같지 않은가?). 더 놀라운 사실은, 낙원만큼 안정한 상태는 이 양극화된 상태'뿐'[3]이라는 것이다. 특히 세 파벌로 쪼개진 상태에서는 모든 삼각형이 균형 잡힌 상태에 있을 수가 없다.

학자들은 이 개념을 사용해 제1차 세계 대전[4]으로 치달은 상황을

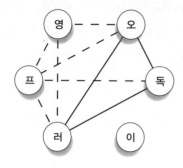

삼제 동맹 1872~1881

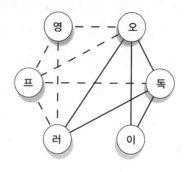

삼국 동맹 1882

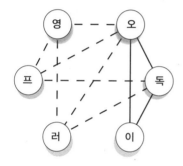

독일과 러시아의 관계 악화 1890

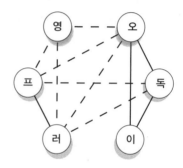

프랑스와 러시아 동맹 1891~1894

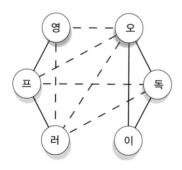

영국과 프랑스 화친 협정 1904

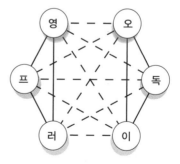

영국과 러시아 동맹 1907

분석해보았다. 다음 표는 1872년부터 1907년까지 영국, 프랑스, 러시아, 이탈리아, 독일, 오스트리아-헝가리 사이의 동맹 관계가 어떻게 변했는지 보여준다.

처음 5개의 배열은 불균형한 상태의 삼각형을 최소한 하나 이상 포함하고 있다는 점에서 모두 불안정하다. 그 결과로 생겨난 불협화는 이 나라들에 관계를 재편하도록 압력을 미쳤고, 그 반향은 네트워크의 다른 곳들에까지 미쳤다. 마지막 단계에서 유럽은 돌이킬 수 없게 적대적인 두 블록으로 양분되었다. 이것은 기술적으로는 균형 잡힌 상태이지만, 한편으로는 전쟁 직전의 아슬아슬한 상태이기도 하다.

여기서 말하고자 하는 요점은 이 이론에 뛰어난 예측 능력이 있다는 것이 아니다. 그런 예측 능력은 없다. 이 이론은 너무 단순해서 지정학적 역학의 미묘한 관계를 모두 다 설명할 수 없다. 요점은 우리가 관찰하는 것 중 어떤 부분은 '내 적의 적'이라는 원시적인 논리에서 비롯된 결과라는 것이며, '그' 부분을 음수의 곱셈으로 완벽하게 표현할 수 있다는 것이다. 음수의 산술은 일반적인 것에서 의미 있는 것을 따로 뽑아냄으로써 진짜 문제가 어디에 있는지 찾아내는 데 도움을 준다.

04

교환법칙

—
7 곱하기 3과 3곱하기 7은 정말 똑같을까?
곱셈을 다시 한번 들여다보자.
돈 문제는 물론 인생의 문제를 푸는 실마리가 있다.

미국에서는 약 10년마다 한 번씩 수학을 가르치는 방법이 확 바뀌면서 자녀를 둔 부모들에게 좌절을 안겨준다. 1960년대에 내 부모님은 초등학교 2학년이던 내 숙제에 도움을 주지 못해 몹시 당황해했다. 부모님은 삼진법이나 벤다이어그램은 들어본 적도 없었기 때문이다.

그리고 이제는 내 차례가 왔다. "아빠, 이 곱셈 문제 푸는 법 좀 알려줄래요?" 나는 속으로 '그야 문제 없지.'라고 생각했다. 하지만 아이는 금방 고개를 가로저었다. "그게 아니고요, 아빠. 그건 옛날 방식이고요. 격자곱셈 방법 모르세요? 모른다고요? 그럼, 부분곱셈은 아세요?"

이런 굴욕을 겪은 뒤, 나는 곱셈을 처음부터 다시 들여다보았다.[1] 일단 깊이 생각하기 시작하면, 곱셈은 실제로 상당히 미묘하다.

용어부터 그렇다. '7 곱하기 3(seven times three)'은 '7을 세 번 더하는 것'일까, 아니면 '3을 일곱 번 더하는 것'일까?

일부 문화의 언어는 덜 애매하다. 벨리즈 출신의 내 친구는 구구단을 다음과 같은 식으로 외웠다. "7개의 1은 7, 7개의 2는 14, 7개의 3은 21,……(Seven ones are seven, seven twos are fourteen, seven threes are twenty-one,……)." 이렇게 표현하면 첫 번째 수가 피승수(곱해지는 수)이고, 두 번째 수가 승수(곱하는 수)라는 게 분명하다. 라이어널 리치Lionel Richie가 부른 노래에 나오는 불멸의 가사인 "She's once, twice, three times a lady."도 똑같은 규칙을 따른다(이 가사는 직역하면 '그녀는 한 배, 두 배, 세 배의 숙녀.'라는 뜻인데, 그만큼 아주 멋진 여성이라는 뜻임 ― 옮긴이). 만약 순서를 바꾸어 "She's a lady times three."라고 했더라면, 이 노래는 결코 히트를 치지 못했을 것이다.

의미를 둘러싼 이 법석이 여러분에게는 부질없어 보일지도 모르겠다. 수를 곱하는 순서야 어떻든 결과는 똑같기 때문이다. 예를 들어 $7 \times 3 = 3 \times 7$이다. 그건 사실이지만, 이것은 내가 이번 장에서 좀 깊이 살펴보려고 하는 질문을 낳는다. $a \times b = b \times a$라는 이 곱셈의 교환법칙은 정말로 항상 명백하게 성립할까? 나는 어린 시절에 이것을 알고서 깜짝 놀랐던 기억이 아직도 생생하다. 아마 여러분도 틀림없이 그랬을 것이다.

그 마법의 순간을 되살리기 위해, 7×3의 답이 무엇인지 모른다고 상상해보라. 그래서 7을 세 번 더해서 그 답을 구하려고 해보자.

7, 14, 21. 이번에는 3을 일곱 번 더해 보자. 3, 6, 9,…. 자, 여러분도 긴장감이 고조되는 걸 느꼈는가? 아직까지는 7의 배수 명단에 있는 수와 일치하는 어떤 수도 나오지 않았지만, 3을 더해가는 과정을 계속해보자. 12, 15, 18,…그리고 마침내 21!

내가 여기서 말하고자 하는 요지는, 만약 곱셈을 어떤 수를 계속 반복해서 더하는 것이라고 본다면, 교환법칙이 성립하는지 확실치 않다는 사실이다.

하지만 곱셈을 '시각적'으로 생각하면, 교환법칙이 성립한다는 것을 직관적으로 더 분명하게 알 수 있다. 7×3을 가로 7줄, 세로 3줄로 늘어선 점들의 수라고 생각해보자.

그리고 이것을 옆으로 돌려 가로 3줄, 세로 7줄로 세우면(전체 그림을 돌리더라도 점들의 수 자체는 아무 변화가 없으므로), 7×3=3×7이라는 게 명백하다.

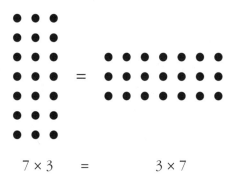

$$7 \times 3 \quad = \quad 3 \times 7$$

그런데 참 이상하게도, 현실 세계의 많은 상황(특히 돈이 관련될 때)에서는 사람들은 교환법칙을 까맣게 잊거나 그것이 성립한다는 사실을 모르는 것처럼 보인다. 두 가지 예를 살펴보자.

청바지를 사러 갔다고[2] 가정해보자. 정가는 50달러이지만 마침 20% 할인 판매한다고 한다. 그런데 판매세 8%는 별도로 내야 한다 (미국에는 부가가치세가 없고 대신에 판매세가 있는데, 판매세는 물품 가격에 포함하지 않고 별도로 계산한다 — 옮긴이). 점원은 고른 청바지가 참 잘 어울린다고 듣기 좋은 말을 늘어놓은 뒤, 금전 등록기에 숫자를 입력하다가 갑자기 동작을 멈추고는, 마치 큰 비밀이라도 알려주는 양 속삭인다. "고객님, 돈을 조금 더 절약할 수 있는 방법이 있어요. 판매세를 먼저 계산해 총 금액에 합산한 뒤, 그 금액에서 20%를 할인하는 거예요. 그러면 더 많은 돈을 할인받을 수 있잖아요. 그렇게 하시겠어요?"

하지만 무언가 미심쩍다고 생각한 나는 "아뇨, 괜찮아요. 먼저 20%를 할인하고 나서 나머지 금액으로 판매세를 계산해주세요. 그래야 세금을 덜 내지요."라고 말한다.

어느 쪽(두 가지 방법 다 합법적이라고 가정하자)이 내게 더 유리한 거래일까?

이런 문제에 맞닥뜨렸을 때, 많은 사람들은 '덧셈 방식'으로 문제를 풀려고 한다. 즉, 각각의 시나리오에서 세금과 할인 금액을 계산하고, 필요한 덧셈과 뺄셈을 하여 최종적으로 지불해야 할 금액을 얻는다. 점원이 제안한 방식을 택하면, 우선 세금을 4달러(정가 50달러의 8%에 해당하는) 부담해야 한다. 그러면 정가가 54달러로 변하는 것과 같다. 54달러에서 20%를 할인하면 10.80달러를 돌려받으므로, 내가 최종적으로 지불해야 할 돈은 54-10.80=43.20달러이다. 반면에 내가 선택한 시나리오를 따르면, 정가 50달러에서 20%를 먼저 할인하므로 40달러만 지불하면 된다. 그런데 40달러에 대해 판매세 8%에 해당하는 3.20달러를 더 지불해야 하므로, 총 금액은 40＋3.20＝43.20달러로 앞서 얻은 결과와 똑같다! 어떻게 이럴 수가!

하지만 이것은 단순히 교환법칙이 성립하는 사례에 불과하다. 그 이유를 알고 싶으면, 덧셈 방식으로 생각하지 말고 '곱셈 방식'으로 생각해야 한다. 8%의 세금을 적용한 뒤에 20%를 할인하는 것은 정가에 1.08을 곱한 뒤에 다시 0.80을 곱하는 것과 같다. 세금 적용과 할인의 순서를 바꾸면 곱하는 순서가 달라지지만, $1.08 \times 0.80 = 0.80 \times 1.08$이기 때문에 최종 금액은 똑같다.

이보다 더 큰 금융 문제[3]에 대한 결정을 내릴 때에도 이와 같은 일이 일어난다. 미국의 퇴직 연금 로스 401(k)는 전통적인 퇴직 연금보다 더 나을까 더 나쁠까? 더 일반적으로, 만약 나에게 투자할 돈이 있고 언젠가 그것에 대해 세금을 내야 한다면, 투자를 시작하는 시점에 세금을 내는 게 좋을까, 투자가 끝나는 시점에 세금을 내는 게 좋을까?

이번에도 나머지 조건들이 똑같다면(애석하게도 그렇지 않은 경우가 많다), 교환법칙은 두 경우 모두 결과가 똑같다고 말해준다. 만약 두 시나리오 모두 돈이 똑같은 비율로 불어나고 똑같은 비율의 세금을 내야 한다면, 세금을 먼저 내든 나중에 내든 문제가 되지 않는다.

하지만 이러한 수학적 주장을 금융 문제에 대한 조언으로 오해해서는 안 된다. 현실에서 이런 문제에 맞닥뜨리는 사람은 문제를 훨씬 복잡하게 만드는 많은 조건에 신경 써야 한다. 몇 가지 예를 들면, 퇴직할 무렵에 내가 속한 과세 표준 구간은 어디가 될까, 나는 기부금

한도를 최대한 채울 것인가, 내가 연금을 받을 무렵에 정부가 연금 수령액에 대한 면세 혜택 정책을 바꿀 것으로 예상되는가 등이 있다. 이런 것들을 모두 무시한다면(오해하지 마라. 이것들은 모두 중요하다. 나는 그저 단순한 수학적 문제에 초점을 맞추고자 할 뿐이다), 교환법칙은 그런 결정을 분석하는 데에도 유용하다.

인터넷의 개인 금융 사이트들에서 이 문제를 놓고 열띤 논쟁이 벌어지는 걸 자주 볼 수 있다. 교환법칙이 실제로 성립한다는 것을 보여주어도 일부 블로거들은 쉽사리 승복하지 않는다. 그 이유는 교환법칙이 그만큼 직관에 반하기 때문이다.

어쩌면 우리는 본능적으로 교환법칙을 의심하는 성향이 있는지도 모르는데, 일상 생활에서 우리가 경험하는 일들은 대부분 순서가 중요하기 때문이다. 케이크를 먹으면서 동시에 갖고 있을 수는 없고, 신발과 양말을 벗을 때에도 순서를 제대로 따라야 한다.

물리학자 머리 겔만Murray Gell-Mann은 어느 날 자신의 미래를 걱정하다가 비슷한 깨달음을 얻었다. 예일 대학을 다니던 그는 아이비리그의 대학원에 진학하길 간절히 원했다. 하지만 프린스턴에는 지원했다가 퇴짜를 맞았고, 하버드는 입학은 받아주었지만 겔만에게 필요한 재정적 지원을 제공하는 데에는 미적거리는 태도를 보였다. 결국 최선의 선택은 MIT였지만, 이 때문에 겔만은 몹시 우울했다. 겔만의 눈에는 MIT가 자신의 비범한 취향에 비해 격이 떨어지는 공과대학으로 보였기 때문이다. 하지만 그는 결국 MIT를 선택했다. 세월이 지난 뒤, 겔만은 그 당시 자살을 생각하기도 했지만 MIT를 다니는 것과 자살은 교환법칙이 성립하지 않는다는[4] 사실을 깨닫고서 자살을 포기했다고 설명했다. 일단 MIT를 다닌 뒤에 자살은 나중에 하고 싶을 때 해도 되지만, 자살을 하고 나면 MIT를 다닐 수 없으니까 말이다.

아마도 겔만은 교환법칙이 성립하지 않는 것에 민감한 반응을 보이도록 조건화되어 있었는지도 모른다. 양자물리학자인 그는 아주 깊은 차원의 자연에서는 교환법칙이 성립하지 않는다는 사실을 분명히 알고 있었을 것이다. 그것은 한편으로는 좋은 일이다. 세계가 우리가 보는 모습대로 존재하는 이유는 바로 깊은 차원의 자연에서 교환법칙이 성립하지 않기 때문이다. 물질이 단단한 이유도 원자가 붕괴하지 않는 이유도 이 때문이다.

좀 더 구체적으로 말하면, 양자역학이 발전하던 초기[5]에 베르너 하이젠베르크Werner Heisenberg와 폴 디랙Paul Dirac은 자연이 $p \times q \neq q \times p$ 라는 기묘한 논리를 따른다는 사실을 발견했다. 여기서 p는 양자 입자의 운동량을, q는 그 위치를 나타낸다. 만약 교환법칙이 붕괴하지 않는다면, 하이젠베르크의 불확정성 원리도 없을 것이고, 원자는 붕괴하여 세상에는 아무것도 존재하지 않을 것이다.

그러니 p와 q에 각별히 신경을 쓸 필요가 있다. 그리고 자녀에게도 그러라고 일러주도록 하라(영어로 mind one's p's and q's는 '언행을 조심하다'라는 뜻이니, 이 문장은 이를 이용해 저자가 말장난을 한 것이다—옮긴이).

나눗셈에 대한 불만

—
나눗셈과 분수를 배우다가 만나는 수학의 벽.
수의 '더 작은 부분'을 상상할 수 있다면
나눗셈을 이해하는 눈이 트인다.

산술에는 전체 이야기를 관통하는 맥락이 있지만, 많은 사람들은 긴 나눗셈과 공통분모의 안개 속에서 헤매다가 그것을 놓치고 만다. 그 맥락이란 바로 더 많은 능력을 지닌 수들을 찾아나서는 모험에 관한 이야기이다.

자연수 1, 2, 3,…은 수를 세거나 더하거나 곱하기를 하기에는 전혀 부족함이 없다. 하지만 있는 것을 모두 다 가져가면 얼마가 남느냐는 질문을 던지면, 새로운 종류의 수인 0을 만들지 않을 수 없으며, 또 빚을 나타내려면 음수도 필요하다. 이렇게 자연수에 0과 음수까지 추가한 수의 우주를 정수라 부르는데, 정수는 자연수만큼 자기 충족

적이지만 뺄셈도 자유자재로 할 수 있기 때문에 훨씬 다재다능한 능력을 보여준다.

그런데 분할의 수학을 시도하는 순간 우리는 새로운 위기에 부닥친다. 어떤 정수를 균등하게 분할하는 것은 항상 가능한 일이 아니다. 분수를 발명함으로써 수의 우주를 또 한 번 확대하기 전까지는 그렇다. 분수는 정수들의 비로 나타낼 수 있는 수를 말하는데, 전문 용어로는 '유리수'라고 한다. 유리수를 뜻하는 영어 단어 rational number는 바로 비(ratio)에서 유래했다. 하지만 슬프게도 많은 학생들은 바로 여기서 수학의 벽을 만난다.

나눗셈과 그 결과에는 혼란스러운 것이 많지만, 무엇보다 많은 학생을 헷갈리게 하는 것은 전체의 일부를 나타내는 방법이 아주 많다는 점이다.

만약 초콜릿 케이크의 한가운데를 칼로 잘라 똑같은 크기의 두 조각으로 나눈다면, 각각의 조각은 전체 케이크의 절반이라고 말할 수 있다. 혹은 분수를 사용해 전체의 $\frac{1}{2}$이라고 표현할 수도 있는데, $\frac{1}{2}$은 '똑같은 조각 2개 중 하나'라는 뜻이다(분수를 이런 식으로 쓸 때, 1과 2 사이의 선은 뭔가를 자른 것을 시각적으로 나타낸 것으로 볼 수 있다). 세 번째 방법은 각각의 조각이 전체의 50%라고 말하는 것인데, 50%는 '전체 100 중 50'이라는 뜻이다. 그래도 성에 차지 않는다면, 소수를 사용해 각각의 조각이 전체 케이크의 0.5라고 표현할 수도 있다.

많은 사람들이 분수와 퍼센트, 소수를 대할 때 혼란을 느끼는 이유 중 일부는 바로 이렇게 같은 것을 여러 가지로 표현하는 방식 때문인지도 모른다. 아일랜드의 작가이자 화가, 시인인 크리스티 브라운

Christy Brown의 실화를 바탕으로 만든 영화 〈나의 왼발My Left Foot〉[1]에 생생한 예가 나온다. 노동자 계층에 속한 대가족 가정에서 태어난 크리스티는 뇌성마비를 앓아 말도 못하고 왼발을 제외하고는 몸을 마음대로 움직이지 못한다. 어린 시절에 브라운은 종종 지적 장애아로 취급받았는데, 특히 아버지는 그를 미워하고 학대했다.

이 영화에서 중요한 전환점이 되는 사건은 식탁 주위에서 일어난다. 누나는 아버지 옆에 앉아 수학 숙제를 하고, 크리스티는 언제나처럼 방 한쪽 구석에서 구부린 자세로 의자에 앉아 있다. 누나의 질문이 침묵을 깨뜨렸다. "4분의 1의 25%는 얼마죠?" 아버지는 곰곰이 생각하다가 "그건 엉터리 문제야. 25%가 곧 4분의 1이 아니냐? 4분의 1의 4분의 1은 있을 수가 없어."라고 말한다. 그러자 누나는 "있을 수 있어요. 크리스티, 넌 할 수 있지?"라고 말한다. 그 말을 듣고 아버지는 "하! 저 녀석이 뭘 안다고!"라고 비웃는다.

크리스티는 몸을 비틀면서 왼발로 힘겹게 분필을 붙잡는다. 그리고 바닥에 놓인 석판 위에 분필을 갖다대고 1과 선을 그리고 뭔가 알 수 없는 글자를 쓴다. 그것은 숫자 16이지만, 6이 좌우가 뒤바뀐 형태로 그려진다. 실망한 크리스티는 발뒤꿈치로 6을 지우고 다시 쓰려고 하지만, 이번에는 분필이 너무 많이 움직여 6을 가로질러 지나가는 바람에 뭔지 알아볼 수 없게 되고 만다. 아버지는 "그냥 제멋대로 갈겨 쓰는군." 하고 조롱하면서 고개를 돌린다. 기진맥진한 크리스티는 눈을 감으면서 의자에 털썩 주저앉는다.

극적인 상황 전개를 제쳐놓고 이 장면만 놓고 볼 때, 우리는 아버지의 경직된 사고 방식에 놀라지 않을 수 없다. 아버지는 왜 $\frac{1}{4}$의 $\frac{1}{4}$

은 있을 수 없다고 강하게 주장했을까? 아마도 아버지는 전체 중에서 $\frac{1}{4}$만 취하거나, 동일한 부분이 4개 있을 때 그 중에서 하나만 취할 수 있다고 생각했을 것이다. 하지만 아버지는 '전체'가 이미 동일한 부분 4개로 이루어져 있는 물체를 생각하지 못했다. 전체의 $\frac{1}{4}$인 물체의 경우, 그것을 이루는 동일한 부분 4개의 모습은 다음과 같다.

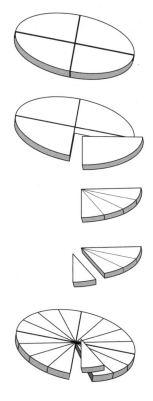

따라서 원래의 전체에는 이 작은 조각 16개가 들어 있으므로, 각각 의 조각은 전체의 $\frac{1}{16}$이다. 크리스티가 힘들게 쓰려고 했던 답이 바로 이것이었다.

디지털 시대에도 같은 종류의 경직된 사고를 하는 사람이 있음을 보여주는 사례가 몇 년 전에 인터넷에서 널리 퍼진 적이 있다. 조지 바카로George Vaccaro는 버라이즌 와이어리스Verizon Wireless(미국 최대의 무선 회사이자 최대의 무선 데이터 공급 업체)[2]의 두 상담 직원과 나눈 통화 내용을 인터넷에 올렸다. 바카로는 데이터 사용 요금이 1킬로바이트당 0.002센트라고 알고 있었는데, 청구서에는 100배나 비싼 1킬로바이트당 0.002달러가 청구되었다며 불만을 제기했다. 바카로가 상담 직원과 나눈 대화는 유튜브의 코미디 부문에서 상위 50위 이내까지 진입했다.

바카로와 상담 센터 관리자인 안드레아 사이에 오간 대화 중간쯤에 나오는 하이라이트 부분을 아래에 소개한다.

바카로: 1달러와 1센트의 차이는 아시죠?

안드레아: 그야 물론이지요.

바카로: 0.5달러와 0.5센트의 차이는 아시나요?

안드레아: 당연하지요.

바카로: 그렇다면 당연히 0.002달러와 0.002센트의 차이도 아시겠네요?

안드레아: 아뇨.

바카로: 아니라고요?

안드레아: 그러니까 제 말은……0.002달러는 있을 수 없다는 거지요.

잠깐 있다가 안드레아는 이렇게 말한다. "1달러야 분명히 '1 다음에 소수점을 찍고 00'이지요. 하지만 '소수점 다음에 002'가 붙은 달러라뇨? 전 0.002'달러'라는 돈은 들어본 적이 없어요…… 그건 1센트도 안 되잖아요."

달러와 센트 단위를 환산하는 문제는 안드레아가 안고 있는 전체 문제 중 일부에 지나지 않는다. 진짜 장벽은 안드레아가 달러든 센트든 그 중 작은 부분을 상상하는 능력이 없다는 것이다.

소수의 기묘한 성질에 어리둥절하는 느낌이 어떤 것인지는 나도 직접 경험한 것을 바탕으로 말할 수 있다. 8학년 때 스탠턴 선생님은 우리에게 분수를 소수로 바꾸는 방법을 가르쳤다. 우리는 긴 나눗셈을 사용한 끝에 일부 분수는 0으로 끝나는 소수가 된다는 사실을 발견했다. 예를 들면, $\frac{1}{4}=0.2500\cdots$인데, 간단히 0.25로 쓸 수 있다. 뒤에 0이 아무리 많이 붙더라도, 그것은 결국 아무것도 아니니까. 한편, 어떤 분수는 같은 숫자가 무한히 반복되는 소수가 되었다. 예를 들면,

$$\frac{5}{6}=0.8333\cdots$$

내가 좋아한 분수는 $\frac{1}{7}$인데, 여섯 자리로 된 142857이라는 순환마디가 계속 반복되기 때문이었다.

$$\frac{1}{7}=0.142857142857\cdots$$

내가 혼란을 느낀 순간은 선생님이 다음의 간단한 등식

$$\frac{1}{3} = 0.3333\cdots$$

에서 양변에 3을 곱하면 1은 0.9999…와 같다는 결론[3]에 이르게 된다고 말했을 때였다.

그때 나는 둘이 같을 수가 없다고 이의를 제기했다. 선생님이 0 다음의 소수점 뒤에 9를 아무리 많이 쓰더라도 1.000…에서 그만큼 많은 0을 쓸 수 있으니, 내 수에서 선생님의 수를 빼면 아무리 작다 하더라도, 0.0000…001이 남아야 한다는 게 내 생각이었다.

크리스티의 아버지나 버라이즌 와이어리스의 상담 직원과 마찬가지로 나도 방금 내 눈앞에서 증명되었는데도 불구하고 그 사실을 받아들일 수 없었다. 나는 두 눈으로 똑똑히 보고서도 그것을 믿으려 하지 않았다(이 이야기를 들으면서 필시 여러분도 떠오르는 사람들이 있을 것이다).

하지만 더욱 나쁜 상황(혹은 만약 신경세포가 지글지글 타는 걸 즐기는 사람이라면 더 나은 상황)이 기다리고 있다. 스탠턴 선생님의 수업 시간에 우리에게 소수가 나오기만 해도 질색하도록 만든 것은 끝없이 같은 숫자가 계속되는 소수도, 순환마디가 반복되는 소수도 아니었다. 그것은 무엇이었을까? 그러한 괴물 소수를 만드는 것은 쉽다. 다음 소수가 그런 예이다.

0.12122122212222…

오른쪽으로 갈수록 2가 반복되는 횟수가 점점 늘어난다. 이 소수를 분수로 나타내는 방법은 없다. 모든 분수는 유한한 자리수로 끝나거나 순환마디가 영원히 반복되는 소수로 바꿀 수 있다. 그런데 이 소수는 그 어느 쪽도 아니기 때문에 정수의 비로 나타낼 수가 없다. 이런 수를 무리수라고 한다.

억지로 만든 티가 역력한 이 소수를 보고서 무리수는 아주 드물 것이라고 생각하기 쉽다. 하지만 그렇지 않다. 무리수는 아주 많다. 어떤 의미에서 대부분의 소수는 무리수[4]라고 말할 수 있다. 그리고 무리수를 이루는 숫자들은 통계적으로 무작위로 배열된 것처럼 보인다.

이 놀라운 사실들을 받아들이면, 모든 것이 뒤죽박죽으로 변한다. 그토록 사랑스럽고 친숙하던 정수와 분수는 이제 아주 희귀하고 기이한 존재로 보인다. 그렇다면 초등학교 교실에 걸려 있던 단순한 수직선數直線은 어떻게 되는가? 아무도 여러분에게 말해주지 않았겠지만, 거기에는 대혼돈이 들끓고 있다.

자리가 값을 결정하다

—

10진법은 알기 쉽고, 60진법은 아름답지만,
2진법은 혁명이었다.
0과 자리값의 관계로 그 이유를 알아보자.

나는 에즈라 코넬Ezra Cornell의 동상[1] 앞을 수백 번이나 지나가면서도 초록빛을 띤 그 모습을 자세히 본 적이 없었다. 그러다가 어느 날, 나는 잠깐 걸음을 멈추고 동상을 자세히 살펴보았다.

긴 외투와 조끼 차림에 부츠를 신고, 지팡이 위에 올려놓은 오른손으로 구겨진 모자를 함께 거머쥔 에즈라는 바깥 활동을 좋아하는 사람처럼 보이며 투박한 위엄이 넘친다. 이 동상은 어느 모로 보나 실제 인물처럼 가식이 없고 아주 솔직한 인상을 풍긴다.

이 점에서 동상 받침대에 에즈라의 생몰 연대가 로마 숫자로 표기된 것은 어울려 보이지 않는다.

EZRA CORNELL
MDCCCVII – MDCCCLXXIV

뉴욕 주 이타카 시의 코넬 대학을 설립한 에즈라 코넬의 동상. 동상 받침대에 생몰 연대가 로마 숫자로 표기되어 있다. 실용적인 학문에 지원을 아끼지 않았던 코넬은 로마 숫자보다 합리적인 수 표기법을 좋아하지 않았을까?

왜 단순히 1807-1874라고 쓰지 않았을까? 로마 숫자는 인상적으로 보이긴 하지만, 읽기도 사용하기도 거추장스럽다. 에즈라가 로마 숫자를 마음에 들어했을 리가 없다.

훌륭한 수 표기 방법을 찾는 것은 늘 중요한 과제였다. 문명이 시작된 이래 사람들은 무역을 위해서건 토지 측량을 위해서건 가축의 수를 알기 위해서건 수를 적고 셀 수 있는 수 체계²를 다양하게 시험했다.

이렇게 만든 수 체계들은 한 가지 공통점이 있었는데, 바로 우리의 생물학적 특징을 바탕으로 했다는 점이다. 진화의 우연을 통해 우리의 양손에는 손가락이 5개씩 붙어 있다. 이러한 해부학적 특징은 선을 그어 수를 표시하던 원시적인 방법에 반영되어 있다. 예를 들면, 17은 다음과 같이 나타냈다.

각 집단에서 각각의 세로선은 원래 하나의 손가락을 나타냈을 것이다. 그리고 대각선으로 그은 선은 엄지로 보이는데, 나머지 네 손가

락 위로 뻗으면서 주먹을 쥔 손을 나타낸 것이 아니었을까?

로마 숫자[3]는 이렇게 선으로 수를 표시하던 방법을 조금 더 정교하게 발전시킨 것에 지나지 않는다. 로마 인이 2를 II로, 3을 III으로 쓰는 방식에서 그 흔적을 엿볼 수 있다. 마찬가지로 대각선 방향의 선은 5를 나타내는 로마 숫자 V의 모양에 그 흔적이 남아 있다. 하지만 4는 좀 애매하다. 때로는 선으로 수를 표시하는 방식에 따라 4를 IIII로 쓰기도 하지만(장식용 시계에서 가끔 볼 수 있다), IV로 표기하는 것이 일반적이다. 작은 수(I)를 큰 수(V) 오른쪽에 쓰면 큰 수에 I을 더한 것이 되지만, 왼쪽에 쓰면 큰 수에서 I을 뺀 것이 된다. 그래서 IV는 4가 되고, VI은 6이 된다.

고대 바빌로니아 인[4]은 손가락에 그렇게 집착하지 않았다. 그들의 수 체계는 60을 바탕으로 했는데, 이것은 그들의 고상한 취향을 보여주는 증거이다. 왜냐하면 60은 예외적으로 아름답고 다루기 쉬운 수이기 때문이다. 60이라는 수가 지닌 아름다움은 근원적인 것이며, 인간의 해부학적 구조와는 아무 관계가 없다.[5] 60은 1, 2, 3, 4, 5, 6으로 모두 나누어 떨어지는 수 중에서 가장 작은 수이다. 그 밖에 10, 12, 15, 20, 30으로도 나누어 떨어진다. 이렇게 다양한 수들로 나누어 떨어지는 성질 때문에 사물을 똑같은 부분들로 나누는 것을 포함한 계산이나 측정에는 60이 10보다 더 편리하다. 한 시간을 60분으로, 1분을 60초로, 원을 360°로 나눈 것은 고대 바빌로니아 인의 지혜를 빌려온 것이다.

하지만 고대 바빌로니아 인의 가장 큰 유산은 오늘날에는 너무나도 상식적인 것으로 변해 그것이 얼마나 미묘하고 독창적인지 우리가 잘 알아채지 못하는 개념이다.

그것을 설명하기 위해 그 개념을 현대적 형태로 포함하고 있는 인도-아라비아 숫자를 살펴보자. 인도-아라비아 숫자는 60을 기반으로 하는 대신에 1, 2, 3, 4, 5, 6, 7, 8, 9 그리고 무엇보다 경이로운 숫자인 0이라는 10개의 숫자를 기반으로 한다. 이 10개의 숫자를 영어로 digit이라 하는데, digit은 손가락 또는 발가락을 뜻하는 라틴어에서 유래했다.

여기서 주목할 사실은 이 수 체계가 10개의 숫자를 기반으로 하지만, 10을 나타내는 기호는 따로 없다는 점이다. 10은 기호 대신에 '위치'—십의 자리—로 나타낸다. 100이나 1000은 물론, 10의 거듭제곱에 해당하는 나머지 수들도 마찬가지이다. 이 수들이 각자 지닌 독특한 지위는 기호가 아니라 주차 공간, 즉 그 수를 위해 마련된 부동산 공간으로 표시한다. 즉, 자리가 지위를 결정하는 것이다.

이 자리값 수 체계의 우아함을 로마 숫자의 투박한 방식과 비교해보라. 10을 표시하고 싶은가? 그냥 10이라 쓰면 된다. 로마 숫자로는 X이라 써야 한다. 100(C)과 1000(M)도 새로운 기호를 도입할 필요 없이 쉽게 나타낼 수 있고, 5로 시작하는 수들을 나타내는 특수한 기호들(5, 50, 500에 각각 해당하는 V, L, D)도 필요 없다.

로마 숫자는 선호하는 몇몇 숫자들에 고유한 기호를 부여하고, 이 숫자들을 결합하는 방식으로 나머지 수들을 나타낸다.

불행하게도 로마 숫자는 수천을 넘어서는 수를 표기하려면 삐걱거리기 시작하면서 신음 소리를 낸다. 중세에 로마 숫자를 사용하던 학자들은 기존의 기호 위에 작대기를 그어 그 숫자의 1000배를 나타내는 편법을 발명했다. 예를 들면, $\overline{X}$는 10의 1000배인 1만을, $\overline{M}$은 1000의 1000배인 100만을 나타낸다. 10억(100만의 1000배)이라는 수는 사용할 일이 거의 없었지만, 꼭 써야 한다면 $\overline{M}$ 위에 두 번째 작대기를 그어야 했다. 충분히 예상할 수 있겠지만, 이렇게 번거로운 일은 끝이 없다.

하지만 인도-아라비아 숫자를 사용하면 아무리 큰 수라도 아주 쉽게 나타낼 수 있다. 단지 제자리에 집어넣기만 한다면 10개의 숫자만으로 모든 수를 다 표현할 수 있다. 게다가 이 이 기수법記數法은 근본적으로 간결하다. 예를 들어 100만보다 작은 수는 6개 이하의 기호로다 나타낼 수 있다. 단어나 선이나 로마 숫자로 그 수들을 나타내려고 시도해보면, 인도-아라비아 숫자가 얼마나 간결한지 알 수 있다.

무엇보다도 자리값 수 체계를 사용하면 보통 사람들도 셈을 배울 수 있다. 몇 가지 사실 — 구구단과 덧셈에서 그에 해당하는 규칙 — 만 알면 된다. 이것들만 알면 나머지는 알 필요가 전혀 없다. 아무리 많은 수를 포함한 계산이라도, 또 그 수들이 아무리 큰 수라 하더라도, 똑같은 기본 사실을 반복적으로 계속 적용함으로써 충분히 해낼 수 있다.

이 이야기가 너무 기계적으로 들릴지 모르지만, 바로 이것이 핵심이다. 자리값 수 체계를 사용하면 기계에 프로그래밍을 해 계산을 하게 할 수 있다. 초기의 기계식 계산기부터 오늘날의 슈퍼컴퓨터에 이르기까지 계산의 자동화는 자리값이라는 아름다운 개념 때문에 가능했다.

그런데 이 이야기에서 잘 알려지지 않은 영웅이 있으니, 그것은 바로 0이다. 0이 없다면, 이 모든 방법은 사상누각처럼 와르르 무너지고 만다. 0은 자리를 차지함으로써 1과 10과 100을 구별하게 해주는 중요한 역할을 한다.

모든 자리값 수 체계는 기수基數라 부르는 수들을 바탕으로 한다. 우리가 쓰는 인도-아라비아 숫자는 기수가 10이기 때문에 십진법이라 부른다. 일의 자리 다음 자리에는 차례로 십의 자리, 백의 자리, 천의 자리,……가 오는데, 각각 10의 거듭제곱에 해당하는 값을 가진다.

$$10 = 10^1$$
$$100 = 10 \times 10 = 10^2$$
$$1000 = 10 \times 10 \times 10 = 10^3$$

우리가 기수가 10인 십진법을 선호하는 것은 논리적 이유보다는 손가락이 10개라는 생물학적 이유가 더 크다. 이 사실을 감안한다면, 자연히 다음과 같은 의문이 떠오를 것이다. 십진법보다 더 효율적이거나 더 다루기 쉬운 기수법은 없을까?

기수가 2인 이진법을 유력한 후보로 내세울 수 있다. 이진법은 오늘날 컴퓨터를 비롯해 휴대 전화에서 카메라에 이르기까지 디지털 데이터를 다루는 온갖 물건에 쓰인다. 이진법은 가능한 모든 기수법 중에서 기수가 0과 1, 단 2개뿐으로 가장 적다. 그래서 전자 스위치의 논리나 두 상태(켜짐과 꺼짐, 열림과 닫힘처럼) 사이에서 왔다 갔다 하는 모든 것의 논리와 딱 들어맞는다.

이진법을 이해하려면 약간의 적응이 필요하다. 이진법은 10의 거듭제곱 대신에 2의 거듭제곱을 사용한다. 일의 자리는 십진법과 똑같지만, 그 다음 자리부터는 2의 자리, 4의 자리, 8의 자리,……가 차례로 이어지는데, 그 이유는 아래에서 보는 것처럼 2의 거듭제곱 값들이 그러하기 때문이다.

$$2=2^1$$
$$4=2\times2=2^2$$
$$8=2\times2\times2=2^3$$

물론 이진법에서는 2라는 기호를 쓰지 않는다. 십진법에 10에 해당하는 기호가 따로 없듯이, 2라는 기호는 이진법에 없기 때문이다. 대신에 십진법의 2에 해당하는 수를 이진법에서는 10으로 표시한다. 이것은 2가 1개이고, 1이 0개라는 뜻이다. 마찬가지로 십진법의 4는 이진법에서는 100이 되고(4가 1개, 2와 1은 각각 0개), 십진법의 8은 이진법에서 1000이 된다.

이진법의 영향력은 수학 영역 밖으로도 아주 광범위하게 뻗어 있다. 우리가 사는 세계는 이진법의 힘 때문에 크게 변했다. 지난 수십 년 동안 우리는 '모든' 정보 — 수뿐만 아니라 언어와 이미지와 소리까지 — 를 0과 1의 숫자열로 암호화할 수 있다는 사실을 알게 되었다.

이 이야기가 나왔으니 다시 에즈라 코넬의 이야기로 돌아가보자.

그의 동상 뒤에는 거의 눈에 띄지 않게 전신기가 놓여 있다. 이것은 코넬이 웨스턴유니언 회사를 만들고 북아메리카 대륙을 연결하는 데 기여한 공로를 기리기 위해 설치한 기념물이다.

에즈라 코넬 동상 뒤편에 있는 전신기는 미국 통신 사업에 기여한 코넬의 공로를 상징한다. 코넬은 모스 부호를 만든 새뮤얼 모스 밑에서 일하며 전신 사업을 시작했다. 점과 선으로 이루어진 모스 부호는 0과 1로 이루어진 디지털 신호와 같은 원리로 작동한다.

목수였다가 사업가가 된 코넬은 점과 선으로 만든 모스 부호에 그 이름이 영원히 남아 있는 새뮤얼 모스Samuel Morse 밑에서 일했다. 전신 키를 눌렀다 뗐다 하는 방식으로 모스 부호를 송신하면 모든 영어 단어를 멀리 보낼 수 있었다. 점과 선으로 된 이 2개의 기호는 기술적으로 오늘날 우리가 쓰는 0과 1의 선구자였던 셈이다.

모스는 볼티모어와 워싱턴 D. C.의 의회 의사당을 연결하는 미국 최초의 전신선을 건설하는 일을 코넬에게 맡겼다. 모스는 처음부터 자신의 점과 선이 어떤 결과를 가져올지 예감했던 것으로 보인다. 전신선이 공식적으로 개통된 1844년 5월 24일, 모스가 그 전신선을 통해 최초로 보낸 메시지는 "What hath God wrought!"였다("What hath God wrought!"는 구약 성경 민수기 23장 23절에 나오는 구절로, "하느님께서 무엇을 하셨는지 보라!"라는 뜻이다 ─ 옮긴이).

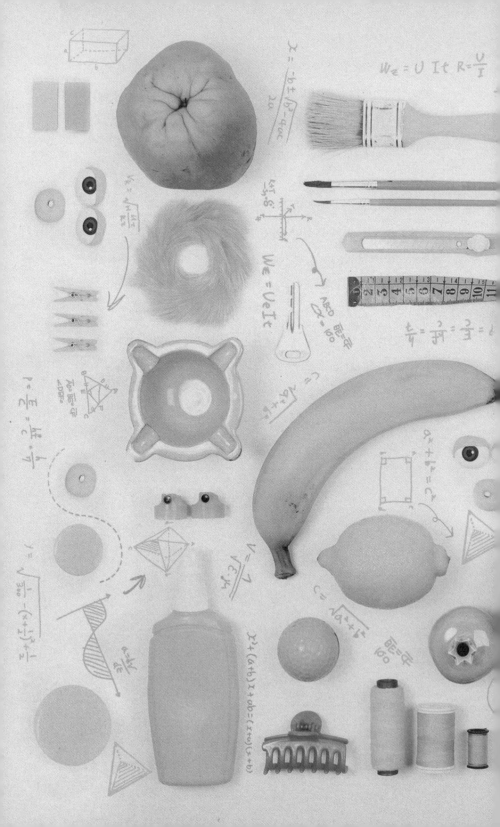

원인과 결과, 투여와 반응,
세계는 어떻게 이루어져 있나
관계

x의 즐거움

—
수학은 언어다.
대수학을 배운다는 것, 즉 x를 만난다는 것은
한층 수준 높은 수학 언어를 배우는 것이다.

이제 초등학교 수준의 산술에서 중고등학교 수준의 수학으로 넘어갈 때가 되었다. 이어지는 10개의 장에서는 학교에서 배웠던 대수학과 기하학 그리고 삼각법을 다시 들여다볼 것이다. 하나도 기억나지 않더라도 염려할 건 전혀 없다. 이번에는 시험이 없으니까 말이다. 여러분은 이 주제들에 관한 세부 사실들을 어떻게 다 이해할지 걱정하는 대신에, 가장 아름답고 중요하고 광범위한 영향력을 지닌 개념들에 초점을 맞춰 살펴보는 호사를 즐길 수 있다.

예컨대, 대수학에서 여러분은 온갖 기호와 정의, 풀이 과정에 어려움을 느꼈을 수 있지만, 이 모든 것은 결국 단 두 가지 활동, 즉 x의 값을 구하는 것과 공식을 활용하는 것으로 압축된다.

x의 값을 구하는 것은 탐정이 하는 일과 비슷한데, 미지수 x를 범인처럼 찾아내려고 애써야 하기 때문이다. 우리에게는 몇 가지 단서가 주어진다. 단서는 $2x+3=7$과 같은 방정식의 형태로 주어지기도 하고, 그것을 다소 복잡하게 말로 표현한 형태(공포의 문장제)로 주어지기도 한다. 어쨌든 목표는 주어진 정보에서 x가 뭔지 알아내는 것이다.

이에 반해 공식을 활용하는 것은 예술과 과학의 결합에 해당한다. 이 방법은 x의 값을 알아내는 대신에 그 값이 변해도 수들 사이에 항상 성립하는 관계를 조작하고 다룬다. 이렇게 그 값이 변할 수 있는 수를 '변수'라고 하는데, 대수학과 산술의 차이점은 바로 이 변수에 있다. 공식은 수들 자체가 지닌 우아한 패턴을 나타낼 수도 있다. 대수학이 예술과 만나는 영역이 바로 이곳이다. 또 공식은 낙체나 행성의 궤도, 개체군 내의 유전자 빈도를 나타내는 자연의 법칙들에서 볼 수 있는 것처럼, 실제 세계에서 성립하는 수들 사이의 관계를 나타낼 수도 있다. 이곳은 대수학이 과학과 만나는 영역이다.

대수학을 이렇게 두 가지 활동으로 나누는 것은 표준적인 방법은 아니지만(사실 이것은 내가 만들어낸 것이다), 효과가 아주 좋다. x의 값을 구하는 것은 다음 장에서 자세히 다룰 테니, 여기서는 공식에 초점을 맞춰 살펴보기로 하자. 먼저 개념을 명확히 하기 위해 쉬운 예들을 살펴보자.

몇 년 전에 내 딸 조는 언니 리아에 대해 뭔가 놀라운 것을 발견했다.[1] "아빠, 내 나이와 언니 나이 사이에는 항상 어떤 수가 있어요. 지금 나는 여섯 살, 언니는 여덟 살이니, 그 사이에는 일곱 살이 있지요. 그런데 나중에 우리가 나이가 더 들어 내가 스무 살이 되면 언니는 스물두 살이 되는데, 그 사이에도 어떤 수가 있어요!"

조가 관찰한 사실은 충분히 대수학이라고 부를 만한데(물론 세상에서 그렇게 생각할 사람은 딸을 대견한 눈길로 바라보는 아빠밖에 없을 것이다), 계속 변하는 두 변수(여기서 조의 나이는 x, 리아의 나이는 y라고 하자) 사이의 관계를 알아냈기 때문이다. 조와 리아의 나이가 어떻게 변하든, 리아는 항상 조보다 두 살 더 많다. 즉, $y=x+2$.

대수학은 이런 패턴을 가장 자연스럽게 표현할 수 있는 언어이다. 대수학 언어를 유창하게 구사하려면 약간의 연습이 필요한데, 대수학에는 프랑스어로 '포자미faux amis(가짜 친구들)'라 부르는 것들이 아주 많기 때문이다. 가짜 친구들은 두 언어(여기서는 대수학과 여러분이 쓰는 언어)에서 단어의 표기는 똑같지만 뜻이 완전히 다른 단어들을 말한다. 예를 들면, sale이라는 단어는 프랑스어로는 '더러운'이라는 뜻이지만, 영어로는 '판매'라는 뜻이고, 이탈리아어로는 '소금'이라는 뜻이다.

대수학에 나오는 가짜 친구들의 예로는 이런 게 있다. 복도의 길이를 야드(약 90cm) 단위로 잰 것을 y, 피트(약 30cm) 단위로 잰 것을 f라고 하자. 자, 이럴 때 f와 y의 관계를 나타내는 방정식을 구해보라.

교육 자문 위원으로 일하는 내 친구 그랜트 위긴스Grant Wiggins는 몇 년 동안 학생들과 교수들을 만날 때마다 이 문제를 내면서 풀어보게 했다. 그의 경험에 따르면, 학생들이 틀리는 경우는 절반 이상이나 되었다고 한다. 얼마 전에 대수학을 배우고 시험을 통과한 학생들마

저 그렇다고 한다.

만약 답이 $y=3f$라고 생각했다면, 축하한다! 여러분도 그 클럽 회원이 되었다.

이 방정식은 "1야드는 3피트와 같다."라는 문장을 그대로 옮겨놓은 것처럼 보인다. 하지만 몇 가지 수를 대입해보면, 이 공식이 거꾸로 되었다는 걸 금방 알 수 있다. 예를 들어 복도의 길이가 10야드라고 하자. 그것은 30피트와 같다는 건 누구나 안다. 하지만 $y=10$과 $f=30$을 대입하면, 공식은 성립하지 않는다!

정확한 공식은 $f=3y$이다. 여기서 3은 실제로는 '1야드당 3피트(ft/yd)'를 뜻한다. 따라서 야드 단위로 나타낸 y에 3을 곱하면, 야드 단위들은 상쇄되고 피트 단위만 남는다.

단위들이 제대로 상쇄되는지 확인하면, 이런 종류의 실수를 피할 수 있다. 예를 들어 버라이즌 와이어리스의 상담 직원(5장에 나온)도 그렇게 했더라면, 달러와 센트를 혼동하는 실수를 피할 수 있었을 것이다.

또 다른 종류의 공식으로 항등식이 있다. 항등식은 식에 포함된 문자에 어떤 값을 넣어도 항상 성립하는 등식을 말하는데, 예컨대 $(a+b)(a-b)=a^2-b^2$이 그런 경우이다. 이제 여러분은 항등식을 이용해 놀라운 암산 실력으로 친구들을 감탄하게 만들 수 있다. 암산이라면 누구에게도 뒤지지 않는다고 자부한 물리학자 리처드 파인만Richard Feynman을 감탄하게 만든 항등식을 다음에 소개한다.

로스앨러모스에 있을 때,[2] 나는 한스 베테Hans Bethe가 계산의 달인이라는 사실을 알게 되었다. 한번은 우리가 어떤 공식에 이런저런 수들을 대입하다가 48의 제곱을 구해야 할 때가 있었다. 내가 계산기로 손을 뻗자, 베테는 "2300이야."라고 말했다. 내가 계산기를 누르기 시작하자, 그는 "정확한 값을 원한다면 2304야."라고 말했다. 계산기로 계산한 결과도 2304였다. 나는 "와우! 정말 놀라운걸요." 하고 소리쳤다.

"자넨 50 근처의 수들을 제곱하는 방법을 모르나? 먼저 50을 제곱해. 그건 2500이지. 그리고 제곱을 구하려는 50 근처의 수와 50의 차(이 경우에는 2)에 100을 곱해 2500에서 빼주면 돼. 그러면 2300이 나오지. 만약 정확한 값을 원한다면, 차를 제곱해 그것을 더해주면 돼. 그러면 2304가 되지."

베테가 사용한 방법은 바로 다음의 항등식을 이용한 것이다.

$$(50+x)^2 = 2500 + 100x + x^2$$

베테는 이 방정식을 외우고 있다가 x에 -2를 대입한 것뿐이다. $48 = 50 - 2$이니까, 여기서 x는 -2가 된다.

이 공식을 직관적으로 증명하는 방법은 다음과 같다. 한 변의 길이가 $50+x$인 정사각형 카펫이 있다고 상상하라.

그렇다면 카펫의 넓이는 $(50+x)$를 제곱한 값이 되는데, 우리가 찾는 값이 바로 이것이다. 그런데 그림을 자세히 살펴보면, 이 넓이는 한 변의 길이가 50인 정사각형(이것은 공식에서 2500에 해당)과 두 변의 길이가 각각 50과 x인 직사각형 2개(한 직사각형의 넓이는 $50x$이니 두 직사각형의 넓이는 $100x$), 그리고 마지막으로 한 변의 길이가 x인 작은 정사각형(넓이는 x^2)의 넓이를 모두 합한 것과 같다. 여기서 작은 정사각형의 넓이는 베테의 공식에서 마지막 항에 해당한다.

이것과 같은 관계는 이론물리학자에게만 필요한 게 아니다. 주식 시장에 투자하는[3] 사람에게 도움을 줄 수 있는 항등식이 또 하나 있다. 내가 보유한 주식이 갑자기 50% 폭락했다가 그 다음에 50%가 올랐다고 하자. 그런데 이렇게 극적인 회복을 한 뒤에도 내가 보유한 주식의 총액은 아직도 처음보다 25%나 적다. 왜 그럴까? 50%의 손실이 생기는 것은 원금에 0.5를 곱하는 것과 같은 반면, 50%의 이익이 생기는 것은 원금에 1.5를 곱하는 것과 같기 때문이다. 만약 두 가지 사건이 연속으로 일어나면, 처음의 원금에 0.5를 곱한 뒤에 다시 1.50을 곱해야 하므로, 그 결과는 0.75가 된다. 즉, 25%의 손실이 생긴다.

사실 같은 비율의 손실과 이익이 연속적으로 일어난다면, 그 비율에 상관 없이 원금을 회복하는 것은 '불가능'하다. 대수학을 사용하면 왜 그런지 그 이유를 분명히 알 수 있다. 이것을 나타내는 항등식은 다음과 같다.

$$(1-x)(1+x)=1-x^2$$

손실을 볼 때에는 원금은 $1-x$의 비율(위의 예에서 $x=0.50$)만큼 줄어들고, 이익을 볼 때에는 $1+x$의 비율만큼 늘어난다. 따라서 두 사건이 연속적으로 일어났을 때 그 결과는 다음 식으로 쓸 수 있다.

$$(1-x)(1+x)$$

그리고 위의 공식에 따르면, 이것은 다음 식과 같다.

$$1-x^2$$

이 식에서 알 수 있듯이, x가 0보다 클 경우에는 그 값은 '항상' 1보다 작다. 따라서 원금을 회복할 가능성은 영영 없다.

말할 필요도 없지만, 변수들 사이의 관계가 모두 다 위의 예처럼 단순한 것은 아니다. 하지만 대수학의 매력은 유혹적이며, 그래서 사회적으로 용인되는 데이트 상대의 나이 차[4]를 구하는 공식 같은 걸로 어리석은 사람들을 홀리는 일도 일어난다. 일부 인터넷 사이트에 소개된 그 공식에 따르면, 여러분의 나이가 x라고 할 때, $\frac{x}{2}+7$보다 적은 나이의 이성과 데이트하는 것은 건전한 사회에서는 용납되지 않는다고 한다.

　다시 말해서, 82세가 넘는 남자가 48세인 내 아내에게 추근거린다
면 망측하다는 소리를 들을 것이다. 하지만 81세라면? 아무 문제가
없단다!

근을 찾아서

—

방정식의 수만큼이나 근은 다양하다.
그 중 '아무래도 이상한 근'에서 발견된 복소수는
공학자들에게는 최고의 도구가 되었다.

2500년 이상 수학자들은 x의 값을 구하려고 애썼다. 점점 더 복잡한 방정식의 근根, 곧 해를 찾기 위해 그들이 쏟아부은 노력[1]은 인류 사고의 역사에서 위대한 서사시로 기록되었다.

근을 구하기 힘들어 사람들의 골머리를 썩이게 했던 최초의 방정식 중 하나는 기원전 430년 무렵에 델로스 시민들을 당혹스럽게 했다. 큰 전염병이 돌자 델로스 시민들은 델포이의 무녀에게 신탁을 물었다. 그러자 무녀는 아폴론 신전에 있는 정육면체 제단의 부피를 두 배로 늘리라는 신탁을 전했다. 하지만 정육면체의 부피를 두 배로[2] 늘리려면, 각 변의 길이를 2의 세제곱근 값만큼 늘려 작도해야 하는데,

고대 그리스 기하학에서 허용되던 도구가 직선 자와 컴퍼스밖에 없었다는 사실을 감안하면 그것은 실현 불가능한 일이었다.

훗날 수학자들은 비슷한 문제들을 연구하다가 또 다른 종류의 문제에 맞닥뜨리면서 골머리를 앓았다. 방정식의 해를 구하는 것은 가능했지만, 그 해에 음수의 제곱근[3]이 포함되는 일이 종종 나타났던 것이다. 사람들은 그런 해를 궤변 또는 허구라고 부르며 무시했는데, 얼핏 보아서는 터무니없는 이야기처럼 보였기 때문이다.

18세기가 되기까지 수학자들은 음수의 제곱근은 실제로 존재할 수 없는 수라고 믿었다.

그 수는 양수일 리가 없었다. 양수에 양수를 곱하면 양수가 되는데, 음수의 제곱근은 제곱하면 음수가 나오기 때문이다. 그렇다고 음수라고 볼 수도 없었다. 음수에다 음수를 곱해도 '양수'가 나오기 때문이다. 같은 수를 제곱하여 음수가 나올 수 있는 수는 아무리 생각해도 존재할 것 같지 않았다.

하지만 우리는 이전에도 이와 비슷한 위기를 겪은 적이 있었다. 기존의 연산을 불가능해 보이는 영역으로 확장할 때 그런 일이 일어났다. 작은 수에서 큰 수를 뺌으로써 음수가 탄생하고(3장 참고), 나눗셈에서 분수와 소수가 탄생한 것처럼(5장 참고), 제곱근의 사용 범위를 자유롭게 하자 수의 우주가 또 한 번 확대되었다.

수학의 전체 역사를 통해 이 단계를 극복하는 노력은 가장 힘들고 고통스러운 과정이었다. −1의 제곱근은 아직도 i라는 모욕적인 이름으로 불리는데, i는 '상상으로만 존재하는'이라는 뜻의 imaginary에서 따온 것이기 때문이다(imaginary number를 우리말로는 '허수虛數'라고 한다 — 옮긴이).

이 새로운 종류의 수(만약 여러분이 불가지론을 선호하는 성향이 있다면, 수 대신 기호라고 불러도 좋다)는 다음 성질로 정의된다.

$$i^2 = -1$$

수직선 위에서 i를 발견할 수 없다는 것은 사실이다. 이 점에서 i는 0이나 음수, 분수, 심지어 무리수보다 훨씬 이상한 수인데, 나머지 수들은 그래도 수직선 위에 자기 자리가 있기 때문이다.

하지만 상상력을 충분히 발휘하면, 어딘가에 i의 자리를 마련할 수 있다. i는 수직선을 벗어난 곳, 정확하게는 수직선과 직각 방향을 이룬 허수축에 존재한다. 이 허수축을 우리가 아는 수들인 '실수'축과 결합하면, 아래 그림처럼 새로운 종류의 수들이 사는 2차원 공간(평면)이 생겨난다.

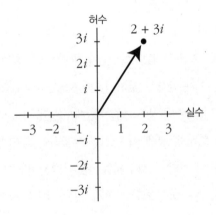

이 수들을 복소수複素數라 부른다. 영어로는 complex number라고 하는데, 여기서 complex는 '복잡한'이라는 뜻이 아니다. 실수와 허수라는 두 종류의 수가 합쳐져 $2+3i$ 같은 복합적인 수를 이룬다는 뜻에서 복소수라고 부른다.

복소수는 수 체계에서 최정상에 위풍당당하게 자리잡고 있다. 복소수는 실수가 가진 성질을 모두 가지고 있을 뿐만 아니라(복소수도 더하기와 빼기, 곱하기와 나누기 등 모든 연산을 자유롭게 할 수 있다), 실수보다 '나은' 점도 있는데, 모든 방정식의 근은 항상 복소수 범위 안에 존재하기 때문이다. 어떤 복소수에 대해 그 제곱근이나 세제곱근 혹은 어떤 거듭제곱근을 구하더라도, 그 답은 여전히 복소수로 나온다.

그보다 더 훌륭한 성질도 있는데, 대수학의 기본 정리에 따르면, 모든 다항식의 근은 항상 복소수로 표현된다. 이 점에서 복소수는 우리의 탐구에서 종착역인 성배에 해당한다. 수의 세계는 더 이상 확대할 필요가 없다. 복소수는 1에서 시작한 여행이 끝나는 지점이다.

복소수를 시각적으로 상상하는 능력만 있다면, 복소수의 유용성을 충분히 이해할 수 있다. 그 열쇠는 i를 곱하는 것이 어떤 결과를 가져오는지 이해하는 데에 있다. 임의의 양수(예를 들어 3이라 하자)에 i를 곱한다고 가정해보자. 그 결과는 허수인 $3i$가 된다.

따라서 i를 곱하면, 반시계 방향으로 $90°$만큼 회전시킨 결과가 된다. 즉, 다음 페이지의 그림처럼 동쪽을 향하던 길이 3의 화살표가 북쪽을 향한 같은 길이의 화살표로 바뀐다.

전기공학자들은 바로 이 이유 때문에 복소수를 좋아한다. 교류와 전압, 전기장과 자기장을 다룰 때에는 $90°$ 회전을 이렇게 간편하

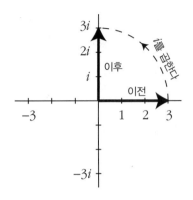

게 표현하는 방법이 아주 편리한데, 이런 것들은 위상이 $\frac{1}{4}$사이클(즉, 90°) 어긋나는 진동이나 파동을 포함하는 경우가 많기 때문이다.

사실 복소수는 모든 공학자에게 꼭 필요하다. 항공우주공학에서는 처음에 비행기 날개의 양력을 계산할 때 복소수가 큰 도움을 주었다. 토목공학자와 기계공학자는 보행자 전용 다리, 초고층 건물, 울퉁불퉁한 도로를 달리는 자동차의 진동을 분석할 때 복소수를 일상적으로 사용한다.

90° 회전 성질은 $i^2 = -1$이 실제로 의미하는 것이 무엇인지 이해하는 데에도 도움을 준다. 양수에 i^2을 곱하면, 다음 페이지 그림처럼 원래의 화살표가 180° 회전하여 동쪽을 향하던 것이 서쪽을 향하게 되는데, 90° 회전(i를 한 번 곱하는 것에 해당)을 두 번 하면 180° 회전이 되기 때문이다.

그런데 그냥 -1을 곱해도 180° 회전이라는 결과를 낳는다. 따라서 $i^2 = -1$이 된다.

컴퓨터는 복소수와 근을 찾는 오래된 문제에 새로운 생명을 불어

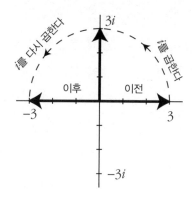

넣었다. 우리 책상 위에 놓인 컴퓨터들은 웹 서핑이나 이메일을 보내는 등의 일에 쓰이지 않을 때, 옛날 사람들이 꿈도 꾸지 못한 것들을 보여줄 수 있다.

1976년, 코넬 대학에서 일하는 내 동료 존 허버드John Hubbard는 뉴턴이 사용한 방법의 실효성[4]을 검토하기 시작했다. 그것은 복소평면(앞의 그림들에서 본 것처럼 x축에는 실수 값을, y축에는 허수 값을 나타냄으로써 모든 복소수를 표시하는 평면)에서 방정식의 근을 찾기에 아주 편리한 알고리듬이었다. 이 방법은 일단 근의 어떤 근사값을 출발점으로 선택한 뒤, 적절한 계산을 통해 그것을 실제 근에 더 가까이 다가가게 한다. 이전의 점을 더 나은 점으로 나아가기 위한 출발점으로 삼아 이 과정을 계속 반복하면, 근을 향해 빠른 속도로 다가갈 수 있다.

허버드는 근이 '여러' 개 존재하는 문제에 흥미를 느꼈다. 이 경우, 이 방법이 찾아내는 근은 어떤 것이 될까? 그는 근이 2개뿐일 경우, 이 방법은 항상 출발점에서 더 가까이에 있는 근을 찾는다는 것을 증명했다. 하지만 근이 3개 이상인 경우에는 도저히 알 수가 없었다. 앞서 발견한 증명은 성립하지 않았다.

그래서 허버드는 실험을 하기로 했다. 그것은 '수치' 실험이었다.

그는 뉴턴의 방법을 실행에 옮기도록 컴퓨터를 프로그래밍했다. 그러고 나서 수백만 개의 출발점을 근에 가까이 다가가는 정도에 따라 색으로 구분하고, 또 얼마나 빨리 근에 도달하는가에 따라 음영으로 구분하게 했다.

결과를 보기 전에 허버드는 근들은 근처에 있는 점들을 가장 빨리 끌어당길 것이고, 따라서 선명한 색을 띤 밝은 부분들로 나타날 것이라고 예상했다. 하지만 그 부분들 사이의 경계는 어떻게 될까? 그것은 상상할 수 없었다. 적어도 마음속으로는.

컴퓨터가 내놓은 답은 아주 놀라웠다.

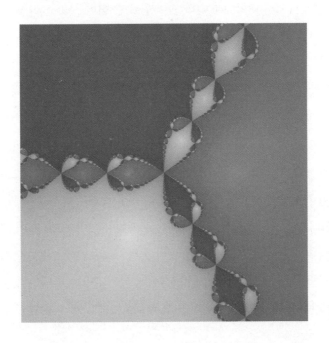

경계 지역은 환각을 일으키는 사이키델릭 아트 작품처럼 보였다.[5] 그 곳에서는 색들이 무한히 많은 점들에서 서로 만나면서 아주 잡다한 방식으로 뒤섞여 있는데, 항상 세 가지 색이 함께 나타난다. 다시 말해 두 색이 만나는 장소에는 항상 세 번째 색이 끼어들어 합류한다.

경계 지점을 확대하면, 아래처럼 패턴 속에 같은 패턴이 반복되는 모습이 나타난다.

이 구조는 프랙탈이다.[6] 즉, 척도를 점점 축소하더라도 동일한 내부 구조가 계속 반복적으로 나타나는 정교한 형태이다.

게다가 경계 지점 부근은 카오스가 지배하는 영역이다. 두 점이 서로 아주 가까운 곳에서 출발해 한동안 서로 나란히 부딪치며 나아가

다가 어느 순간 갈라서면서 각자 서로 다른 근을 찾아 나아간다. 출발점이 찾아가는 근을 알아맞히는 것은 룰렛 게임에서 공이 들어가는 숫자를 알아맞히는 것만큼 예측 불가능하다. 아주 작은 것 — 초기 조건에 일어난 거의 알아챌 수 없을 만큼 작은 변화 — 이 결과에 엄청난 차이를 빚어낼 수 있다.

허버드의 연구는 오늘날 복소역학complex dynamics이라 부르는 분야를 탐구한 초기의 연구였다. 복소역학은 카오스 이론과 복소해석학과 프랙탈기하학이 합쳐진 분야이다. 어떤 의미에서 복소역학은 기하학을 그 뿌리, 즉 근을 찾는 노력으로 돌려보냈다. 인도의 신전 건축가들[7]을 위해 쓴 기원전 600년의 산스크리트어 문서에는 제단 설계에 필요한 제곱근을 구하는 기하학적 지시가 자세하게 담겨 있다. 그리고 2500년도 더 지난 1976년에 수학자들은 여전히 근을 찾으려고 애썼는데, 다만 이번에는 그 지시가 이진수로 표현되어 있었다(1976년에 케네스 아펠과 볼프강 하켄이 컴퓨터를 이용해 4색 정리를 증명한 일을 가리키는 것 같음 — 옮긴이).

하지만 일부 허수 친구들은 아무리 애를 써도 따라잡기 어렵다.

넘쳐흐르는 욕조의 비밀

—

문장제는 언제나 알쏭달쏭하다.
수들 사이의 관계를 상상해보면
문장제 게임의 규칙을 파악할 수 있다.

어브 삼촌은 우리가 사는 도시에서 아버지와 함께 신발 가게를 운영했다. 삼촌은 전체 업무 중 맨 마지막 단계에 해당하는 일을 맡아 주로 사무실 위층에 머물며 일했는데, 수를 다루는 데에는 뛰어난 반면 고객을 상대하는 일에는 서툴렀기 때문이다.

열 살인가 열한 살 무렵으로 기억되는데, 그때 어브 삼촌은 내게 최초의 문장제[1]를 냈다. 내가 지금까지 그 문제를 기억하는 이유는 그것을 제대로 풀지 못한 것을 부끄럽게 여겼기 때문이다.

그것은 욕조를 물로 가득 채우는 문제[2]였다. 찬물이 나오는 수도꼭지를 틀면 30분 만에 욕조를 가득 채울 수 있고, 더운물이 나오는 수

더운물과 찬물의 양이 다르게 나오는 수도꼭지로 욕조에 물을 채운다면?

도꼭지를 틀면 한 시간 만에 욕조를 가득 채울 수 있다면, 두 수도꼭지를 동시에 틀 경우 욕조를 가득 채우는 데 시간이 얼마나 걸릴까?

아마 많은 사람들도 그렇게 대답하겠지만, 나도 45분이라고 대답한 것으로 기억한다. 어브 삼촌은 고개를 저으면서 씩 웃었다. 그러고 나서 콧소리가 섞인 카랑카랑한 목소리로 설명을 했다.

"스티븐, 1분에 욕조로 들어가는 물이 얼마인지 생각해보렴. 찬물은 30분 만에 욕조를 가득 채우므로, 1분에 욕조의 $\frac{1}{30}$을 채우는 셈이야. 더운물은 그보다 적게 나오지. 욕조를 가득 채우는 데 60분이 걸리므로, 1분에 욕조의 $\frac{1}{60}$을 채우지. 따라서 두 수도꼭지를 동시에 틀면 1분에 욕조의 $\frac{1}{30}+\frac{1}{60}$이 채워져.

두 분수를 더하려면 공통분모를 구해야지. 이 경우에 공통분모는 60이야. $\frac{1}{30}$은 $\frac{2}{60}$이므로,

$$\frac{1}{30}+\frac{1}{60}=\frac{2}{60}+\frac{1}{60}$$

$$= \frac{3}{60}$$

$$= \frac{1}{20}$$

즉, 두 수도꼭지를 동시에 틀면 1분에 욕조의 $\frac{1}{20}$을 채우게 되는 거야. 따라서 욕조를 가득 채우는 데에는 20분이 걸려."

그 후 오랫동안 나는 이 욕조 문제를 자주 생각했는데, 거기에는 어브 삼촌과 문제 자체에 대한 애정이 담겨 있었다. 그런데 여기서 배울 수 있는 더 큰 교훈이 있다. 그것은 문제를 정확하게 풀 수 없을 때 대략적인 답을 얻는 방법과 직관적으로 문제를 푸는 방법이다.

처음에 내놓은 45분이라는 답을 생각해보자. 극단적인 경우를 생각해보면, 이 답은 정답이 아님을 금방 알 수 있다. 사실 이 답은 터무니없는 오답이다. 왜 그런지 궁금하다면, 더운물 수도꼭지를 잠갔다고 가정해보자. 찬물만 틀어놓아도 욕조는 30분 만에 가득 찬다. 따라서 정답이 무엇이건 간에, 그것은 30분보다 작아야 한다. 찬물이 나오는 상태에서 더운물까지 나온다면 욕조를 가득 채우는 시간은 그보다 더 짧아져야 하기 때문이다.

물론 이 결론은 어브 삼촌의 방법을 써서 알아낸 20분이라는 정답보다 못한 것은 사실이지만, 그래도 계산을 전혀 하지 않고도 알 수 있다는 이점이 있다.

문제를 단순화하는 또 한 가지 방법은 두 수도꼭지에서 물이 똑같은 속도로 흘러나온다고 가정하는 것이다. 예컨대 각각의 수도꼭지에서 나오는 물이 욕조를 가득 채우는 데 30분이 걸린다고(즉, 더운물이 나오는 속도도 찬물과 똑같다고) 가정해보자. 그러면 그 답은 명백하다.

새로운 상황의 대칭성 때문에 각각의 수도꼭지가 전체 일의 절반을 맡으면 되므로, 두 수도꼭지에서 나오는 물이 욕조를 가득 채우는 데에는 15분이 걸린다.

그렇다면 원래 문제의 답은 15분보다 크다는 것을 알 수 있다. 왜 그럴까? '빠른 것+빠른 것'은 '빠른 것+느린 것'보다 빠르기 때문이다. 우리가 가정한 대칭적 문제에는 빠른 수도꼭지가 2개 등장한 반면, 어브 삼촌의 문제에는 빠른 것과 느린 것이 각각 하나씩 등장한다. 둘 다 빠를 때 걸리는 시간이 15분이므로, 어브 삼촌의 문제에 나오는 욕조를 채우는 데에는 그보다 더 긴 시간이 걸릴 것이다.

따라서 이 두 가지 경우를 고려하면, 정답은 15분과 30분 사이에 있다는 결론을 얻을 수 있다. 정답을 구하는 게 불가능할 수도 있는 훨씬 어려운 문제(수학뿐만 아니라 다른 영역에서도)에 맞닥뜨렸을 때, 이런 종류의 부분 정보는 아주 소중할 수 있다.

설사 운 좋게 정답을 맞혔다 하더라도, 그걸로 만족해서는 안 된다. 더 쉽거나 더 명확한 방법이 있을지도 모르기 때문이다. 이것은 수학에서 창조성이 허용되는 측면 중 하나이다.

예를 들면, 분수와 공통분모를 사용하는 어브 삼촌의 교과서적 방법보다 훨씬 흥미로운 방법이 있다. 이 방법은 몇 년 뒤 내가 처음에 무엇 때문에 혼동을 일으켰는지 그 이유를 찾으려고 노력하다가, 그것은 바로 두 수도꼭지에서 물이 나오는 속도가 서로 다르기 때문이라는 사실을 깨닫는 순간에 떠올랐다. 바로 그 이유 때문에 각각의 수도꼭지가 욕조를 채우는 데 얼마나 기여하는지 추적하기가 어려워진다. 더운물과 찬물이 쏟아져나와 욕조에서 섞이는 걸 상상하면 특히 골치가 아프다.

그러니 최소한 우리 머릿속에서는 두 종류의 물을 따로 분리하기로 하자. 욕조를 하나만 생각하는 대신에 아래 그림처럼 두 개의 조립 라인이 있다고 상상하자. 하나의 라인에서는 더운물이 나오는 수도꼭지 아래로 욕조들이 지나가고, 다른 라인에서는 찬물이 나오는 수도꼭지 아래로 욕조들이 지나간다.

각각의 수도꼭지는 제자리에 고정된 채 아래로 지나가는 조립 라인의 욕조들을 채운다(따라서 찬물과 더운물은 섞이지 않는다). 욕조가 가득 차면 컨베이어 벨트가 움직여 다음 욕조가 수도꼭지 아래로 온다.

이제 모든 게 아주 쉽다. 더운물이 나오는 수도꼭지는 한 시간에 욕조 하나를 가득 채우는 반면, 찬물이 나오는 수도꼭지는 한 시간에

찬물 라인

더운물 라인

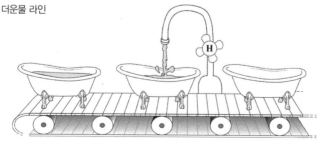

욕조 2개를 가득 채운다. 그렇다면 한 시간에 욕조 3개를 가득 채우므로, 욕조 하나를 가득 채우는 데에는 20분이 걸린다. 유레카!

그런데 왜 어린 시절의 나를 포함해 많은 사람들은 45분이라는 오답을 내놓을까? 30분과 60분 사이의 중간 값을 생각하는 게 왜 그토록 유혹적일까? 나도 확실히는 모르지만, 이것은 패턴 인식 오류의 한 예인 것 같다. 그래서 욕조 문제도 중간 값을 그 답으로 선택하는 쪽이 합리적인 판단이 되는 문제들과 같은 종류의 문제라고 착각한 것인지 모른다. 내 아내는 그것을 비유를 들어 설명해주었다. 여러분이 건널목을 건너는 할머니를 돕는 장면을 상상해보라. 여러분의 도움 없이 할머니가 혼자서 건널목을 건너는 데에는 60초가 걸리는 반면, 여러분은 30초 만에 건널 수 있다. 그렇다면 여러분이 할머니를 도와 함께 건넌다면 얼마나 걸릴까? 두 사람의 중간 값인 45초 언저리가 그럴듯한 답으로 보이는데, 여러분의 팔에 매달린 할머니는 여러분의 속도를 늦추는 반면, 여러분의 도움은 할머니의 속도를 빠르게 할 것이기 때문이다.

이 문제와 앞에 나온 문제의 차이점은 여러분과 할머니는 서로의 속도에 영향을 미치는 반면, 수도꼭지들은 서로의 속도에 영향을 미치지 않는다는 점이다. 수도꼭지들은 각자 독립적으로 행동한다. 우리의 무의식적 마음은 이 차이를 알아채지 못하는 것 같다. 적어도 잘못된 결론을 내릴 때에는 그러는 것 같다.

그래도 긍정적인 측면을 찾는다면, 틀린 답도 교훈을 줄 수 있다는 점을 들 수 있다. 그것이 틀렸다는 사실을 결국 안다면 말이다. 답이 틀렸다는 걸 알면, 잘못된 유추와 그 밖의 오류가 무엇인지 밝혀내고,

문제의 핵심을 부각시키는 데 도움이 된다.

또 다른 고전적인 문장제들은 마술사의 교묘한 속임수처럼 사람들의 생각을 그릇된 방향으로 유도한다. 질문을 설명하는 표현에 함정이 숨어 있어 충동적으로 답을 하다가는 함정에 빠지고 만다.

이 문제를 한번 풀어보라. 세 사람이 울타리 3개를 페인트칠하는데 세 시간이 걸린다고 하자. 그러면 한 사람이 울타리 1개를 페인트칠하는 데에는 몇 시간이 걸릴까?

문제를 듣자마자 '한 시간'이라는 답이 튀어나오기 쉽다. 문제의 표현 자체가 여러분을 그쪽으로 유도하기 때문이다. 첫 번째 문장에서 반복적으로 울리는 북 소리—세 사람, 울타리 세 개, 세 시간—는 여러분의 주의를 어떤 리듬에 맞추도록 유도한다. 그래서 다음 문장이 한 사람, 울타리 한 개, (　　) 시간으로 비슷한 패턴을 반복하면, 빈칸에 '한'을 채우고 싶은 충동이 든다. 이러한 병렬 구문은 언어학적으로는 옳아 보이지만 수학적으로는 틀린 답을 유도한다.

정답은 세 시간이다.

문제를 '시각화'하면(즉, 마음속으로 문제의 지시대로 세 사람이 울타리 3개를 페인트칠하여 세 시간 뒤에 작업을 모두 끝내는 장면을 그려보면), 정

답이 세 시간이라는 사실을 분명히 알 수 있다. 울타리 3개를 모두 칠하는 데 세 시간이 걸린다면, 각자 자신의 울타리를 칠하는 데 세 시간이 걸리기 때문이다.

이 문제는 표현에 현혹되지 말고 제대로 추론을 하도록 요구하는데, 이 점은 문장제를 풀 때 가장 주의해야 할 사실이다. 문장제를 풀 때에는 생각을 깊이 해야 하며, 때로는 평소와 다른 방식으로 생각할 필요도 있다. 그래서 문장제는 사소한 것도 가볍게 넘기지 않고 조심하는 자세를 키우는 데 좋다.

이보다 더 중요한 사실은 문장제가 수뿐만 아니라 수들 사이의 관계 — 예컨대 수도꼭지에서 물이 흐르는 속도가 욕조를 채우는 데 걸리는 시간에 어떤 영향을 미치는지 — 를 생각하는 훈련에도 좋다는 점이다. 이것은 모든 사람이 수학 교육에서 꼭 밟아야 할 다음 단계의 훈련에 해당한다. 많은 사람들은 수들 사이의 관계를 이해하는 데 어려움을 겪는데, 관계는 수보다 훨씬 추상적이기 때문이다. 하지만 관계는 수보다 훨씬 강력한 힘을 발휘한다. 관계는 주변 세계의 내부 논리를 표현한다. 원인과 결과, 공급과 수요, 입력과 출력, 투여량과 반응, 이 모든 것은 한 쌍의 수들과 그 사이에 성립하는 관계를 포함한다. 문장제는 우리를 이런 종류의 사고로 인도한다.

하지만 키스 데블린Keith Devlin은 '문장제의 문제점'이라는 에세이에서 흥미로운 비판을 제기했다. 그는 문장제는 대개 우리가 게임의 규칙을 이해하고 그 규칙에 따라 게임을 하기로 동의한 것으로 가정한다고 지적한다. 그 규칙이 종종 인위적이고, 때로는 터무니없는 것이라 하더라도 말이다. 예를 들면, 세 사람이 울타리 3개를 페인트칠하는 데 세 시간이 걸린다는 문제에서는 (1) 세 사람이 모두 똑같은 속도로 페인트칠을 하며, (2) 모두 속도가 빨라지거나 느려지는 법 없이 항상 일정하게 페인트칠을 한다고 암묵적으로 가정하고 있다. 이 두 가지 가정은 비현실적이다. 하지만 우리는 그 점은 전혀 신경쓰지 않고 문제를 풀면 된다고 가정한다. 그러지 않으면, 문제가 너무 복잡해져서 문제를 풀 정보가 충분하지 않기 때문이다. 현실을 감안해 문제를 풀려면, 두 시간이 지난 뒤 각자가 피로로 인해 페인트칠을 하는 속도가 얼마나 느려지는지, 그리고 각자가 간식을 먹느라 얼마나 자주 쉬는지 등을 포함해 많은 정보가 필요하다.

수학을 가르치는 사람들은 이런 문제점을 문장제가 지닌 특징임을 알리도록 노력해야 한다. 즉, 문장제가 문제를 단순화시키는 가정을 하도록 강요한다는 사실을 솔직하게 인정해야 한다. 그런 문제점을 인정하고 감안하는 것은 현실에서 문제를 풀 때 아주 중요한데, 그런 방법을 수학적 모형 만들기라 부른다. 과학자들은 수학을 실제 세계에 적용할 때 늘 그렇게 한다. 하지만 그들은 문장제를 내는 대부분의 사람들과 달리 대개 자신들의 가정을 분명하게 밝히려고 노력한다.

어쨌든 첫 번째 교훈을 준 어브 삼촌에게 감사드린다. 그 일이 창피하냐고? 당연하다. 잊을 수 없느냐고? 물론이다. 하지만 좋은 의미에서 그렇다.

근의 공식

—
무엇이든 값만 대입하면
바로 답이 나오는 놀라운 공식,
근의 공식을 정사각형이라고 상상해보자.

근의 공식은 대수학의 로드니 데인저필드Rodney Dangerfield(미국의 유명한 코미디언이자 배우)라 할 수 있다. 모든 시대를 통틀어 위대한 공식 중 하나이지만, 그에 합당한 존경을 받지 못하기 때문이다.

전문가들도 근의 공식을 아주 좋아하는 것 같지는 않다. 수학자들과 물리학자들에게 모든 시대를 통틀어 가장 아름답거나 가장 중요한 방정식 10개[1]를 추천하라고 했을 때, 근의 공식은 그 명단에 들어가지 못했다. 사람들은 $1+1=2$나 $E=mc^2$, 그리고 앙증맞게 생긴 피타고라스의 정리 $a^2+b^2=c^2$을 황홀한 눈빛으로 바라본다. 하지만 근의 공식은? 어림도 없다!

근의 공식이 정이 안 가게 생긴 건 사실이다. 어떤 학생들은 마치 주문을 외우는 것처럼 "x는 $2a$분의 마이너스 b 플러스 마이너스 루트 b의 제곱 마이너스 $4ac$."라고 소리 내어 외운다. 불굴의 의지를 가진 사람들은 문자들과 기호들이 뒤죽박죽으로 섞인 이 공식을 어떻든 소화하려고 정면으로 응시한다. 하지만 근의 공식은 지금까지 만난 그 어떤 공식보다 더 복잡하고 난해해 보인다.

$$x = \frac{-b \pm \sqrt{b^2 - 4ac}}{2a}.$$

근의 공식이 지닌 내적인 아름다움을 느끼기 시작할 때쯤에야 비로소 근의 공식이 무엇을 위한 것인지 이해할 수 있다. 이 장에서 나는 여러분이 복잡한 기호들 사이에 얼마나 놀라운 것이 숨어 있는지 느끼고, 또 근의 공식이 무엇을 의미하며 어떻게 나왔는지 이해하는 데 도움을 주려고 한다.

미지수의 값을 구해야 하는 상황은 아주 많다. 갑상선 종양의 크기를 줄이려면, 방사선을 얼마나 쬐야 할까? 연 5% 고정 금리 조건으로 받은 20만 달러의 대출금을 30년 동안 갚으려면, 매달 얼마씩 내야 할까? 로켓이 지구의 중력을 뿌리치고 탈출하려면, 얼마나 빠른 속도로 날아야 할까?

대수학은 이런 종류의 간단한 문제들을 풀려고 할 때 도움을 준다. 대수학은 800년 무렵에 이슬람 세계의 수학자들이 이전에 고대 이집트, 바빌로니아, 그리스, 인도 학자들이 한 연구를 바탕으로 발전시켰다. 그 당시에 대수학이 발전할 수밖에 없었던 실용적 이유 한 가지는 이슬람법에 따라 유산을 계산하는 문제[2]를 풀어야 했기 때문이다.

예를 들어 아내 없이 홀로 살던 아버지가 죽으면서 전 재산인 10디르함을 한 딸과 두 아들에게 남겼다고 하자. 이슬람법에 따르면, 두 아들은 동등한 유산을 받아야 한다. 또 아들은 딸보다 두 배 많은 유산을 받아야 한다. 그러면 각자에게 유산을 몇 디르함씩 분배해야 할까?

딸이 받을 유산을 x로 표시하기로 하자. 우리는 아직 x가 무엇인지 모르지만, 보통 수처럼 다루면서 계산할 수 있다. 특히 두 아들은 딸보다 두 배 많은 유산을 받으므로, 각각 $2x$의 유산을 받는다. 따라서 세 자식이 물려받는 전체 유산은 $x+2x+2x=5x$이다. 이것은 전체 상속 재산인 10디르함과 같아야 하므로, $5x=10$디르함이다. 마지막으로 양변을 5로 나누면 $x=2$디르함이 나오고, 이것이 바로 딸이 물려받는 재산이다. 그리고 두 아들은 각각 $2x=4$디르함의 재산을 물려받는다.

이 문제에서 두 종류의 수가 나타난다는 사실에 주목하라. 하나는 2, 5, 10이라는 알려진 수이고, 또 하나는 x라는 미지수이다. 미지수와 알려진 수 사이의 관계($5x=10$이라는 방정식으로 요약된)를 일단 유도하면, 방정식을 조금씩 간단하게 만들면서(양변을 5로 나누어 미지수 x의 값을 구하는 것처럼) 방정식을 풀 수 있다. 이것은 조각가가 돌 속에서 조각상을 해방시키려고 애쓰면서 대리석을 조금씩 쪼아내는 과정과 비슷하다.

$x-2=5$처럼 미지수 x에서 알려진 어떤 수를 '빼주는' 식을 포함한 방정식은 조금 다른 방법을 써서 풀어야 한다. 이 경우에 x를 자유롭

게 하려면, 양변에 2를 더해주면 된다. 그러면 좌변에는 x만 남고, 우변은 $5+2=7$이 된다. 따라서 $x=7$이다. 이 정도는 여러분도 이미 상식으로 알고 있을 것이다.

이 방법은 대수학을 배운 사람이면 누구나 익히 알고 있겠지만, 대수학을 뜻하는 영어 단어 algebra가 바로 x를 구하는 이 과정에서 유래했다는 사실은 모를 것이다. 9세기 전반에 바그다드에서 활동하던 수학자 무하마드 이븐 무사 알 콰리즈미[3]는 큰 영향력을 떨친 대수학 교과서를 썼는데, 거기서 그는 방정식의 다른 쪽 변에 그것을 더해줌으로써 빼는 양(위 방정식의 2처럼)을 복원하는 과정이 얼마나 유용한지 강조했다. 그는 이 과정을 '알 자브르al−jabr(아랍 어로 '복원'이라는 뜻)'라고 불렀고, 자신이 쓴 대수학 교과서 제목의 일부로 사용했다. 이것이 후대에 가서 'algebra'로 변했다. 알 콰리즈미가 죽고 나서 세월이 한참 흐른 후, 그의 이름도 유명한 단어로 변했다. 그의 이름은 오늘날 '알고리듬algorithm'이라는 단어 속에 살아 있다.

알 콰리즈미는 자신의 교과서에서 유산을 계산하는 복잡한 과정으로 들어가기 전에 위에서 본 방정식처럼 두 종류의 수가 아니라 '세' 종류의 수를 포함해 훨씬 복잡한 종류의 방정식을 푸는 방법을 다루었다. 이 방정식은 알려진 수들과 미지수(x) 외에 미지수의 제곱(x^2)까지 포함했다. 오늘날에는 이런 방정식을 이차방정식이라 부른다. 고대 바빌로니아와 이집트, 그리스, 중국, 인도의 학자들도 이미 면적이나 비율을 다루는 건축이나 기하학 문제에서 종종 나타나는 이런 문제를 풀려고 애썼으며, 일부 문제에 대해서는 푸는 방법을 발견했다.

알 콰리즈미는 다음 방정식을 예로 들어 다루었다.

$$x^2 + 10x = 39$$

하지만 그 당시에는 문제를 문자와 기호를 써서 나타낸 게 아니라, 말로써 나타냈다. 알 콰리즈미는 이 문제를 다음과 같이 물었다. "자신의 근에 10을 곱한 것을 더해준 값이 39가 되는 정사각형은 어떤 것인가?"(여기서 '근'이라는 용어는 미지수 x를 가리킨다)

이 문제는 앞에서 우리가 살펴본 두 문제보다 훨씬 어렵다. 이번에는 x를 어떻게 분리할 수 있을까? 앞에서 사용한 방법들은 도움이 되지 않는데, x^2 항과 $10x$ 항이 서로를 방해하기 때문이다. 둘 중 한 항의 x를 따로 분리해도, 나머지 항의 x가 거추장스럽게 남는다. 예를 들어 방정식의 양변을 10으로 나누어 $10x$를 x로 바꿔도, x^2이 $\frac{x^2}{10}$이 되어 x 자체를 찾으려는 노력에 여전히 장애물로 남는다. 간단히 말해서, 두 항에 있는 x의 값을 동시에 구해야 하는데, 그렇게 하기가 거의 불가능해 보인다는 점이 문제이다.

알 콰리즈미가 제시한 방법은 자세히 살펴볼 가치가 있는데, 그 이유로 두 가지를 들 수 있다. 첫째, 그 방법은 아주 명쾌하고, 둘째, 아주 효과적이기 때문이다. 사실 이 방법을 사용하면 모든 이차방정식을 단숨에 풀 수 있다. 이것은 위의 방정식에서 알려진 수 10과 39를 다른 수로 바꾸더라도, 여전히 이 방법이 통한다는 말이다.

기본 개념은 방정식의 각 항을 기하학적으로 해석하는 것이다. 첫 번째 항인 x^2을 한 변의 길이가 x인 정사각형의 넓이라고 생각하라.

마찬가지로 두 번째 항인 $10x$는 두 변의 길이가 각각 10과 x인 직사각형으로, 혹은 조금 더 독창성을 발휘해 두 변의 길이가 각각 5와 x인 직사각형 2개의 넓이로 생각하라(직사각형을 2개로 나누면, 완전제곱식을 만드는 핵심 과정에 편리하다).

새로 생긴 직사각형 2개를 정사각형에 이어붙여 직각자 모양으로 만든다. 전체 넓이는 x^2+10x이다.

이렇게 보면 알 콰리즈미의 문제는 다음과 같이 바꿔 쓸 수 있다. 직각자 모양의 넓이가 39라면 x는 얼마일까?

$$x^2 + 10x = 39$$

이 그림은 필연적으로 이어질 다음 단계에 단서를 제공한다. 직각자 모양에서 비어 있는 구석을 바라보라. 만약 이 부분을 채운다면, 직각자 모양은 완전한 정사각형으로 변할 것이다. 그렇다면 그렇게 해보자.

$$(x + 5)^2 = 64$$

비어 있는 부분에 5×5 정사각형을 채우면, 원래 넓이보다 25가 늘어나는 셈이므로, 전체 넓이는 $x^2 + 10x + 25$가 된다. 이것은 $(x+5)^2$으로 훨씬 간단하게 정리할 수 있는데, 완성된 정사각형은 한 변의 길이가 $x+5$이기 때문이다.

그 결과 x^2과 $10x$는 이제 서로 방해하는 존재가 아니라, $(x+5)^2$이라는 하나의 우아한 식으로 묶였다. 이것은 x를 따로 분리할 수 있는 식인데, 그 방법은 아래에서 설명할 것이다.

한편, 방정식 $x^2+10x=39$의 좌변에 25를 더해주었으므로, 우변에서 25를 더해주어야 균형이 맞는다. $39+25=64$이므로, 우리의 방정식은 다음과 같이 된다.

$$(x+5)^2=64$$

이 방정식을 푸는 것은 아주 쉽다. 양변에 제곱근을 씌우면, $x+5=8$이 되므로, $x=3$이다.

실제로 3을 원래의 방정식 $x^2+10x=39$에 대입해보자. 3의 제곱($=9$)에 $10\times3(=30)$을 더하면 39가 나온다. 따라서 방정식을 제대로 푼 게 맞다.

다만, 여기에는 한 가지 문제가 있다. 만약 오늘날 알 콰리즈미가 대수학 문제를 이렇게 푼다면, 완전한 답으로 인정받지 못할 것이다. 이 방정식에는 근이 2개 있다. 즉, $x=-13$도 근인데, 알 콰리즈미는 이것을 언급하지 않았다. -13을 제곱하면 169가 되고, -13에 10을 곱하면 -130이 된다. 그리고 이 둘을 더하면 39가 된다. 하지만 옛날에는 음수가 나오는 해를 무시했는데, 변의 길이가 음수인 정사각형은 기하학적으로 아무 의미가 없기 때문이다. 오늘날에는 대수학이 기하학에 덜 의존하기 때문에 양수이든 음수이든 모두 유효한 근으로 인정한다.

알 콰리즈미 이후 수백 년이 지나는 동안 학자들은 위와 같이 정사각형을 완성하는 방법으로 '모든' 이차방정식을 풀 수 있다는 사실을 알게 되었다. 종종 나타나는 음수(그리고 골치 아픈 그 제곱근)의 해를 허용하기만 한다면 그랬다. 그 결과로 다음과 같은 일반적인 이차방정식

$$ax^2 + bx + c = 0$$

(a, b, c는 임의의 상수, x는 미지수)의 해를 구하는 근의 공식이 나왔다.

$$x = \frac{-b \pm \sqrt{b^2 - 4ac}}{2a}.$$

근의 공식이 놀라운 점은 분명하고 포괄적이라는 것이다. a, b, c의 값이 무엇이건, 공식에 그 값들을 대입만 하면 바로 답이 나온다. 이 값들을 선택할 수 있는 경우의 수가 무한히 많다는 점을 감안하면, 단일 공식으로 그 모든 것을 감당할 수 있다는 사실은 실로 놀랍다.

오늘날 근의 공식은 실용적으로 대체 불가능한 도구가 되었다. 공학자들과 과학자들은 라디오의 튜닝, 다리와 초고층 건물의 흔들림, 야구공이나 포탄이 그리는 호, 동물 개체군 크기의 증감, 그 밖에 현실 세계에서 일어나는 수많은 현상을 분석하는 데 근의 공식을 사용한다.

유산의 수학에서 탄생한 공식치고는 정말 대단한 유산이 아닌가!

함수, 수학자의 필수 도구

—

함수는 수학에서 변환을 담당하는 도구다.
분수 물줄기에서도, 종이접기에서도, 은행 금리에서도
함수를 발견할 수 있다.

미국에서 1980년대에 텔레비전 시청에 열을 올린 사람이라면, 〈문라이팅 Moonlighting〉[1] (우리나라에서는〈블루문 특급〉이라는 제목으로 소개됨 — 옮긴이)이라는 흥미로운 드라마를 기억할 것이다. 짧고 분명한 대사와 주인공들 사이의 로맨틱한 관계로 유명한 이 드라마에는 시빌 셰퍼드Cybill Shepherd와 브루스 윌리스Bruce Willis가 재치 있는 부부 탐정 매디 헤이스와 데이비드 애디슨으로 등장한다.

특별히 어려운 사건을 조사하던 중에 데이비드는 검시관의 조수에게 누가 가장 유력한 용의자로 보이느냐고 묻는다. 조수는 "전혀 짐작이 가지 않는군요. 하지만 당신은 제가 뭘 모르는지 알죠?"라고 대

11 함수, 수학자의 필수 도구 | **105**

답한다. 그러자 데이비드는 "로그 말인가?"라고 말하고 나서 옆에서 한심하다는 표정으로 쳐다보는 매디를 향해 "왜? 그럼 당신은 로그를 알아?"라고 말한다.

이 장면은 많은 사람들이 로그를 어떻게 생각하는지 잘 대변한다. 그 특이한 이름(영어로는 logarithm이라 쓰고 '로거리듬'으로 발음 — 옮긴이)은 로그가 지닌 이미지 문제 중 일부에 지나지 않는다. 대부분의 사람들은 고등학교를 졸업한 뒤에는 로그를 전혀 쓰지 않으며(최소한 의식적으로는), 일상 생활의 이면에 숨어 있는 로그도 전혀 알아채지 못한다.

수학 II나 미적분 예비 단계에서 다루는 그 밖의 많은 함수[2]도 사정은 마찬가지이다. 멱함수, 지수함수……이런 게 도대체 무엇에 소용이 있단 말인가? 이 장에서 내 목표는 설사 여러분이 계산기에서 그 단추를 누를 기회가 전혀 없다 하더라도, 이러한 함수들의 기능을 제대로 이해하도록 돕는 것이다.

수학자에게 함수가 필요한 이유는 건축가에게 망치와 드릴이 필요한 이유와 똑같다. 도구는 사물을 변화시킨다. 함수도 그렇다. 사실 수학자들은 이 때문에 변환을 위해 함수를 자주 사용한다. 하지만 함수가 두드려 변화시키는 재료는 나무와 강철이 아니라 수와 모양, 그리고 때로는 다른 함수이다.

이해를 돕기 위해 $y=4-x^2$이라는 방정식의 그래프를 그려보자. 이런 그래프를 그리는 방법은 여러분도 분명 기억하고 있을 것이다. 우선 가로 방향으로 x축을, 그리고 세로 방향으로 y축을 그어 xy 평면을 만든다. 그리고 각각의 x에 적당한 값을 대입해 그에 해당하는

y의 값을 구하고, 그 점을 xy 평면에 표시한다. 예를 들어 $x=1$이면, $y=4-1^2=4-1=3$이다. 따라서 $(x, y)=(1, 3)$인 점을 그래프 위에 표시한다. 몇 개의 점을 더 계산해 그래프 위에 표시하면 다음과 같은 그림이 된다.

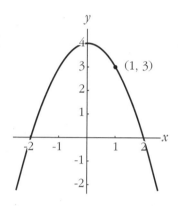

종 모양의 곡선은 수학 펜치의 작용 때문에 생겨난다. y에 대한 방정식에서 x를 x^2으로 변환시키는 함수는 사물을 구부리거나 잡아당기는 도구처럼 행동한다. 이것을 x축의 한 부분에 있는 모든 점들(이것을 직선 모양의 철사로 상상하라)에 적용하면, 수학 펜치는 그 부분을 구부리고 길게 잡아늘여 위의 그림에서 보는 것처럼 아래쪽으로 구부러진 곡선으로 만든다.

그런데 방정식 $y=4-x^2$에서 4는 무슨 일을 할까? 그것은 벽에 그림을 걸어놓는 못과 같은 역할을 한다. 4는 구부러진 철사를 4단위만큼 위로 들어올려 걸어놓는다. 이것은 모든 점을 같은 높이만큼 들어올리기 때문에 상수라 부른다.

이 예는 함수의 각 항이 지닌 이중적 성격을 보여준다. 각 항은 한편으로는 도구이다. x^2은 x축 일부를 구부리고, 4는 그것을 들어올린다. 다른 한편으로는 구성 요소이다. 4와 $-x^2$은 더 복잡한 식인 $4-x^2$의 구성 요소로 생각할 수 있다. 전선과 전지와 트랜지스터가 라디오의 구성 요소인 것처럼 말이다.

일단 함수를 이런 식으로 바라보면, 도처에서 함수를 발견할 수 있다. 위에서 본 아치 모양의 곡선(정확하게는 '포물선'이라고 한다)은 배후에서 모든 것을 제곱하는 x^2이 작용한 결과이다. 식수대에서 물을 마시거나 농구공이 공중으로 날아올라 아치를 그리며 날아갈 때 그런 곡선을 찾아보라. 또 만약 디트로이트 국제 공항에 들를 기회가 있다면, 잠깐 델타 터미널에 들러 분수를 구경해보라. 세상에서 가장 아름다운 포물선[3]이 눈앞에서 춤을 출 테니까.

포물선과 상수는 더 넓은 종류의 함수와 관계가 있다. 그 함수는

디트로이트 국제 공항의 명물인 분수대. 포물선을 그리는 물줄기들이 서로 엇갈리며 지나간다.

$y=x^n$이라는 형태를 지닌 멱함수이다. 보면 알겠지만, 멱함수는 변수 x를 n제곱한 형태를 하고 있다. 포물선의 경우에 $n=2$이고, 상수 함수의 경우에는 $n=0$이다.

멱함수에서 n의 값을 변화시키면 편리한 도구를 더 얻을 수 있다. 예를 들어 x를 1제곱하면($n=1$), 빗면처럼 꾸준히 증가하거나 감소하는 형태의 함수가 된다. 비가 일정한 속도로 내릴 때 밖에 물통을 놓아두면, 물통에 고이는 물의 양은 시간이 지남에 따라 직선적으로 증가할 것이다.

또 하나의 유용한 도구는 x의 역제곱함수인 $\frac{1}{x^2}$이다(여기서 $n=-2$. x^2이 분자가 아니라 분모에 위치하기 때문이다). 이 함수는 파동과 힘이 3차원 공간에서 퍼져나가면서 약해지는 양상(예를 들면, 소리가 음원에서 멀리 퍼져갈수록 약해지는 양상)을 나타내기에 적합하다.

이것들과 같은 멱함수는 과학자들과 공학자들이 가장 순탄한 형태의 성장과 감소를 나타내는 데 사용하는 구성 요소이다.

하지만 수학의 다이너마이트가 필요할 때에는 지수함수를 꺼내야 한다. 지수함수는 핵분열 연쇄 반응에서부터 배양 접시에서 세균의 번식에 이르기까지 온갖 종류의 폭발적 성장을 기술한다. 우리에게 가장 친숙한 예는 10^x라는 함수이다. 지수함수는 앞에서 다룬 멱함수와 혼동하지 않도록 조심해야 한다. 지수함수에서는 지수(x)가 변수이고, 밑(10)이 상수이다. 반면에 x^2 같은 멱함수에서는 이것이 정반대가 된다. 이것은 아주 큰 차이를 빚어낸다. x가 커질수록 지수함수는 결국 어떤 멱함수보다도 더 빨리 증가한다. 지수함수적 증가(흔히 기하급수적 증가라 부르는)는 상상할 수 없을 정도로 빠르다.

종이를 일곱 번이나 여덟 번 이상 접기 힘든 이유[4]도 이 때문이다. 한 번 접을 때마다 종이 뭉치의 두께는 약 두 배씩 증가하면서 지수함수적으로 증가한다. 반면에 종이 뭉치의 길이는 매번 절반으로 줄어들므로, 지수함수적으로 빠르게 '감소'한다. 보통 공책 크기의 종이라면, 일곱 번을 접고 나면 그 두께가 길이보다 더 커지기 때문에 더 이상 접을 수가 없다. 종이를 접는 사람의 힘이 아무리 세도 소용없다. 종이를 n번 접는다고 할 때, 종이 뭉치는 직선 방향으로 2^n겹이 포개지게 되는데, 종이 뭉치의 두께가 길이보다 더 크다면 그렇게 할 수가 없다.

어쨌거나 종이를 여덟 번 이상 접는 것은 불가능한 일이라고 여겼는데, 2002년에 고등학교 2학년이던 브리트니 갤리번Britney Gallivan이 그것이 가능함을 보여주었다. 브리트니는 먼저 다음 공식을 유도했다.

$$L = \frac{\pi T}{6}(2^n + 4)(2^n - 1)$$

이 공식은 두께 T와 길이 L의 종이를 한 방향으로 최대한 접을 수 있는 횟수 n을 예측한다. 공포의 지수함수 2^n이 두 군데나 등장한다는 사실에 주목하라. 하나는 종이를 한 번 접을 때마다 종이 뭉치의 두께가 두 배로 늘어나는 것을, 또 하나는 길이가 절반으로 줄어드는 것을 나타낸다.

이 공식을 사용해 브리트니는 길이가 거의 1.2km나 되는 특별한 화장지 롤이 필요하다는 결론을 내렸다. 브리트니는 그 종이를 구입해 2002년 1월 자신이 사는 캘리포니아 주 포모나의 한 쇼핑몰에서

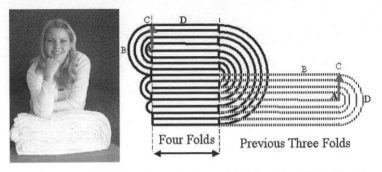

종이를 열두 번 접어 세계 신기록을 깬 브리트니 갤리번과 실제로 접은 방법을 표현한 그림

그 종이를 펼쳤다. 그리고 부모의 도움을 받아 일곱 시간 만에 종이를 열두 번이나 접어 세계 신기록을 깼다!

이론적으로는 지수함수는 여러분의 은행 예금도 크게 불려줄 것으로 예상된다. 만약 예금이 연리 r의 비율로 증가한다면, 1년 뒤에 예금은 원금에 $(1+r)$을 곱한 것만큼 늘어난다. 그리고 2년 뒤에는 $(1+r)^2$, x년 뒤에는 $(1+r)^x$만큼 불어난다. 우리가 자주 듣는 복리의 기적은 바로 이 지수함수적 증가가 만들어낸다.

이제 로그 이야기로 다시 돌아갈 때가 되었다. 다른 도구로 한 일을 되돌릴 수 있는 도구가 있다면 참 편리한데, 로그가 바로 그런 일을 한다. 사무직 직원에게 스테이플러와 스테이플러 리무버가 모두 필요한 것처럼, 수학자에게는 지수함수와 로그가 모두 필요하다. 지수함수와 로그는 서로 역이다. 이것은 만약 계산기에서 x를 누르고 10^x 단추를 누른 뒤에 $\log x$ 단추를 누르면, 처음에 시작한 수가 나온다는 뜻이다. 예를 들어 $x=2$라면, 10^x는 10^2이므로 100이 된다. 이것의 로그값을 구하면 처음에 입력한 2가 나온다. 로그 단추는 10^x 단추가 한 일을 없던 것으로 되돌리는 셈이다. 그래서 $\log 100$은 2이다. 마찬가지로 log 1000＝3이고, log 10000＝4인데, 1000＝10^3이고, 10000＝10^4이기 때문이다.

여기서 마술 같은 일이 일어나는 것에 주목할 필요가 있다. 로그의 진수가 100에서 1000과 10000으로 한 번에 10배씩 '곱셈으로' 증가할 때, 그 로그값은 2에서 3과 4로 '덧셈으로' 증가한다. 우리가 음악을 들을 때 뇌도 이와 비슷한 마술을 보여준다. 음계를 이루는 각 음—도, 레, 미, 파, 솔, 라, 시, 도—의 진동수는 우리 귀에 똑같은 단계씩 증가하는 것처럼 들린다. 하지만 객관적으로는 그 진동수는 '배수 단위'로 증가한다. 따라서 우리는 소리의 음을 로그값으로 인식하는 셈이다.[5]

지진의 세기를 나타내는 리히터 규모에서부터 산성도를 측정하는 pH에 이르기까지 로그는 나타나는 모든 장소에서 큰 수를 다루기 쉬운 작은 수로 압축하는 마술을 보여준다. 로그는 아주 넓은 범위에 걸쳐 변하는 양을 훨씬 다루기 쉬운 양으로 축소하는 도구로 아주 이상적이다. 예를 들면, 100과 1억은 100만 배 차이가 나는데, 그 사이의 간격이 얼마나 큰지 감을 잡기 어렵다. 하지만 그 로그값은 단 4배 차이만 난다(그 로그값은 각각 2와 8인데, 100＝10^2이고 1억＝10^8이기 때문이다). 일상 대화에서도 예를 들어 10만 달러에서 99만 9999달러 사이의 연봉을 모두 뭉뚱그려 여섯 자리 연봉이라고 이야기할 때, 우리는 로그를 대략적으로 사용하는 셈이다. '6'은 이 연봉들의 로그값과 대충 비슷한데, 정확하게는 5에서 6 사이이다.

이 모든 함수들이 인상적으로 보일지 몰라도, 수학자의 도구는 딱 이런 일만 할 수 있을 뿐이다. 내가 이케아 책장을 아직 조립하지 못한 이유는 이 때문이다(이케아Ikea는 저가형 가구, 액세서리, 주방용품 등을 생산, 판매하는 스웨덴의 다국적 가구 기업으로 가격이 저렴한 대신 구매자가 가구를 직접 조립해야 한다 — 옮긴이).

x 의 즐 거 움
—

③

눈을 즐겁게 하는
새로운 발견
형태

정사각형의 춤

—

피타고라스의 정리가 중요한 이유는
공간의 본질에 대한 진리를 담고 있기 때문이다.
거기다 간결하고 아름답기까지 하다.

나는 여러분이 고등학교 때 여러 수학 분야 중 가장 좋아한 것이 무엇인지 알아맞힐 수 있다.

그것은 틀림없이 기하학이었을 것이다.

오랜 세월을 거치면서 내가 만난 사람들 중에는 기하학에 애정을 표시한 사람이 아주 많았다. 그것은 기하학이 우뇌를 자극하여 시각적 사고를 하는 사람들(그렇지 않았다면 그 차가운 논리에 기겁할)의 마음에 들기 때문일까? 그럴지도 모른다. 하지만 어떤 사람들은 바로 아주 '논리적'이라는 그 이유 때문에 기하학을 좋아했다고 말한다. 기존의 정리를 바탕으로 새로운 정리를 증명하는 것과 함께 단계를 밟아 차례차례 추론을 해나가는 그 엄밀한 과정이 많은 사람들에게 만족을 주는 근본 원인이다.

하지만 내 직감적 판단(솔직하게 말하면, 나도 개인적으로 기하학을 아주 좋아한다)으로는 사람들이 기하학을 좋아하는 이유는 기하학이 논리와 직관을 '결합'시키기 때문인 것 같다. 좌뇌와 우뇌를 동시에 사용할 때 우리는 큰 만족감을 얻는다.

기하학의 즐거움을 설명하기 위해 피타고라스의 정리[1]를 다시 살펴보자. 피타고라스의 정리라고 하면 분명 여러분은 $a^2+b^2=c^2$을 떠올릴 것이다. 여기서 우리가 추구하는 목표 중 일부는 왜 이 공식이 참이며, 이 정리가 왜 중요한지 알아보는 것이다. 그리고 피타고라스의 정리를 증명하는 두 가지 방법을 살펴보면서 두 가지 다 옳긴 하지만, 왜 한 증명이 다른 증명보다 더 우아한지 그 이유를 알아볼 것이다.

피타고라스의 정리는 직각삼각형(직각을 한 각으로 포함한 삼각형)에서 성립한다. 직각삼각형이 중요한 이유는 직사각형을 대각선 방향으로 자를 때 얻는 삼각형이기 때문이다.

그리고 직사각형이 온갖 상황에서 등장하는 것처럼 직각삼각형 역시 그렇다.

예를 들면, 직각삼각형은 측량에서 자주 마주친다. 직사각형 밭을 측량할 때, 한쪽 구석에서 대각선 방향의 맞은편 구석까지의 거리가 얼마인지 알고 싶을 때가 있다(말이 나온 김에 이야기하자면, 역사적으로 기하학이 탄생한 배경도 바로 토지 측량이었다. 기하학을 영어로 geometry 라고 하는데, geo는 '땅'이라는 뜻이고, metry는 '측정법' 또는 '측량'이라는 뜻이다).

피타고라스의 정리는 직사각형의 양 변에 대해 대각선 길이가 얼마나 긴지 알려준다. 피타고라스의 정리는 만약 한 변이 a이고, 다른 변이 b라면, 대각선 길이 c는 다음과 같다고 말한다.

$$a^2 + b^2 = c^2$$

서양에서는 이 대각선을 전통적으로 hypotenuse(빗변)[2]라 불러왔는데, 왜 이런 이름이 붙었는지 그 이유를 정확하게 아는 사람을 나는 아직 만나지 못했다(혹시 라틴어나 그리스어 전문가 중에서 아시는 분?).

어쨌든 이 정리가 어떻게 성립하는지 살펴보자. 계산을 간단하게 하기 위해 a는 3m, b는 4m라고 하자. 미지의 빗변 c의 길이를 알아내려면, c^2은 3^2과 4^2을 더한 것이라는 주문을 읊조리면 된다. 이것은 $9+16=25m^2$가 된다(여기서 한 가지 명심해야 할 게 있는데, 제곱할 때에는 수뿐만 아니라 m라는 단위도 제곱해야 하기 때문에 제곱한 결과의 단위는 m^2가 된다). 이제 $c^2=25m^2$에서 양변의 제곱근을 구하면, 빗변의 길이 c=5m가 나온다.

이런 식으로 바라보면 피타고라스의 정리는 마치 길이에 대한 정리인 것처럼 보인다. 하지만 전통적으로 피타고라스의 정리는 '넓이'에 대한 정리로 간주되어왔다. 그 정의를 보면, 이 점은 명백하다.

직각삼각형의 빗변을 한 변으로 하는 정사각형의 면적은, 직각삼각형의 나머지 두 변을 각각 한 변으로 하는 두 정사각형의 면적의 합과 같다.

$a^2+b^2=c^2$라는 식에서 c^2은 단순히 빗변의 길이를 제곱한 것이 아니라, 빗변을 한 변으로 하는 정사각형을 가리킨다. 그러니까 빗변 c 옆에 다음과 같이 그린 정사각형에 해당한다.

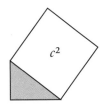

빗변을 한 변으로 하는 정사각형 c^2을 나머지 두 변 옆에 그릴 작은 정사각형과 중간 정사각형과 구별하여 큰 정사각형이라 부르기로 하자.

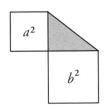

그러면 피타고라스의 정리는 큰 정사각형의 넓이가 작은 정사각형과 중간 정사각형의 넓이를 합한 것과 같다고 말한다.

수천 년 동안 이 경이로운 사실은 춤추는 정사각형들을 연상시키는 상징적 다이어그램으로 표현되어왔다.

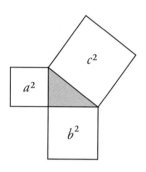

피타고라스의 정리를 넓이라는 관점에서 보면, 흥미로운 사실이 더 많다. 예를 들어 작은 크래커들로 정사각형들을 만들어봄으로써[3] 정리가 옳은지 검증할 수 있다(그러고 나서 크래커는 먹어치우면 된다). 혹은 피타고라스의 정리를 어린이들이 갖고 노는 퍼즐(퍼즐 조각들의 모양과 크기는 제각각 다른)로 취급할 수 있다. 아래에서 보는 것처럼 퍼즐 조각들을 재배열하는 방법을 통해 피타고라스의 정리를 아주 간단하게 증명할 수 있다.

빗변 옆에 정사각형이 올려져 있는 그림으로 다시 돌아가보자.

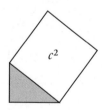

아마 여러분은 이 그림을 보고 본능적으로 불안한 느낌이 들 것이다. 정사각형은 금방이라도 넘어지거나 경사로를 따라 미끄러져 내려올 것처럼 보인다. 또 정사각형의 네 변 중 삼각형과 맞닿는 부분이 어느 것인지 알 수 없는 임의성도 불안을 키우는 요소이다.

이러한 직관적 느낌을 참고해 삼각형을 똑같은 크기로 복사한 것들로 정사각형 주위를 둘러싸서 훨씬 안정적이고 대칭적인 모양으로 만들어보자.

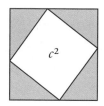

이제 우리가 증명하려는 것이 무엇인지 상기해보자. 위 그림에서 비스듬히 서 있는 흰색 정사각형(앞에서 빗변 위에 그린 큰 정사각형이었던)의 넓이가 작은 정사각형과 중간 정사각형의 넓이를 합한 것과 같음을 증명해야 한다. 하지만 나머지 두 정사각형은 어디에 있는가? 그것들을 발견하려면 일부 삼각형을 이리저리 옮겨야 한다.

위의 그림을 퍼즐이라고 생각해보자. 즉, 바깥쪽의 정사각형 틀 안에 똑같은 삼각형 퍼즐 조각 4개가 놓여 있는 것으로 말이다.

그리고 흰색 정사각형은 퍼즐 한가운데에 텅 비어 있는 공간으로 생각하자. 틀 안의 나머지 넓이는 삼각형 퍼즐 조각들이 차지한다.

이제 퍼즐 조각들을 이리저리 옮겨보자. 물론 퍼즐 조각들을 아무리 이리저리 옮겨도 틀 안에서 텅 빈 공간의 전체 넓이에는 아무 변화가 없다. 그것은 항상 퍼즐 조각들을 제외한 나머지 넓이이다.

그러다가 퍼즐 조각들을 다음과 같이 배열하는 방법이 퍼뜩 떠오르는 순간이 있을 것이다.

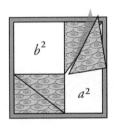

그러자 텅 빈 공간이 우리가 찾던 두 모양, 즉 작은 정사각형과 중간 정사각형으로 변했다. 그리고 텅 빈 공간의 넓이는 항상 똑같기 때문에, 바로 이 순간 피타고라스의 정리가 증명되었다.

이 증명은 단순히 피타고라스의 정리가 옳다고 설득하는 데 그치지 않고, 그것을 분명하게 '보여'준다. 바로 이 점 때문에 이 증명은 우아하다.

이와 비교해 다른 증명[4]을 살펴보자. 이 증명 역시 아주 유명하며, 넓이를 사용하지 않는 증명 중 가장 간단한 것이다.

앞에서처럼 빗변이 c이고 나머지 두 변이 a와 b인 직각삼각형이 있다고 생각하자. 다음 그림의 왼쪽 삼각형이 그것을 나타낸다.

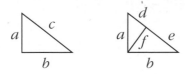

자, 이제 불현듯 어떤 영감이 떠올라 빗변과 수직을 이루는 선을 마주 보는 꼭지점까지 그었다고 하자. 위 그림에서 오른쪽 삼각형이 그것을 보여준다.

그러면 원래 삼각형 안에 작은 삼각형이 2개 생겼다. 이 세 삼각형이 모두 닮은꼴이라는 사실은 쉽게 증명할 수 있다. 즉, 크기는 제각각 다르지만, 세 변의 비율과 세 각을 포함해 생긴 모양은 똑같다. 세 변의 비율이 모두 같다면 다음과 같은 일련의 등식이 성립한다.

$$\frac{a}{f} = \frac{b}{e} = \frac{c}{b}$$

$$\frac{a}{d} = \frac{b}{f} = \frac{c}{a}$$

우리는 또한 다음 사실도 안다.

$$c = d + e$$

작도할 때 원래의 빗변을 그 길이가 각각 d와 e인 두 변으로 나누었기 때문이다.

여기서 여러분은 어떻게 해야 할지 몰라 잠시 길을 잃은 듯한 기분이 들지 모른다. 위에는 모두 5개의 등식이 있는데, 이것들을 가지고 우리는 다음 등식을 유도해야 한다.

$$a^2 + b^2 = c^2$$

잠깐 시간을 내 이 등식을 직접 유도하도록 노력해보라. 두 등식은 필요 없다는 사실을 발견할 것이다. 이것은 거추장스러운 사실이다. 우아한 증명은 불필요한 것을 포함해서는 안 된다. 물론 나중에 그것을 깨닫고 처음부터 그 등식들을 나열하지 않을 수도 있다.

어쨌든 세 등식을 가지고 제대로 유도하면 위의 정리를 얻을 수 있다. 그 자세한 단계[5]는 321쪽의 주를 참고하라.

여러분은 미학적 관점에서 이 증명이 첫 번째 증명보다 못하다는 내 생각에 동의하는가? 무엇보다도 이 증명은 끝에 다 가서 질질 끌면서 어렵게 나아간다. 그리고 우리의 파티에 왜 대수학을 끌어들인단 말인가? 기하학의 축제가 되어야 마땅한데 말이다.

하지만 더 심각한 단점은 증명을 하고 나서도 개운하지 않은 느낌이 남는다는 데 있다. 어렵게 계산을 한 끝에 마침내 증명을 하고 나면, 여러분은 그 정리를 믿을지 몰라도(마지못해), 여전히 그게 왜 참인지 납득이 가지 않을 수 있다.

이제 증명 문제는 그만 젖혀놓고, 피타고라스의 정리는 왜 그토록 중요한지 살펴보자. 그 이유는 그것이 공간의 본질에 대해 기본적인 진리를 알려주기 때문이다. 피타고라스의 정리는 공간이 구부러지지 않고 편평하다고 암시한다. 따라서 구나 베이글 같은 구부러진 표면 위에서는 정리를 수정할 필요가 있다. 아인슈타인은 일반 상대성 이론(중력을 힘으로 보는 대신에 공간의 곡률이 나타내는 작용으로 보는)을 만들 때 바로 이 문제에 맞닥뜨렸고, 베른하르트 리만Bernhard Riemann 과 그 밖의 수학자들이 비유클리드 기하학의 기초를 놓을 때에도 같 은 문제에 맞닥뜨렸다.

피타고라스가 발을 디디고 서 있는 곳에서 아인슈타인이 있는 곳 까지는 아주 먼 길을 가야 했다. 하지만 적어도 그것은 직선이었다. ……대부분은.

기하학의 증명

—

뉴턴의 『프린키피아』, 스피노자의 『윤리학』, 미국 독립 선언서.
셋의 공통점은 수학책을 본떠 작성했다는 것이다.
진리를 증명하는 법은 기하학에서 나왔다.

어떤 수학 분야이건 아주 어려운 주제가 최소한 하나씩은 있다. 산술의 경우에는 긴 나눗셈이 그렇고, 대수학에서는 문장제가 그렇다. 그러면 기하학에서는? 바로 증명이 그렇다.

기하학을 처음 배우는 학생들은 대부분 이전에 증명을 접한 적이 한 번도 없을 것이다. 증명을 처음 접하는 경험은 충격으로 다가올 수 있으므로, 미리 경고 문구를 준비해두는 것이 좋다. 예를 들면 이런 것. "증명은 현기증이나 과도한 졸음을 유발할 수 있습니다. 장기간 노출의 부작용으로는 야간 발한, 공황 발작, 그리고 드물게 이상 황홀감이 나타날 수 있습니다. 증명이 여러분 건강에 괜찮은지 사전에 의

사에게 문의하세요."

비록 배우는 사람에게 혼란을 초래할 위험이 있긴 하지만, 증명을 배우는 것은 먼 옛날부터 일반 교양 교육의 필수 단계로 간주되어왔다. 이 견해에 따르면, 기하학은 지성을 단련하는 데 좋은데, 논리적으로 명확하게 사고하는 훈련을 할 수 있기 때문이다. 중요한 것은 삼각형이나 원, 평행선을 배우는 게 아니다. 정말로 중요한 것은 바로 원하는 결론을 얻을 때까지 엄격한 논증을 단계별로 쌓아나가는 과정인 공리적 방법이다.

약 2300년 전에 유클리드[1]는 『기하학 원론』에서 이 연역적 접근 방법을 보여주었다. 그 후 유클리드 기하학은 과학과 법학에서 철학과 정치학에 이르기까지 모든 분야에서 논리적 추론의 전범이 되었다. 예를 들면, 아이작 뉴턴은 자신의 대작 『프린키피아』를 쓸 때 그 틀을 유클리드에게서 빌려왔다. 뉴턴은 운동의 법칙과 중력의 법칙을 가지고 기하학적 증명을 사용해 투사체에 관한 갈릴레이의 법칙과 행성의 운동에 관한 케플러의 법칙을 유도했다. 스피노자Spinoza의 『윤리학』(국내에는 '에티카'라는 제목으로 번역 출간됨 — 옮긴이)도 같은 패턴을 따랐다. 『윤리학』의 라틴어 원제는 *Ethica, ordine geometrico demonstrata*로, '기하학적 순서로 증명된 윤리학'이라는 뜻이다. 심지어 미국 독립 선언서에도 유클리드의 메아리가 남아 있다. 토머스 제퍼슨Thomas Jefferson[2]이 "다음과 같은 사실을 자명한 진리로 받아들인다."라고 쓴 부분은 『기하학 원론』의 어조를 흉내낸 것이다. 유클리드는 정의와 공준, 그리고 자명한 진리(공리)를 가지고 시작하여 완전 무결한 논리를 통해 하나의 진리에서 다음 진리로 나아가면서 가정과 증명으로 이루어진 체계를 세웠다. 제퍼슨도 독립 선언서를 똑같은 방식으로 조직하여, 식민지가 스스로를 통치할 권리를 가진다는 과격한 결론이 기하학적 사실처럼 불가피한 결론으로 보이게 만들었다.

만약 이 지적 유산이 내가 억지로 갖다붙인 예가 아닐까 의심이 든다면, 제퍼슨이 유클리드를 매우 존경했다는 사실을 떠올릴 필요가 있다. 두 번째 대통령 임기를 마치고 공직 생활을 그만둔 지 몇 년 후, 제퍼슨은 1812년 1월 12일에 오랜 친구인 존 애덤스John Adams에게 쓴 편지에서 정치계를 떠나는 즐거움에 대해 이야기했다. "나는 이제 신문 읽기를 그만두고, 대신에 타키투스와 투키디데스, 뉴턴과 유클리드를 읽지. 그리고 이전보다 훨씬 행복하다고 느낀다네."

그런데 유클리드의 합리성을 존중한 이 이야기들에서 빠진 게 하나 있는데, 그것은 바로 기하학이 지닌 직관적 측면의 진가를 인정하는 것이다. 영감이 없다면 증명도 있을 수 없고, 또 그보다 앞서 증명할 정리도 없을 것이다. 음악을 작곡하거나 시를 쓰는 것처럼 기하학도 무에서 뭔가를 만들어내는 과정이 필요하다. 시인은 적절한 단어를 어떻게 찾아내고, 작곡가는 아름다운 멜로디를 어떻게 발견할까? 이것은 뮤즈의 불가사의인데, 다른 창조적 예술과 마찬가지로 수학에도 그런 불가사의함이 있다.

설명을 위해 세 변의 길이가 모두 같은 삼각형인 정삼각형[3]을 작도하는 문제를 살펴보자. 여기서 게임의 규칙은 삼각형의 한 변만 가지고 정삼각형을 작도해야 한다는 것이다. 그것이 아래와 같은 선분이라고 하자.

우리가 할 일은 이 선분을 가지고 나머지 두 변을 작도해 삼각형을 완성하고, 모든 변의 길이가 똑같음을 증명하는 것이다. 사용할 수 있는 도구는 직선 자와 컴퍼스뿐이다. 직선 자로는 어떤 길이의 직선도 그을 수 있고, 두 점 사이를 직선으로 연결할 수 있다. 컴퍼스로는 어떤 점을 중심으로 일정한 반지름을 가진 원을 그릴 수 있다.

하지만 명심해야 할 사실이 하나 있는데, 직선 자는 눈금이 새겨진 자가 아니라는 점이다. 따라서 직선 자로 길이를 측정할 수는 없다(구체적으로 말하면, 원래 선분의 길이를 베끼거나 측정하는 데 사용할 수 없다). 또한 컴퍼스는 각도기 역할을 할 수 없다. 컴퍼스가 할 수 있는 일은 원을 그리는 것뿐이고, 각도를 측정할 수는 없다.

자, 그럼 준비되었는가? 시작!

여러분에게 잠깐 마비의 순간이 찾아올 것이다. 어디서부터 시작해야 할까?

여기서는 논리도 아무 도움이 되지 않는다. 문제를 푸는 데 능숙한 사람은 긴장을 풀고 퍼즐을 이리저리 만지작거리면서 감을 잡는 게 더 나은 방법이라는 사실을 안다. 예를 들면, 직선 자를 사용해 선분의 양 끝을 지나는 직선들을 그어보면 도움이 될 수도 있다. 아래처럼 말이다.

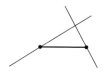

하지만 행운은 찾아오지 않았다. 선들이 삼각형을 만들긴 했지만,

그것이 '정삼각형'이라는 보장은 없다.

무턱대고 한번 찔러보는 식으로 한 가지 더 해볼 수 있는 시도는 컴퍼스로 원을 그려보는 것이다. 그런데 어디다 그릴까? 선분의 양 끝점 중 하나를 중심으로 그려볼까?

아니면 선분 내부의 어느 점을 중심으로 그려볼까?

두 번째 선택은 그다지 전망이 밝아 보이지 않는다. 선분 내부의 어느 점을 다른 점들보다 선호해야 할 이유가 없기 때문이다.

그렇다면 양 끝점을 중심으로 원을 그리는 선택으로 다시 돌아가 보자.

불행하게도 이것 역시 임의성이 많다. 원을 얼마나 크게 그려야 할까? 아직까지 눈길을 끌 만한 것은 아무것도 나타나지 않았다.

이렇게 되는대로 여러 가지 시도를 하며 몇 분이 지나면, 좌절(그리고 곧 엄습할 것 같은 두통)을 이기지 못하고 그만 포기하고 싶은 생각이 든다. 하지만 포기하지 않고 계속 노력하다 보면, 여기서 필연적으로 그릴 수 있는 원이 하나 있다는 사실을 깨닫는다. 컴퍼스 바늘을 한쪽 끝점에 고정시키고 연필을 반대쪽 끝점에 갖다대고 원을 그리는 것이다. 그러면 다음과 같은 원을 얻는다.

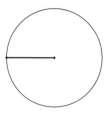

물론 반대쪽 끝점을 중심으로 삼는다면, 이와 같은 원을 얻는다.

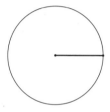

이번에는 두 원을 동시에 함께 그려보면 어떨까? 꼭 그래야 할 이유는 없지만, 그냥 한번 시도해보자.

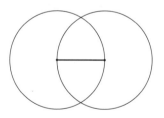

자, 뭔가 떠오르는 생각이 없는가? 혹시 여러분의 머릿속에 반짝이는 직관이 스쳐 지나가지 않았는가? 그림을 자세히 보라. 저기에 구부러진 모양의 정삼각형이 우리를 바라보고 있다. 위쪽 꼭지점은 두원이 교차하는 점이다.

자, 이제 직선 자를 사용해 두 원의 교점과 원래 선분의 양 끝점을 잇는 선을 그음으로써 이것을 진짜 정삼각형으로 바꾸어보자. 그 결과로 생겨난 정삼각형은 실제로 모든 변의 길이가 똑같아 보인다.

직관을 통해 여기까지 왔으니, 이제 논리를 사용해 증명을 마무리할 때가 되었다. 증명을 명확하게 하기 위해 완전한 그림으로 되돌아가 세 교점을 각각 A, B, C라고 하자.

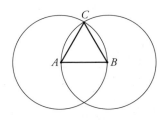

이 증명은 거의 자명하다. 변 AC와 BC는 원래의 선분 AB와 길이가 똑같은데, 우리가 두 원을 그런 식으로 작도했기 때문이다. 즉, 우리는 AB를 두 원의 반지름으로 사용했다. AC와 BC도 반지름이기 때문에 AB와 길이가 같을 수밖에 없고, 따라서 세 변의 길이는 모두 같고, 이 삼각형은 정삼각형이다. 이걸로 증명 끝.

이 증명은 수천 년 전부터 알려졌다. 사실 이것은 유클리드의 『기하학 원론』제1권에 첫 번째 명제로 서두를 장식한다. 하지만 그 후 이 증명을 소개할 때 이미 원들이 모두 그려진 최종 그림을 보여주면서 설명하는 경우가 많은데, 이것은 학생들에게 그것을 직접 발견하는 즐거움을 앗아간다. 이 방법은 교육학적으로 볼 때 실패이다. 이것은 누구라도 발견할 수 있는 증명이다. 제대로 가르치기만 한다면, 매 세대마다 누구나 그것을 새롭게 발견할 것이다.

이 증명에서 핵심 열쇠는 물론 영감을 얻어 두 원을 작도하는 것이다. 기하학에서 이보다 더 유명한 결과도 이와 비슷하게 교묘한 작도를 통해 증명할 수 있다. 그것은 바로 삼각형의 내각의 합이 180°라는 정리이다.

이 경우, 최선의 증명은 유클리드가 한 것이 아니라, 그보다 앞서 피타고라스 학파가 한 것이다. 그 증명은 다음과 같다. 삼각형의 세 각을 각각 a, b, c라고 하자.

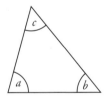

위쪽 꼭지점을 지나가면서 밑변과 평행한 직선을 긋는다.

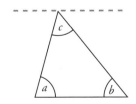

여기서 잠깐 평행선이 지닌 한 가지 성질을 알아보고 넘어갈 필요가 있다. 아래 그림에서처럼 만약 두 평행선을 다른 직선이 가로지르면서 지나가면, 그림에서 a로 표시한 각(전문 용어로는 '엇각'이라 부름)의 크기는 똑같다.

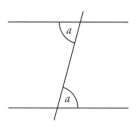

이 사실을 위쪽 꼭지점을 지나가면서 밑변과 평행한 직선을 그은 앞의 그림에 적용해보자.

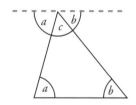

평행선에서 엇각이 같다는 사실로부터 위쪽 꼭지점의 왼편에 있는 각도가 a와 같다는 결론을 얻을 수 있다. 마찬가지로 꼭지점 오른쪽에 있는 각도는 b와 같다. 따라서 a와 b와 c를 합하면 직선(180°)이 되는데, 이로써 삼각형의 내각의 합이 180°임을 증명했다.

이 증명은 수학에서 가장 명쾌한 증명 중 하나이다. 이 증명은 삼각형 밖에 평행선을 그어보자는 영감에서 출발한다. 일단 평행선을 굿고 나면, 증명은 마치 프랑켄슈타인 박사가 만든 괴물처럼 저절로 자리에서 일어나 걸어간다.

　그리고 누가 알겠는가? 만약 우리가 기하학의 이 측면 — 상상력의 불꽃을 금방 증명으로 확 타오르게 하는 즐겁고 직관적인 측면 — 을 강조한다면, 언젠가 모든 학생이 기하학을 논리적이고 창조적인 능력[4]을 길러준 분야로 기억하게 될지.

원뿔곡선 가족

—

포물선과 타원에는 초점이라는 능력이 있다.
속삭이는 회랑과 자동차 헤드라이트에 숨어있는
원, 타원, 포물선의 비밀을 공개한다.

속삭이는 회랑(작은 소리도 멀리까지 들리는 회랑)은 어떤 돔이나 둥근 천장 또는 굽은 천장 아래에서 생겨나는 신기한 음향 공간이다. 유명한 예 중 하나는 뉴욕 시의 그랜드센트럴 역에 있는 오이스터바 레스토랑 바깥쪽에 있다. 이곳은 데이트하기에 아주 좋은 장소이다. 북적대는 통로에서 서로 12m나 떨어진 곳에 서 있어도 달콤한 사랑의 말을 주고받을 수 있다. 게다가 두 사람은 서로의 말을 분명히 들을 수 있지만, 지나가는 사람의 귀에는 한 마디도 들리지 않는다.

이 음향 효과를 만들어내려면, 두 사람이 대각선 방향의 양쪽 모퉁이에 자리를 잡고서 벽을 보고 서야 한다. 두 사람의 목소리가 통로의

뉴욕의 데이트 명소인 속삭이는 회랑. 타원형 천장의 초점에서 신기한 음향 현상이 일어나는 건축기법으로, 영국 런던의 세인트폴 성당에도 속삭이는 회랑이 있다.

구부러진 벽과 천장에 반사된 뒤에 초점을 맺는 지점이 바로 그 가까이에 있기 때문이다. 보통은 우리가 내는 음파는 모든 방향으로 퍼져나가면서 벽에 불규칙적으로 반사되어 뒤죽박죽 뒤섞여 흩어지기 때문에 12m 떨어진 곳에 서 있는 사람의 귀에 도착할 때쯤이면 아무 소리도 들을 수 없다(지나가는 사람들이 여러분의 말소리를 들을 수 없는 것은 이 때문이다). 하지만 '초점'에서 속삭이는 소리를 내면, 반사된 음파가 모두 '동시에' 반대편 초점에 도착하면서 서로 보강 간섭을 일으키기 때문에 원래의 소리가 잘 들린다.

타원도 조금 더 단순한 형태이긴 하지만 초점을 맺는 데에는 비슷한 능력을 보여준다. 만약 반사경을 타원 모양으로 만들면, 내부의 두 점(아래 그림에서 F_1과 F_2로 표시한)이 초점이 된다. 즉, 두 점 가운데 하나에 위치한 광원에서 출발한 빛은 타원의 벽에 반사된 뒤에 다른 초점에 도착한다.

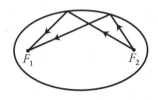

이것이 얼마나 놀라운 현상인지 몇 가지 예를 들어 설명해 보겠다.

다스와 루크가 거울 벽으로 둘러싸인 타원 경기장에서 레이저 태그(레이저 광선으로 표적을 맞히는 게임) 게임을 한다고 가정하자. 두 사람은 레이저 광선을 상대방을 향해 직접 쏘지 않기로 약속했다. 그러니까 레이저 광선을 반드시 벽에 반사시킨 뒤에 상대방을 맞혀야 한다. 기하학이나 광학에 별로 재주가 없는 다스는 두 사람 다 초점에 서서 게임을 하자고 제의한다. 그러자 루크가 "좋아! 단, 내가 먼저 쏘아야 해."라고 대답한다. 이렇게 되면 이건 공평한 결투라고 할 수 없다. 루크의 레이저 광선이 빗나갈 리가 없기 때문이다! 그냥 아무 데나 겨냥해 발사하더라도, 레이저 광선은 항상 다스를 향해 날아갈 것이다. 문자 그대로 백발백중이다!

만약 당구를 좋아한다면, 포켓이 한 초점에 위치한 타원 당구대 위에서 당구를 친다고 상상해보라. 공을 칠 때마다 매번 포켓에 집어넣는 묘기의 진수를 보여주고 싶다면, 칠 공을 '다른 초점'에 놓기만 하면 된다. 그러면 공을 어떻게 치든 공이 어디에 맞고 튀어나오든 상관없이 공은 항상 포켓으로 굴러 들어갈 것이다.

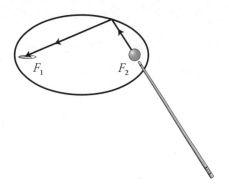

포물선과 포물면도 인상적인 초점을 맺는 능력이 있다. 포물선과 포물면은 평행한 방향으로 들어오는 파동을 '한' 점에 초점 맺게 한다. 이러한 특징은 광파와 음파 혹은 다른 신호를 증폭시켜야 하는 상황에 아주 유용하다. 예를 들면, 포물면 마이크로폰은 조용한 대화를 포착할 수 있어 감시나 첩보, 법 집행 활동에 도움을 줄 수 있다. 새 울음소리나 동물이 내는 소리를 포착하는 등 자연의 소리를 녹음하는 데에도 편리하며, 텔레비전으로 중계하는 스포츠에서 감독이 심판에게 욕하는 소리도 포착할 수 있다. 마찬가지 방법으로 포물면 안테나는 전파를 증폭할 수 있는데, 텔레비전 신호를 수신하는 위성 안테나와 천문학자들이 사용하는 전파 망원경이 특유의 곡면으로 설계된 이유는 이 때문이다.

포물선과 포물면이 초점을 맺는 이 성질은 반대로 이용할 수도 있다. 스포트라이트나 자동차 헤드라이트처럼 강한 지향성 광선이 필요한 경우를 생각해보자. 아무리 강한 빛이 나온다 하더라도 보통 전구만으로는 그 목적을 충분히 달성할 수 없다. 빛이 사방으로 퍼져나가기 때문에 낭비되는 빛이 아주 많다. 그런데 광원을 포물면 거울의 초점에 놓아둔다고 상상해보라. 그러면 포물면이 지향성 광선을 만들어 낸다. 광원에서 나온 빛이 포물면에 반사되면서 모두 한쪽 방향으로 평행하게 나아가기 때문이다.

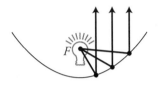

포물선과 타원[1]의 초점 맺는 능력을 일단 이해하면, 여기에 뭔가 더 심오한 비밀이 있지 않을까 하는 의문이 떠오른다. 이 곡선들은 좀 더 기본적인 관계가 있지 않을까?

수학자들과 음모론자들은 이 점에서 생각이 같다. 우리는 우연의 일치를 의심하는 경향이 있다. 특히 그것이 절묘하게 딱 맞아 떨어지는 경우에는 더욱 그렇다. 우연히 일어나는 일이란 없다. 모든 일에는 이유가 있다. 일상 생활에서 이런 태도를 고집하면 편집증적이라는 소리를 들을 수 있지만, 수학에서는 아주 건전한 사고 방식이다. 수와 형태의 이상적인 세계에서는 기묘한 우연의 일치는 대개 무언가 우리가 모르는 게 있음을 말해주는 단서가 된다. 그것은 보이지 않는 힘이 작용하고 있음을 알려준다.

그러니 포물선과 타원 사이에 존재할지 모르는 관계를 좀 더 깊이 살펴보자. 얼핏 보아서는 둘은 아무 관계가 없는 것처럼 보인다. 포물선은 아치 모양으로 양 끝에서 바깥쪽으로 뻗어나간다. 타원은 짜부라진 원 모양의 작은 폐곡선이다.

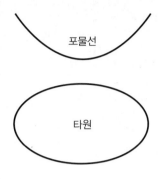

포물선

타원

　하지만 겉모습에서 시선을 옮겨 내부 구조를 자세히 살펴보면, 비슷한 점이 눈에 띄기 시작한다. 이 둘은 모두 곡선이라는 왕족에 속하는데, 이것은 이 둘을 잇는 명백한 유전적 연결 고리이다.

　서로 어떤 관계가 있는지 설명하려면 이 곡선들이 정확하게 무엇인지 상기할 필요가 있다.

　포물선은 어떤 점과 그 점 밖에 있는 어떤 직선에서 똑같은 거리에 있는 점들의 집합으로 정의한다. 상당히 복잡하게 들리지만, 그림으로 그려보면 아주 쉽게 이해할 수 있다. 주어진 점인 '초점'을 F라 하고, 직선을 L이라 하자.

$F \bullet$

L

　이 정의에 따르면 포물선은 F와 L에서 똑같은 거리에 있는 모든 점들로 이루어진다. 예를 들면, 점 P는 F에서 직선 방향으로 아래쪽에 있는데, F와 L 사이의 중간 지점에 위치한다.

$$F \bullet$$

$$P \bullet$$

_____ L

같은 방법으로 다른 점들 P_1, P_2,…도 무한히 존재한다. 이 점들은 양편으로 다음과 같이 존재한다.

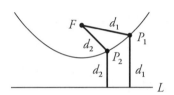

여기서 점 P_1은 초점 F와 직선 L에서 모두 똑같은 거리인 d_1만큼 떨어져 있다. 점 P_2 역시 마찬가지인데, 다만 초점 F와 직선 L에서 떨어진 거리가 d_2로 다르다. 이런 성질을 가진 점 P들을 모두 연결하면 포물선이 된다.

F를 초점이라 부르는 이유는 포물선을 구부러진 거울로 생각하면 분명하게 드러난다. 포물선 거울[2]에 직선 방향으로 들어오는 광선은 거울에 반사된 뒤에 모두 다 초점 F에 모여 강하게 집중된 빛을 만들어낸다(여기서 이것까지 증명하지는 않겠다).

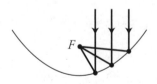

이것은 피부암을 걱정하기 이전 시대에 많은 사람들의 얼굴과 등을 태우던 선탠용 반사경과 비슷하게 작용한다.

이번에는 타원을 살펴보자. 타원은 주어진 두 점에서의 거리의 합이 언제나 일정한 점들의 집합으로 정의한다. 이 정의를 쉬운 말로 바꾸어 해석하면, 이것은 곧 타원을 그리는 비법이 된다. 연필과 종이, 코르크판, 압정 2개, 실을 준비한다. 코르크판 위에 종이를 깔고, 압정으로 실의 양 끝을 종이 위에 고정시킨다. 실은 두 압정 사이에서 팽팽해서는 안 되고 조금 헐거워야 한다. 이제 연필로 실을 잡아당겨 팽팽하게 만든다. 그러면 아래 그림에서처럼 양 끝점과 연필 사이에 어떤 각도가 만들어질 것이다. 이제 실을 팽팽하게 유지하면서 연필 끝을 옮겨 선을 그린다. 연필이 두 압정 주위를 돌아 출발점으로 되돌아오면서 그은 곡선이 바로 타원이다.

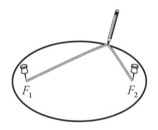

이 비법이 과연 위의 정의를 정확하게 실천에 옮긴 것일까? 압정은 주어진 두 점에 해당한다. 그리고 두 압정에서 곡선 위에 있는 어느 점까지의 거리의 합은 연필이 어디에 있건 항상 똑같이 유지된다. 왜냐하면 이 거리들의 합은 항상 끈의 길이와 같기 때문이다.

그렇다면 이 그림에서 타원의 초점은 어디에 있을까? 바로 두 압정이 위치한 곳이다. 이것 역시 증명하지는 않겠지만, 어쨌건 이 점들은 루크와 다스가 백발백중 레이저 태그 게임을 하고, 우리가 칠 때마다 당구공을 포켓에 집어넣게 해주는 점들이다.

왜 타원과 포물선은, 그리고 왜 오직 타원과 포물선만이 이토록 환상적인 초점을 맺는 능력을 지녔을까? 두 곡선이 공유한 비밀은 무엇일까?

두 곡선은 원뿔 표면의 단면이다.

원뿔이라고? 뜬금없이 원뿔이 왜 등장하느냐고 의아하게 여긴다면, 바로 이 점이 원뿔의 본질을 잘 보여준다. 여기서 원뿔이 담당하는 역할은 지금까지 숨겨져 왔기 때문이다.

원뿔이 이 이야기와 어떤 관계가 있는지 보려면, 칼로 원뿔을 자르는 장면을 상상해보라. 처음에는 수평 방향으로 자르는 것에서 시작해, 갈수록 점점 더 비스듬한 각도로 잘라보자. 원뿔을 수평 방향으로 자르면, 단면의 곡선은 원이 된다.

원

약간 비스듬하게 자르면, 단면의 곡선은 타원이 된다.

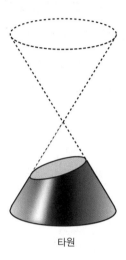

타원

점점 더 비스듬한 각도로 자르면, 타원은 점점 더 길쭉해진다. 그러다가 기울어진 정도가 원뿔 자체의 기울기와 똑같아지는 지점에서 타원은 포물선으로 변한다.

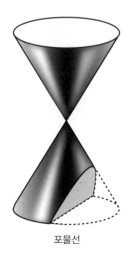

포물선

드디어 그 비밀이 드러났다. 포물선은 위장한 타원이었던 것이다! 그러니 포물선이 경이로운 초점을 맺는 타원의 능력을 지닌 것은 놀라운 일이 아니다. 그것은 같은 혈통을 통해 물려받은 특징이다.

사실 원과 타원, 포물선은 긴밀한 관계에 있는 같은 가족이다. 이 가족을 원뿔의 표면을 평면으로 자를 때 생기는 곡선이라 하여 원뿔곡선이라 부른다. 원뿔곡선 가족에는 이것들 말고도 구성원이 하나 더 있다. 원뿔 자신의 기울기보다 더 가파른 각도로 자르면, 그 결과로 생겨나는 단면은 쌍곡선이 된다. 나머지 원뿔곡선과 달리 쌍곡선은 쌍으로 나타난다.

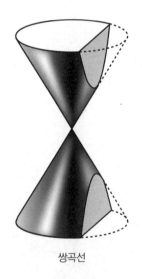

쌍곡선

다른 수학적 관점에서 보면, 이 네 가지 원뿔곡선은 더 밀접한 관계가 있는 것처럼 보인다. 대수학에서 이것들은 이차방정식의 그래프들로 나타난다.

$$Ax^2 + Bxy + Cy^2 + Dx + Ey + F = 0$$

여기서 상수 A, B, C,…는 그래프가 원인지 타원인지 포물선인지 쌍곡선인지 결정한다. 미적분학에서는 이 원뿔곡선들은 중력에 끌려 움직이는 물체의 궤적으로 나타난다.

따라서 행성들이 태양을 한 초점으로 하는 타원 궤도를 돌거나, 혜성이 태양계에서 타원이나 포물선이나 쌍곡선 궤도로 움직이거나, 아이가 부모에게 던진 공이 포물선을 그리는 것은 우연이 아니다. 이것들은 모두 원뿔곡선의 공모가 겉으로 드러난 것이다.

그러니 다음에 캐치볼을 할 때 이 이야기를 떠올려보라.

사인파의 비밀

—
원을 그리는 모든 사물의 움직임 속에
사인파가 나타난다.
결국 세상의 모든 것은 사인파로 이루어져 있다.

아버지 친구 중에 데이브라는 분은 은퇴한 뒤에 플로리다 주 주피터에서 살았다. 내가 열두 살 무렵에 우리 가족은 휴가 때 그분의 집을 방문했는데, 그때 데이브가 우리에게 보여준 것은 내게 평생 잊지 못할 인상을 남겼다.

데이브는 집 뒤로 난 마루에서 일 년 내내 볼 수 있는 일출과 일몰[1] 시간을 도표로 기록하길 좋아했다. 그는 매일 도표에 2개의 점을 찍었는데, 오랜 세월 동안 기록을 해나가다가 기묘한 사실을 발견했다. 두 곡선은 서로 반대 방향으로 움직이는 파동처럼 보였다. 하나가 솟아오르면 다른 것은 가라앉았다. 즉, 일출이 일찍 일어날수록 일몰은 늦게 일어났다.

하지만 예외가 있었다. 6월의 마지막 3주일과 12월과 1월 초에는 일출과 일몰이 둘 다 매일 더 늦게 일어나 두 파동을 모두 중심이 한 쪽으로 약간 치우친 모양으로 만들었다.

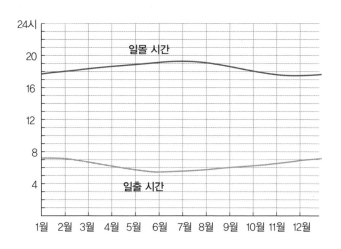

하지만 곡선들이 전달하는 메시지는 분명했다. 두 곡선 사이에서 진동하는 간격은 계절 변화에 따라 낮의 길이가 길어지거나 짧아지는 양상을 보여주었다. 위쪽 곡선에서 아래쪽 곡선을 빼줌으로써 데이브 는 낮의 길이가 일 년 동안 어떻게 변하는지 알 수 있었다. 그런데 놀 랍게도 이 곡선에서는 중심이 한쪽으로 치우친 모양이 전혀 나타나지 않았다. 그것은 아름다운 대칭을 이루고 있었다.

데이브가 본 것은 거의 완전한 사인파였다. 고등학교 때 삼각형의 변과 각이 계량적으로 서로 어떤 관계가 있는지 알아내는 기본 도구 로 쓰이는 삼각법[2]을 배운 사람이라면 사인파에 대해 들어보았을 것

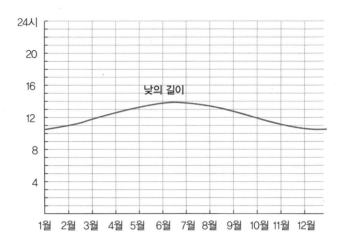

이다. 수학 선생님은 분명 사인 함수에 대해 더 많이 이야기했겠지만 말이다. 사인파는 삼각법의 원조 킬러 앱killer app(새로운 기술의 보급에 결정적 계기가 되는 애플리케이션)으로, 옛날의 천문학자들과 측량 기사들 사이에서 아주 유용하게 쓰였다.

하지만 삼각법은 그 수수한 이름과는 달리 오늘날에는 그 용도가 단지 삼각형을 측정하는 데 그치지 않는다. 삼각법은 삼각형뿐만 아니라 원까지 계량화함으로써 바다의 파도에서부터 뇌파에 이르기까지 반복되는 형태라면 어떤 것이라도 분석할 수 있는 길을 열었다. 삼각법은 순환의 수학을 푸는 열쇠 역할을 한다.

삼각법이 원과 삼각형과 파동을 서로 어떻게 연결하는지 보려면, 다음 그림처럼 꼬마 소녀가 대관람차를 타고 빙빙 도는 장면을 상상해보라.

소녀와 엄마는 마침 둘 다 수학에 관심이 많은데, 이 경험이 어떤 실험을 하기에 완벽한 기회라고 생각했다. 소녀는 GPS 장비를 가지고 탑승했기 때문에 관람차가 회전하면서 맨 꼭대기로 올라갔다가 다시 지상 가까이로 내려올 때까지 매 순간 자신의 고도를 알 수 있다. 그 결과는 다음과 같이 나타난다.

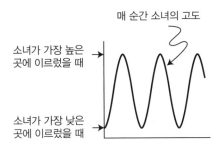

이 모양이 바로 사인파이다. 사인파는 원을 그리며 움직이는 어떤 물체(혹은 사람)의 수평 방향 또는 수직 방향의 움직임을 추적할 때 나타난다.

이 사인파는 삼각법을 배울 때 나오는 사인 함수와 어떤 관계가 있

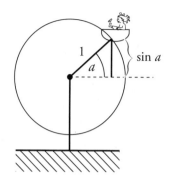

을까? 소녀의 스냅 사진을 본다고 상상해보자. 이 순간에 소녀는 그림의 점선에 대해 어떤 각도를 이루는 위치에 있다. 그 각도를 a라고 하자.

편의상 그림에서 직각삼각형의 빗변(이것은 대관람차의 반지름이기도 하다) 길이를 1이라고 하자. 그러면 sin a는 소녀의 높이가 얼마인지 알려준다. 더 정확하게 말하면, sin a는 소녀가 a의 각도를 이루는 위치에 있을 때 대관람차의 중심을 기준으로 측정한 소녀의 고도로 정의된다.

소녀가 대관람차를 타고 빙빙 돎에 따라 각도 a는 점점 증가한다. 그러다가 90°를 넘어서면 그 각도는 직각삼각형에 포함된 각도로 간주할 수 없다. 그렇다면 삼각법은 더 이상 적용되지 않을까?

그렇지 않다. 언제나처럼 수학자들은 새로 생겨난 장애에도 굴하지 않고 90° 이내의 각도뿐만 아니라 '어떤' 각도라도 허용할 수 있도록 사인 함수의 정의를 확대한다. 즉, 'sin a'를 원의 중심에서 위 또는 아래에 위치한 소녀의 높이로 정의한다. a 값 증가(혹은 대관람차가 거꾸로 도는 경우에는 심지어 음수가 되더라도)에 상응하는 sin a의 그래프가 바로 우리가 사인파라고 부르는 것이다. 사인파는 a 값이 360°씩(완전히 한 바퀴 회전하는 것에 해당) 변할 때마다 같은 모양이 반복된다.

비록 우리가 눈치채지 못하고 지나가는 일이 많지만, 이렇게 원운동이 사인파로 변하는 일은 우리의 일상 생활에서 많이 나타난다. 사인파는 사무실의 머리 위에서 은은히 비치는 형광등 불빛을 만들어낸다. 이것은 전력망의 어디에선가 발전기가 1초당 60사이클로 회전하면서 회전 운동을 교류로 바꾸고 있음을 말해준다. 즉, 교류는 전기가 만들어내는 사인파이다. 여러분이 말을 하고 내가 그것을 들을 때 우리 몸도 사인파를 사용한다. 여러분이 성대를 진동시켜 소리를 만들 때 사인파가 생기고, 내 귓속의 털 세포들이 음파를 수신해 흔들릴 때 사인파가 생긴다. 마음을 열고 이 사인파의 조용한 리듬에 귀를 기울이면, 그것은 우리를 감동시키는 힘이 있다. 거기에는 영적인 것에 가까운 힘이 있다.

기타 현을 뜯거나 아이가 줄넘기 줄을 흔들 때 거기에 생겨나는 모양도 사인파이다. 연못에 생겨나는 잔물결, 모래 언덕에 생긴 물결 모양, 얼룩말의 줄무늬, 이 모든 것은 자연의 기본적인 패턴 생성[3] 메커니즘이 겉으로 드러난 것이다. 즉, 단조로운 균일성의 배경에서 사인파 구조가 창발하는 것이다.

여기에는 깊은 수학적 이유가 있다. 아무 특징 없는 평형 상태가 안정성을 잃을 때마다(어떤 이유에서건, 그리고 어떤 물리적, 생물학적, 화학적 과정을 통해서건) 맨 먼저 나타나는 패턴은 사인파이거나 사인파들의 결합이다.

원운동이 만들어내는 사인파는 자연과 우리의 일상 생활에 자주 나타난다. 연못의 물결, 모래 언덕의 무늬, 얼룩말의 줄무늬, 대화를 나누는 목소리와 음악 소리 속에 나타나는 사인파는 자연의 기본 구성 요소이다.

즉, 사인파는 구조의 원자인 셈이다. 사인파는 자연의 기본 구성 요소이다. 이 사실은 사인파가 없다면 아무것도 존재할 수 없어sine qua non라는 표현에 새로운 의미를 더해준다(라틴어로 sine qua non은 '필수 불가결한 것'이란 뜻으로 쓰이지만, 직역하면 '그것이 없다면 아무것도 존재할 수 없다'는 뜻이다. 저자는 '없이'라는 뜻의 라틴어 sine가 사인파sine wave의 sine과 같다는 데 착안해 말장난을 한 것이다 — 옮긴이).

사실 sine qua non은 문자 그대로 해석하더라도 옳다. 양자역학은 실제 원자들을, 거기서 더 나아가 모든 물질을 사인파의 집단으로 기술한다. 심지어 우주론적 규모에서도 사인파는 존재하는 모든 것의 씨앗을 이룬다. 천문학자들은 우주배경복사[4]의 스펙트럼(사인파의 패턴을 지닌)을 조사하여 측정 결과가 우주의 탄생과 진화를 설명하는 최선의 이론인 인플레이션 우주론[5]의 예측 결과와 일치한다는 사실을 발견했다. 즉, 아무 특징도 없는 빅뱅에서 원시적인 사인파 — 물질과 에너지의 밀도에 생겨난 잔물결 — 가 자연 발생적으로 나타나 우주를 이루는 재료를 만들어냈다.

별과 은하, 그리고 결국에는 대관람차를 타는 어린이들까지 모든 것이 여기서 생겨났다.

16

극한까지 나아가다

—

원주율의 값은 어떻게 구했을까?
아르키메데스는 무한의 도움을 받아
파이의 근사값을 찾아냈다.

중학교 때 나는 친구들과 고전적인 수수께끼들을 내고 푸는 걸 즐겼다. 세상에서 그 어떤 것이라도 움직일 수 있는 힘이 절대로 움직이지 않는 물체와 만나면 어떻게 될까? 그야 간단하다. 둘 다 폭발한다. 열세 살 소년들의 철학이야 하찮은 수준에 지나지 않았으니까.

하지만 우리의 발목을 잡고 놓아주지 않는 수수께끼가 하나 있었다. 벽을 향해 매번 남은 거리의 절반씩 걸어가길 계속 반복하면, 결국 벽에 도착할 수 있을까? 이 수수께끼에는 큰 좌절을 안겨주는 요소가 하나 있는데, 벽에 무한히 가까이 다가갈 수는 있어도 결코 도달하지는 못한다는 개념이 바로 그것이다. 또 한 가지 문제는 엷은 베일에 가려진 무한이라는 존재이다. 벽에 도달하려면 무한 번의 걸음을 떼어야 하고, 결국 그 걸음은 무한히 작은 걸음이 될 것이기 때문이다.

이런 종류의 질문은 늘 머리를 지끈거리게 했다. 기원전 500년 무렵에 그리스의 제논Zenon[1]은 무한에 관한 네 가지 역설을 제기하여 사람들을 당혹스럽게 했는데, 그 후 수백 년 동안 무한이 수학에서 추방된 한 가지 이유는 여기에 있을 것이다. 예를 들면, 유클리드 기하학에서는 유한한 단계를 거쳐 완성할 수 있는 작도만 허용했다. 무한은 표현할 수도 가늠할 수도 없고, 논리적 엄밀성을 보장하기도 어려운 것으로 간주되었다.

하지만 고대 세계에서 가장 위대한 수학자였던 아르키메데스 Archimedes는 무한의 힘을 간파했다. 그래서 다른 방법으로는 풀 수 없는 문제를 푸는 데 무한을 이용했고, 그 과정에서 미적분을 발명하기 직전 단계까지 나아갔다 — 뉴턴이나 라이프니츠보다 무려 약 2000년이나 앞서서.

이어지는 장들에서는 미적분학의 핵심 개념들을 자세히 살펴볼 것이다. 하지만 여기서는 그 개념들을 암시하는 최초의 단서들을 살펴보기로 하자. 그것들은 옛날 사람들이 원과 파이[2]를 계산하는 과정에서 나타났다.

'파이(π)'가 무엇을 뜻하는지 기억을 떠올려보라. 원주율이라고도 부르는 π는 두 길이의 비율을 나타내는데, 하나는 지름(원의 중심을 지나면서 원주의 두 점을 잇는 직선)이고, 다른 하나는 원의 둘레 길이인 원주이다. π는 원주를 지름으로 나눈 비율로 정의한다.

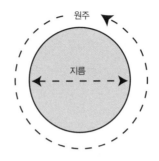

원주

지름

요모조모 따지고 생각을 깊이 하는 사람이라면, 이미 어떤 의문이 떠올랐을 것이다. π가 모든 원에 대해 똑같은 값을 가진다고 어떻게 확신할 수 있는가? 큰 원과 작은 원의 파이가 서로 다를 수도 있지 않은가? 그 답은 그렇지 않다이지만, 그 증명은 자명한 것이 아니다. 대신에 직관적 논증을 통해 입증하는 방법을 한 가지 소개한다.

복사기를 사용해 어떤 원의 그림을 축소한다고, 예컨대 50%의 크기로 축소한다고 상상해보자. 그러면 그림의 '모든' 길이(원주와 지름을 포함해)는 50%만큼 줄어들 것이다. 따라서 새로운 원주를 새로운 지름으로 나누면, 50%의 변화는 상쇄되고 원주와 지름의 비율은 아무 변화 없이 그대로 남을 것이다. 그리고 그 비율은 바로 π이다.

물론 이것이 π의 값이 얼마인지 알려주지는 않는다. 실과 접시를 사용해 간단한 실험을 해보면, 3에 가까운 값을 얻을 수 있다. 좀 더 치밀한 사람이라면 $3\frac{1}{7}$에 가까운 값을 얻을 것이다. 하지만 π의 값을 정확하게 구하거나 적어도 원하는 정확도 내에서 충분히 가까운 값을 구하려면 어떻게 해야 할까? 이것은 고대의 학자들을 곤혹스럽게 만든 문제였다.

아르키메데스의 천재적인 방법을 알아보기 전에 원과 관련해 π가 나타나는 경우를 한 가지 더 살펴보고 넘어가기로 하자. 원의 넓이(원주로 둘러싸인 공간)를 구하는 공식은 다음과 같다.

$$A = \pi r^2$$

여기서 A는 원의 넓이를, r은 원의 반지름을 나타낸다. π는 물론 원주율을 가리킨다. 우리는 초등학교 때부터 이 공식을 외우지만, 이 공식은 어디서 나왔을까? 기하학을 가르칠 때에는 대개 이 공식을 증명하는 법을 알려주지 않는다. 미적분을 배운 사람은 아마도 그 증명법을 본 기억이 날 것이다. 그런데 이처럼 기본적인 공식을 구하는 데 미적분까지 필요할까?

그렇다.

이 문제가 어려운 이유는 원이 둥근 모양이기 때문이다. 만약 원이 직선으로 이루어진 도형이라면, 아무 문제가 없을 것이다. 삼각형이나 사각형의 넓이를 구하는 것은 쉽다. 하지만 원처럼 곡선으로 이루어진 도형의 넓이를 구하는 것은 아주 어렵다.

곡선으로 이루어진 도형을 수학적으로 다루는 열쇠는 그 도형이 아주 작은 직선 조각들로 이루어져 있다고 간주하는 데 있다. 실제로 그런 것은 아니지만, 이렇게 생각하면 문제를 푸는 데 효과가 있다. 극단적으로 생각하여, '무한히' 작은 조각들이 무한히 많이 존재한다고 상상한다면 말이다. 이것은 미적분의 핵심 개념이다.

이 개념을 사용해 원의 넓이를 구하는 한 가지 방법을 소개한다. 원의 넓이를 똑같은 조각으로 4등분한 뒤에 다음의 그림처럼 배열하는 것으로 시작하자.

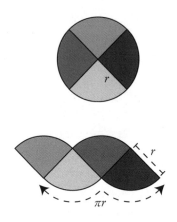

  아래쪽에 있는 물결 모양의 도형은 넓이가 원과 똑같다. 하지만 그렇다 해도 큰 도움은 되지 않는데, 이 도형의 넓이를 정확하게 구할 방법이 없기 때문이다. 하지만 우리는 적어도 중요한 사실을 두 가지 알고 있다. 첫째, 아래쪽에 뻗어 있는 두 호의 길이는 원래 원의 원주의 절반과 같다(왜냐하면 원주의 나머지 절반은 위쪽의 두 호에 있기 때문이다). 전체 원주 길이는 π에 지름을 곱한 것이기 때문에, 그 '절반'은 π에 반지름을 곱한 것과 같다. 위의 그림에서 아래쪽 도형의 두 호의 길이가 πr로 표시된 것은 이 때문이다. 둘째, 각 조각에서 직선을 이룬 변의 길이는 r이다. 그 각각은 원래 원의 반지름이기 때문이다.

  다음에는 이 과정을 반복하되, 원을 8등분한 뒤에 앞에서와 마찬가지로 교대로 배열해보자.

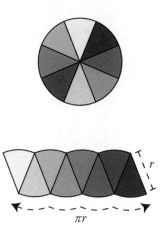

물결 모양의 도형은 이전보다 약간 덜 기묘해 보인다. 위쪽과 아래쪽은 여전히 호들로 이루어져 있지만, 이전보다 덜 돌출한 모습이다. 그리고 왼쪽 변과 오른쪽 변도 앞서보다 덜 기울어져 있다. 이런 변화에도 불구하고, 앞에서 확인한 두 가지 사실은 변함이 없다. 아래쪽 호들의 전체 길이는 여전히 πr이고, 양 변의 길이는 r이다. 그리고 물결 모양의 도형의 넓이(우리가 구하려는 원의 넓이) 역시 이전과 동일한데, 이 도형은 원을 이루는 여덟 조각을 재배열한 것에 불과하기 때문이다.

조각의 수를 점점 늘려가면 놀라운 일이 일어난다. 물결 모양의 도형이 직사각형에 점점 가까워진다. 호들은 갈수록 점점 편평해지고, 양 변은 점점 수직에 가까워진다.

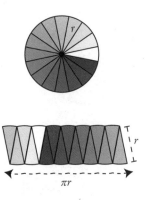

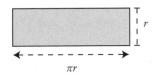

무한히 많은 조각이라는 극한에 이르면, 마침내 물결 모양의 도형은 완전한 직사각형이 된다. 하지만 이전과 마찬가지로 두 가지 사실은 변함이 없다. 따라서 이 직사각형의 밑변 길이는 πr이고, 높이는 r이다.

이제 문제가 아주 쉬워졌다. 직사각형의 넓이는 가로 길이에 세로 길이를 곱한 것과 같으므로, 이 직사각형의 넓이는 πr에 r을 곱한 πr^2이다. 그리고 이렇게 재배열한 모양은 원과 같은 넓이를 가지므로, 원의 넓이도 πr^2이다!

이 계산에서 무엇보다 매력적인 점은 무한이 구원의 손길을 뻗는 방식이다. 유한한 단계에서는 그것이 어떤 것이건 물결 모양의 도형은 기묘해 보이고 거기서 넓이를 구하는 것은 가망이 없는 일로 보인다. 하지만 그것을 극한까지 밀고 나가면(마침내 벽에 도달하면) 그것은 아주 단순하고 아름다워지며, 모든 것이 명쾌해진다. 미적분이 그 능력을 최대한 발휘하는 방법도 바로 여기에 있다.

아르키메데스는 비슷한 방법을 사용해[3] π의 근사값을 구하려고 시도했다. 그는 원을 다각형으로 대체한 뒤에 변의 수를 계속 2배씩 늘려가면서 완전한 원에 가까워지게 했다. 하지만 그는 π의 값을 정확성이 불확실한 근사값으로 구하는 대신에 원에 외접하는 다각형과 내접하는 다각형 사이의 근사값으로 구하려고 시도했다. 아래 그림은 원에 내접 및 외접하는 정육각형, 정십이각형, 정이십사각형을 보여준다.

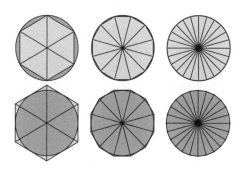

그리고 나서 아르키메데스는 피타고라스의 정리를 사용해 내접 및 외접하는 다각형의 둘레 길이를 계산했다. 먼저 정육각형부터 시작하여 정십이각형, 정이십사각형, 정사십팔각형, 정구십육각형까지 계산했다. 정구십육각형을 계산한 결과, 그는 다음 값을 얻었다.

$$3\frac{10}{71} < \pi < 3\frac{1}{7}$$

소수(아르키메데스 시대에는 사용하지 않았던 수)로 바꾸어 표현하면, 3.1408 〈 π 〈 3.1429로 쓸 수 있다.

이 방법을 실진법悉盡法, method of exhaustion[4]이라 부른다. 실진悉盡은 '모두 다할 때까지'라는 뜻인데, 미지수 π의 값을 알려진 두 수 사이의 범위에 집어넣고 양쪽에서 그것을 밀어붙여 최대한 그 범위를 좁히는 방법을 쓰기 때문에 이런 이름이 붙었다. 정다각형의 변을 두 배씩 늘릴 때마다 양쪽의 경계는 점점 좁혀지면서 π의 값도 그 범위가 점점 줄어든다.

변의 수를 무한대로 늘리면서 극한까지 나아가면, 위쪽 경계와 아래쪽 경계 모두 π의 실제 값으로 수렴한다. 불행하게도 이번에는 물결 모양의 도형이 직사각형으로 변했던 앞의 경우처럼 단순하지가 않다. 그래서 π의 정확한 값은 여전히 손에 잡히지 않는다.[5] 그 값은 소수점 아래로 끝없이 계속되는데, 점점 많은 자리의 수까지 알아낼 수는 있겠지만(현재까지 최고 기록은 소수점 아래 2조 7000억 자리까지 알아낸 것이다), 우리는 결코 그 완전한 값을 알 수 없을 것이다.

아르키메데스는 미적분학의 기초를 놓은 것 외에도 근사와 반복의 위력을 보여주었다. 그는 직선 모양의 조각들을 점점 더 많이 사용함으로써 곡선 모양의 물체를 점점 더 정확하게 근사하는 방법을 통해 훌륭한 추정을 더 개선했다.

그리고 2000년도 더 지난 뒤에 이 방법은 현대의 수치해석[6] 분야로 발전했다. 공학자가 컴퓨터로 최적의 유선형을 가진 자동차를 설계하거나 생물물리학자가 컴퓨터로 새로운 화학요법 약이 암 세포에 어떻게 들러붙는지 시뮬레이션할 때 바로 수치해석을 사용한다. 이 분야를 선도한 수학자들과 컴퓨터과학자들은 초당 수십억 회나 돌아가는 매우 효율적인 반복 알고리듬을 만들었다. 이 덕분에 생물공학에서부터 월스트리트와 인터넷에 이르기까지 현대 생활의 모든 측면에서 맞닥뜨리는 문제들을 푸는 데 컴퓨터를 활용할 수 있게 되었다. 이 모든 경우에 사용되는 기본 전략은 극한값으로 존재하는 정답에 수렴하는 일련의 근사를 찾아내는 것이다.

이 방법이 우리를 어디로 안내할지는 아무도 모른다.

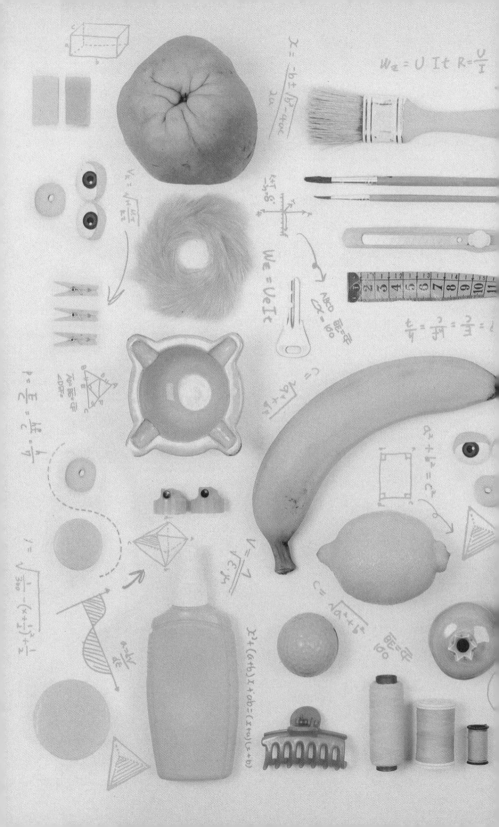

x 의 즐 거 움

—

4

수학이 가진
경이로운 힘
변화

변화를 다루는 미적분학

—

무언가가 얼마나 빠르게 변하는지 알려주는 미분.
무언가가 얼마나 많이 축적되는지 알려주는 적분.
미적분은 가장 효율적인 길을 찾아준다.

미적분학이 뭔지 알기 오래 전부터 나는 거기에 뭔가 특별한 게 있다고 느꼈다. 아버지는 미적분학을 이야기할 때면 왠지 숭배하는 듯한 어조로 말했다. 대공황 시절에 자라난 아버지는 대학에 가지 못했지만, 살아가다가 어느 시점에, 아마도 남태평양에서 B-24 폭격기엔진을 수리하면서 지내던 시절에 미적분학이 어떤 일을 할 수 있는지 감을 잡았던 것 같다. 날아오는 전투기를 향해, 기계적으로 조종하는 대공포들이 자동으로 포탄을 발사하는 장면을 상상해보라. 아버지는 미적분학을 사용하면 대포에 어디를 조준해야 할지 지시할 수 있다고 생각했다.

미국에서 미적분학을 배우는 학생은 한 해에 약 100만 명이나 된다.[1] 하지만 미적분학이 무엇을 다루는 것이고, 자신이 미적분학을 왜 배우는지 제대로 이해하는 학생은 아주 적다. 이것은 그들의 잘못이 아니다. 미적분학은 숙달해야 할 기술이 아주 많고, 흡수해야 할 개념도 아주 많아서 전체적인 틀을 간과하기 쉽다.

미적분학은 변화를 다루는 수학이다. 미적분학은 전염병의 확산에서부터 커브 볼의 지그재그에 이르기까지 모든 것을 기술할 수 있다. 그 범위는 엄청나게 넓으며, 미적분학을 다루는 교과서도 아주 많다. 많은 교과서는 1000페이지를 넘어 문 밑에 괴는 문버팀쇠로 쓰기에도 아주 좋다.

하지만 이 두꺼운 책 속에서도 유난히 반짝이며 눈길을 끄는 개념 두 가지가 있다. 랍비 힐렐Hillel이 황금률에 대해 한 말처럼, 나머지 모든 것은 그저 주석에 지나지 않는다. 그 두 가지 개념은 바로 미분과 적분이다.

대략적으로 말하면, 미분은 어떤 것이 얼마나 빠른 속도로 변하는지 알려주고, 적분은 어떤 것이 얼마나 많이 축적되는지 알려준다. 이 두 분야가 탄생한 시대와 장소는 서로 다르다. 적분은 기원전 250년 무렵에 그리스에서 탄생했고, 미분은 17세기 중엽에 영국과 독일에서 탄생했다. 그런데 이 둘은 서로 혈연 관계인 것으로 드러났다. 그 가족 관계를 누군가 밝혀내는 데 거의 2000년이 걸리긴 했지만 말이다.

다음 장에서는 적분의 의미와 함께 이 놀라운 연결 관계를 알아볼 것이다. 하지만 그 전에 먼저 기초를 다지기 위해 미분을 살펴보기로 하자.

비록 우리가 그것을 알아채지 못하더라도, 미분은 사방에 널려 있다. 예를 들면, 경사로의 기울기도 미분이다. 모든 미분과 마찬가지로 이것도 변화율—이 경우에는 한 걸음을 내디딜 때마다 위 또는 아래로 얼마나 이동하는지—을 측정한다. 거리의 경사로는 미분값(전문 용어로는 미분계수 또는 미분몫이라고 함—옮긴이)이 큰 반면, 휠체어가 통행하는 경사로는 기울기가 완만하여 미분값이 작다.

각 분야마다 나름의 미분이 있다. 한계 수익이나 성장률, 속도, 기울기 등 무슨 이름으로 부르건 간에, 미분은 여전히 감미로운 향기를 풍긴다. 불행하게도 많은 학생은 미분을 곡선의 기울기와 동의어로 생각하는, 아주 범위가 좁은 개념을 머릿속에 담은 채 미적분학 수업을 마치는 것으로 보인다.

학생들이 혼란을 느끼는 것은 충분히 이해할 만하다. 그러한 혼란은 우리가 계량적 관계를 나타내기 위해 그래프에 의존하는 것에서 비롯된다. 과학자들은 한 변수가 다른 변수에 어떤 영향을 미치는지 시각화하기 위해 x에 대한 y의 그래프를 그림으로써 문제를 수학이라는 공통 언어로 번역한다. 그러면 그들이 진짜 관심을 가진 변화율—바이러스의 성장 속도, 제트기의 속도 등등—은 훨씬 추상적인 것으로 변하지만 그림으로 나타내기가 훨씬 쉽다. 그것은 그래프에서 기울기로 나타난다.

기울기처럼 미분값은 양수가 될 수도 있고 음수가 될 수도 있고 0이 될 수도 있다. 이 각각의 값은 어떤 것이 증가하는지 감소하는지 아니면 현상을 유지하는지 알려준다. 마이클 조던Michael Jordan이 공중을 날아[2] 덩크 슛을 하는 장면을 생각해보자.

마이클 조던이 멋지게 덩크 슛을 하는 동작에는 미분의 원리가 숨어 있다.

점프를 한 직후에 그의 수직 방향 속도(시간에 따라 그의 고도가 변하는 속도, 따라서 또 다른 미분값)는 양수인데, 그가 위로 솟아오르고 있기 때문이다. 그렇게 그의 고도는 계속 올라간다. 그랬다가 공중에서 아래로 내려올 때에는 미분값이 음수로 변한다. 그리고 가장 높은 지점에 이르른 순간에는 공중에 멈춘 것처럼 보이며, 고도는 순간적으로 아무 변화가 없으므로 이때의 미분값은 0이다.

여기서 성립하는 더 일반적인 원리가 있는데, 사물은 가장 높은 곳에 있거나 가장 낮은 곳에 있을 때 가장 느리게 변한다는 사실이다. 이것은 이곳 이타카에서 특히 눈에 띄게 나타난다. 겨울 중에서도 가장 어두운 시기가 찾아왔을 때, 낮의 길이는 아주 짧기만 한 게 아니

다. 하루가 지날 때마다 늘어나는 낮의 길이에는 거의 아무 변화가 없
다. 그러다가 봄이 시작되면, 하루의 길이가 아주 빠르게 늘어난다.
이것은 충분히 일리가 있다. 극점에 이르렀을 때 변화는 가장 느려질
수밖에 없는데, 그 순간의 미분값이 0이기 때문이다. 순간적으로 모
든 것은 정지 상태에 놓인다.

마루와 골에서 미분값이 0이 되는 이 성질은 가끔 미적분학의 실용
적 응용 사례에 이용된다. 이 성질을 이용하면 미분을 통해 어떤 함수
가 극대값이나 극소값에 이르는 지점이 어디인지 알아낼 수 있다. 어
떤 일을 가장 효율적으로 하는 방법이나 가장 적은 비용을 들이는 방
법 혹은 가장 빨리 하는 방법을 찾으려고 할 때 함수의 극대값이나 극
소값이 그 답을 제공할 수 있다.

고등학교 때 내게 미적분학을 가르쳤던 조프레이Joffray 선생님[3]은
그러한 극대값과 극소값 문제를 현실 상황에 적용해 설명하는 재주가
있었다. 하루는 활기찬 발걸음으로 교실로 들어온 선생님은 눈 덮인
들판에서 하이킹을 한 이야기를 들려주었다. 바람에 실려온 눈이 들판
일부를 두껍게 뒤덮는 바람에 그곳을 지날 때에는 걷는 속도가 크게
느려졌지만, 나머지 들판은 눈이 쌓이지 않아 편하게 지나갈 수 있었
다고 한다. 그런데 그런 상황에서 A 지점에서 B 지점으로 최대한 빨리
가려면 어떤 경로를 택하는 게 좋을까 하는 질문이 떠올랐다고 한다.

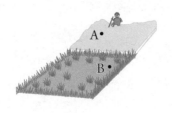

속도가 가장 느린 구간을 최소한으로 줄이기 위해 눈이 많이 쌓인 지역을 곧장 직선으로 가로질러 통과하는 게 좋다고 생각할 수도 있다. 단점은 전체 통과 거리가 A 지점에서 B 지점까지 직선으로 갈 때보다 더 길어진다는 점이다.

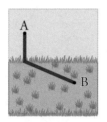

또 한 가지 방법은 A 지점에서 B 지점으로 곧장 나아가는 것이다. 그러면 전체 통과 거리를 최소한으로 줄일 수 있지만, 눈이 많이 쌓인 지역에서 보내는 시간이 많으므로 거기서 지체하는 시간이 늘어난다.

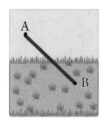

이때 미분 계산을 하면 최선의 경로를 알아낼 수 있다. 그것은 위의 두 방법을 적절히 조화시킨 결과로 나타난다.

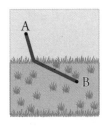

이 분석에는 네 가지 주요 단계가 필요하다(자세한 내용을 알고 싶은 사람은 326쪽의 3번 주에 있는 참고 자료를 보라).

첫째, 전체 여행 시간 — 우리가 최소화하려고 노력하는 것 — 은 여행자가 눈밭에서 어느 지점으로 나오느냐에 따라 달라진다. 여행자는 그 지점을 어디로 할지 선택할 수 있으므로, 그 지점을 하나의 변수로 간주하기로 하자. 이 각각의 지점은 간결하게 하나의 수로 나타낼 수 있다. A 지점에서 여행자가 눈밭에서 나오는 지점까지의 수평 방향 거리를 x로 나타내기로 하자.

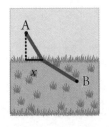

(사실은 여행 시간은 A와 B의 위치에 따라서도 달라지며, 눈밭과 눈이 없는 들판을 통과하는 여행자의 걸음 속도에 따라서도 달라지지만, 이 모든 매개변수는 이미 주어져 있다. 여행자에게 남은 유일한 변수는 x이다.)

둘째, 선택한 x와 알려진 출발점 A와 목적지 B의 위치가 주어졌을 때, 여행자가 들판에서 속도가 빠른 구간(눈이 없는 지역)과 느린 구간(눈밭)을 지나는 데 걸리는 시간을 계산할 수 있다. 각각의 여행 구간에 대해 이 계산을 하려면 피타고라스의 정리와 '거리＝속도×시간'이라는 공식이 필요하다. 두 구간의 여행 시간을 합하면, 전체 여행 시간 T를 x의 함수로 나타낸 공식을 얻을 수 있다.

셋째, T를 x에 대해 나타낸 그래프를 그린다. 전체 곡선에서 맨 아래에 있는 지점이 우리가 찾는 답이다. 이것은 여행 시간이 가장 적게 걸리는 지점, 즉 가장 빨리 여행할 수 있는 지점에 해당한다.

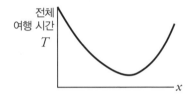

넷째, 맨 아래에 있는 지점을 찾으려면, 앞에서 언급했던 미분값이 0이 되는 지점을 찾으면 된다. T의 도함수(함수 $f(x)$를 미분하여 얻은 함수)를 계산한 뒤, 그 값을 0이라 놓고 x에 대한 방정식을 풀면 된다.

이 네 단계를 무사히 통과하려면, 기하학과 대수학, 그리고 다양한 미분 공식이 필요하다. 이것은 외국어를 유창하게 익히는 데 필요한 재주와 비교할 수 있는데, 그래서 많은 학생이 좌절을 느끼고 포기한다.

하지만 최종 답은 그런 노력을 기울일 만한 가치가 있다. 가장 빠른 경로는 스넬의 법칙(굴절의 법칙)[4]으로 알려진 관계를 따르는 것으로 드러난다. 놀라운 사실은, 자연도 그것을 따른다는 것이다.

스넬의 법칙은 빛이 공기 중에서 물 속으로 들어갈 때 어떻게 구부러지는지 알려준다. 빛은 물 속을 지나갈 때에는 공기 중을 지나갈 때보다 속도가 느려지는데(여행자가 눈밭을 지날 때 속도가 느려지는 것처럼), 그에 따라 여행 시간을 최소화하기 위해 경로가 구부러진다. 마찬가지로, 빛은 공기 중에서 유리나 플라스틱으로 들어갈 때에도 구부러진다. 빛이 여러분의 안경 렌즈를 통과할 때 구부러지는 것처럼.

정말로 기묘한 것은 빛이 마치 가능한 모든 경로[5]를 고려하고 그 중에서 최선의 경로를 택하는 것처럼 행동한다는 사실이다. 자연도 미분을 아는 것처럼 보인다.

18

얇게 썰어서 합하는 방법

—

크기를 재야 하는 물건의 모양이 이상하다면,
알기 쉬운 모양으로 조각조각 잘라서 크기를 잰 후 합하면 된다.
이 적분의 원리는 인류가 처음으로 합리적인 예측을 가능하게 했다.

수학 기호와 부호는 종종 수수께끼 같지만, 그 의미에 시각적 단서
를 제공하는 것도 있다. 영과 일과 무한을 나타내는 기호(0, 1, ∞)는
각각 텅 빈 구멍, 하나라는 표시, 무한한 고리 모습과 비슷하다. 그리
고 등호(=)는 두 개의 평행선으로 이루어져 있는데, 그것을 만든 웨
일스 수학자 로버트 레코드Robert Recorde가 1557년에 쓴 글에서 설명
한 것처럼 "어떤 두 물체도 이보다 더 똑같은 것은 없기 때문"이다.

미적분에서 가장 눈에 잘 띄는 아이콘은 적분 기호이다.

$$\int$$

우아한 선으로 표시된 이 기호는 음자리표나 바이올린의 f 구멍을 연상시킨다 — 수학에서 아주 흥미로운 일부 조화함수들이 적분으로 표현된다는 사실을 감안하면 절묘한 우연의 일치로 보인다(저자가 이런 표현을 쓴 이유는 조화함수를 영어로 harmony라고 하는데, harmony는 음악에서는 '화음'을 뜻하기 때문이다 — 옮긴이). 하지만 수학자 고트프리트 라이프니츠Gottfried Leibniz가 이 기호를 선택한 진짜 이유는 시적인 것과는 거리가 멀다. 그것은 summation(총합)의 머리글자인 'S'를 길게 잡아늘인 것에 불과하다.

합하는 대상이 무엇인지는 상황에 따라 다르다. 천문학에서는 지구에 미치는 태양의 중력을 적분으로 표현한다. 그것은 태양을 이루는 각 원자가 제각기 다른 거리에서 미치는 미소한 힘들의 효과를 모두 합한 것을 나타낸다. 종양학¹에서는 점점 커지는 종양 덩어리 입체를 적분을 사용해 모형으로 만들 수 있다. 화학요법을 위해 투여하는 약의 누적량 역시 마찬가지 방법으로 모형으로 만들 수 있다.

이러한 총합을 나타내는 데 왜 단순한 덧셈이 아닌 적분이 필요한지 알아보기 위해 우리가 실제로 지구에 미치는 태양의 중력을 계산하려고 시도할 때 맞닥뜨리는 문제들을 생각해보자. 첫 번째 어려운 문제는 태양이 점이 아니며, 지구 역시 점이 아니라는 사실이다. 둘 다 공 모양의 거대한 덩어리이며, 엄청나게 많은 수의 원자로 이루어져 있다. 태양의 모든 원자와 지구의 모든 원자 사이에는 중력이 작용한다. 물론 원자는 아주 작기 때문에 서로 끌어당기는 힘은 아주 작다. 하지만 그 수가 엄청나게 많기 때문에 아무리 작은 힘도 아주 많이 모이다 보면 굉장히 큰 힘으로 나타난다. 그러니 이 힘들을 모두 더하는 방법을 찾아내야 한다.

하지만 훨씬 어려운 두 번째 문제가 있다. 두 원자 사이에 작용하는 중력의 세기는 선택하는 원자 쌍마다 제각각 다르다. 왜 그럴까? 중력의 세기는 거리에 따라 변하기 때문이다. 두 물체 사이의 거리가 가까울수록 둘 사이에 작용하는 중력의 세기는 더 크다. 태양과 지구에서 각각 서로 먼 쪽에 위치한 원자들 사이에 작용하는 중력은 약할 것이고, 중간에 위치한 원자들 사이에 작용하는 중력은 중간 정도일 것이고, 서로 가까운 쪽에 위치한 원자들 사이에 작용하는 중력은 강할 것이다. 이렇게 크기가 변하는 모든 힘들을 합하려면 적분이 필요하다. 놀랍게도 그런 계산을 하는 것이 가능하다 ─ 적어도 지구와 태양을 '무한히' 많은 점들로 이루어진 고체 구로 보고, 각각의 점들이 서로 아주 작은 힘으로 끌어당긴다고 이상화한 조건에서는 그렇다. 모든 미적분에서와 마찬가지로 여기서도 무한과 극한값이 구원의 손길을 뻗친다!

역사적으로 적분은 곡선 형태의 넓이를 구하는 문제를 풀기 위해 기하학 분야에서 먼저 등장했다. 16장에서 보았듯이, 원의 넓이는 아주 얇은 파이 조각들의 총합으로 볼 수 있다. 무한히 많은 조각들(각자 무한히 얇은)로 쪼갠 후, 이 조각들을 교묘하게 재배열함으로써 넓이를 구하기가 훨씬 쉬운 직사각형 모양으로 만들 수 있었다. 이것은 적분을 사용하는 전형적인 방법을 보여준다. 적분은 복잡한 것을 그 합을 구하기 쉬운 방식으로 얇게 썬 뒤에 합하는 과정이다.

아르키메데스(그리고 그보다 앞서 기원전 400년 무렵에 에우독소스 Eudoxos)는 이 방법을 3차원으로 일반화한 방법에서, 다양한 입체 형태의 부피를, 얇게 자른 살라미처럼 많은 원반이나 웨이퍼가 쌓인 것으로 상상하여 계산했다. 다양한 조각들이 변하는 부피를 계산하고, 그것들을 천재적인 방법으로 합함으로써 원래 입체 형태의 부피를 알아낼 수 있었다.

오늘날에도 여전히 우리는 수학자나 과학자가 되려는 사람에게 적분 기술을 이러한 고전적인 기하학 문제들에 적용함으로써 실력을 갈고 닦으라고 요구한다. 이 문제들은 가장 어려운 연습 문제에 해당하므로 많은 학생들이 싫어하지만, 물리학에서부터 금융에 이르기까지 모든 계량 분야의 고급 연구에 필요한 적분 실력을 갈고 닦는 데에는 이보다 더 확실한 방법이 없다.

그러한 문제 중 하나는 스토브 연통처럼 동일한 원통 2개가 직각으로 교차할 때 공통되는 입체[2]의 부피를 구하는 것이다.

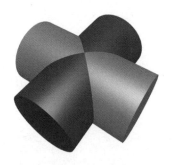

이 3차원 형태를 시각화하려면 특별한 상상력이 필요하다. 그러니 실패를 인정하고 좀 더 쉽게 파악할 수 있는 방법을 찾는 것은 전혀 부끄러운 일이 아니다. 그러려면 내 고등학교 선생님이 썼던 것과 같은 트릭을 써도 된다. 우선, 깡통에서 꼭대기 부분을 잘라내 속을 파내는 원통 모양의 도구를 만든다. 그리고 그 원통 모양의 도구로 큰 감자나 스티로폼 덩어리에 서로 수직을 이루는 양 방향에서 구멍을 뚫는다. 그리고 그 결과로 생긴 형태를 느긋하게 살펴보라.

컴퓨터 그래픽스[3]를 사용하면 이 형태를 훨씬 쉽게 시각화할 수 있다.

놀랍게도 이 형태는 둥근 원통을 사용해 만든 것인데도, 그 단면들은 정사각형이다.

이것은 무한히 많은 층들이 쌓인 것인데, 각각의 층은 아주 얇은 정사각형으로 이루어져 있다. 그리고 가운데 부분의 큰 정사각형에서 위와 아래로 갈수록 정사각형의 크기가 점점 작아져 마침내 꼭대기와 바닥에서는 하나의 점으로 수렴한다.

하지만 이 형태를 그림으로 그려보는 것은 첫 번째 단계에 불과하다. 이제 남은 문제는 모든 조각의 부피를 더함으로써 전체 부피를 알아내는 것이다. 아르키메데스는 이 문제를 풀었지만,[4] 놀라운 천재성을 발휘한 결과로 가능했다. 그는 지레와 무게중심을 바탕으로 한 기계적 방법을 사용했는데, 그것은 사실상 마음속으로 이미 알고 있는 다른 형태와 비교함으로써 그 형태의 무게를 재는 것과 같았다. 이 방법에는 아주 뛰어난 천재성이 필요하다는 점 외에도 치명적 약점이 있는데, 적용할 수 있는 형태가 얼마 되지 않는다는 사실이다.

이것과 같은 개념적 장애물들은 그 후 1900년 동안 세계 최고 수학자들의 시도를 번번이 좌절시켰다. 그러다가 마침내 17세기 중엽에 제임스 그레고리James Gregory, 아이작 배로Isaac Barrow, 아이작 뉴턴, 고트프리트 라이프니츠가 오늘날 미적분학의 기본 정리라 부르는 것을 확립했다. 이것은 미적분학에서 연구하는 두 종류의 변화, 즉 적분으로 대표되는 누적적 변화와 미분으로 대표되는 국지적 변화율(17장에서 다룬 주제) 사이에 밀접한 관계가 있음을 밝혀냈다. 미적분학의 기본 정리는 이 관계를 드러냄으로써, 풀 수 있는 적분의 우주를 크게 확대했고, 그것을 계산하는 일을 지루하지만 단순한 작업으로 만들었다. 오늘날에는 그것을 컴퓨터에 프로그래밍할 수 있고, 따라서 학생들도 사용할 수 있다. 컴퓨터의 도움을 받아 한때 세계적인 난제였던 스토브 연통 문제는 보통 사람들도 쉽게 풀 수 있는 연습 문제가 되었다(현대적 방법뿐만 아니라 아르키메데스의 방법을 자세하게 알고 싶으면, 328~329쪽의 주에 나오는 참고 문헌을 참고하라).

미적분학과 기본 정리가 나오기 전에는 아주 단순한 종류의 순변화만 분석할 수 있었다. 어떤 것이 '일정한 속도'로 변할 때에는 대수학이 아름답게 성립한다. 이것은 '거리=속도×시간'의 영역이다. 예를 들면, 시속 60km라는 일정한 속도로 계속 달리는 자동차는 분명히 한 시간 뒤에는 60km, 두 시간 뒤에는 120km를 달린다.

하지만 '속도가 변하는' 변화는 어떻게 될까? 속도가 변하는 변화는 높은 건물에서 떨어뜨린 동전의 낙하, 밀물과 썰물, 행성의 타원궤도, 우리에게 나타나는 일주기 생체 리듬 등 도처에 널려 있다. 오직 미적분학만이 이처럼 일정하지 않은 변화에서 생겨나는 누적 효과에 제대로 대처할 수 있다.

아르키메데스 이후 약 2000년 동안 속도가 변하는 변화의 순효과를 예측하는 방법은 오직 한 가지뿐이었다. 그것은 변하는 조각들을 일일이 더하는 것이었다. 각각의 조각 내에서는 변화율이 일정하다고 가정한 뒤에 '거리=속도×시간'에 해당하는 것을 적용하여 그 조각의 끝까지 나아가고, 그런 식으로 모든 조각을 처리해야 했다. 하지만 대개는 그것을 해낼 수 없었는데, 무한의 총합을 계산하는 것은 너무 어려웠기 때문이다.

기본 정리는 그 중 많은(전부 다는 아니지만 이전보다 훨씬 많은) 문제를 풀게 해주었다. 적어도 자연계에서 일어나는 많은 현상을 기술하는 기본 함수(멱함수, 로그함수, 삼각함수의 합과 곱)에 대해서는 종종 적분을 푸는 지름길도 제공했다.

기본 정리가 말하는 것이 무엇인지, 그리고 그것이 왜 큰 도움이 되는지 이해하는 데 도움을 줄 수 있는 비유를 다음에 소개한다(이 비유는 뉴욕 대학의 내 동료 찰리 페스킨Charlie Peskin이 제안했다). 계단을 하나 상상해보라. 꼭대기에서부터 바닥에 이르기까지 그 높이의 전체 변화는 그 사이에 있는 모든 단의 높이를 합한 것이다. 이것은 일부 단이 다른 단보다 더 높더라도, 그리고 계단의 수가 몇 개인지에 상관

없이 성립한다.

미적분학의 기본 정리는 함수에 대해 이와 비슷한 이야기를 한다. 어떤 함수의 도함수를 한 점에서 다른 점까지 적분하면, 함수에서 두 점 사이에 일어난 순변화를 얻는다. 이 비유에서 함수는 지면을 기준으로 비교한 각 단의 높이와 같다. 개개 단의 증가분은 도함수와 같다. 도함수를 적분하는 것은 단들의 증가분을 합하는 것과 같다. 그리고 두 점은 꼭대기와 바닥에 해당한다.

그런데 이것이 왜 큰 도움이 될까? 합해야 할 수들의 긴 명단이 있다고 하자. 이것은 조각들을 합함으로써 적분을 계산할 때 일어나는 상황과 같다. 만약 어떻게 하여 그에 해당하는 계단을 발견할 수 있다면(다시 말해서, 그 수들이 단들의 증가분에 해당하는 높이 함수를 발견할 수 있다면), 적분을 계산하는 것은 식은 죽 먹기이다. 그것은 그냥 꼭대기 높이에서 바닥 높이를 빼주기만 하면 된다.

기본 정리는 이처럼 전체 계산 과정을 아주 간단하게 만든다. 미적분을 배우는 학생들에게 전문적으로는 역도함수逆道函数 또는 부정적분이라 부르는 높이 함수를 구하는 법을 익히게 하려고 몇 달 동안 고생시키는 이유는 이 때문이다. 이러한 진전 덕분에 수학자들은 변화하는 세계에서 일어나는 사건들을 이전보다 훨씬 정확하게 예측할 수 있게 되었다.

이 관점에서 볼 때 적분이 남긴 영속적인 유산은 우주를 잘게 썬 모습으로 보는 것이다. 뉴턴과 그 후계자들은 자연 자체가 잘게 썬 조각들의 형태로 펼쳐진다는 사실을 발견했다. 지난 300년 동안 발견된 물리학 법칙은 입자의 운동을 기술하는 것이건 열이나 전기 혹은 물의 흐름을 기술하는 것이건 간에, 사실상 전부 다 이 특징을 지닌 것으로 드러났다. 지배적인 법칙과 함께 각각의 시간과 공간 조각이 지닌 조건이 다음 번 조각에서 어떤 일이 일어날지 결정한다.

여기에 담긴 의미는 아주 심오하다. 인류 역사상 처음으로 합리적 예측이 가능해졌다. 그것도 한 번에 한 조각만 예측하는 게 아니라, 기본 정리의 도움을 받아 한 번에 아주 많은 조각을 예측하는 게 가능해졌다.

e에 관한 모든 것

—

수학 공식은 의외로 많은 곳에 쓰인다.
이를테면, 몇 번 정도 연애를 한 뒤에 결혼 상대를 택해야 할까?
이 질문의 답을 무리수 e가 알려준다.

어떤 수는 아주 유명해서 한 문자로 된 예명까지 붙어 있다. 이것
은 마돈나Madonna나 프린스Prince도 누리지 못한 영광이다. 가장 유명
한 수는 이전에는 3.14159…로 알려졌던 π이다.

바로 그 뒤에는 너무나도 급진적이어서 수가 과연 무엇이냐 하는
정의까지 바꾼 허수 i가 있다. 명단에서 그 다음에는 무엇이 있을까?

바로 e이다. 지수함수적 증가에서 담당하는 두드러진 역할 때문에
이런 별명이 붙은 e는 지금은 고등 수학의 젤리그Zelig(어떤 상황에 놓
여도 그 상황에 맞게 자유자재로 변신하는 사람)나 다름없다. e는 도처에
서 갑자기 나타난다. 무대 구석에서 고개를 삐죽 내미는가 하면, 전혀

어울리지 않는 장소에 불쑥 나타나 우리를 당황하게 만든다. 예를 들면, e는 연쇄 반응과 인구 폭발에 대해 제공하는 통찰뿐만 아니라, 여러분이 몇 명과 연애를 한 뒤에 결혼 상대를 선택하는 게 최선인지에 대해서도 귀띔해줄 수 있다.

하지만 그 이야기를 하기 전에 e가 정확하게 무엇인지[1] 알 필요가 있다. e의 값은 2.71828…이지만, 이것만 봐서는 이 수가 왜 그토록 중요한지 전혀 감이 오지 않는다. 그런데 e는 다음 급수의 합이 수렴하는 극한값과 같다.

$$1+\frac{1}{1}+\frac{1}{1\times2}+\frac{1}{1\times2\times3}+\frac{1}{1\times2\times3\times4}+\cdots$$

하지만 이것 역시 e가 왜 중요한지 감을 잡는 데에는 그다지 큰 도움이 되지 않는다. 대신에 e가 실제로 어떤 역할을 하는지 살펴보기로 하자.

은행에 1000달러를 예금했는데, 있을 수 없는 일이지만 이 예금에 연리 100%의 이자가 복리로 붙는다고 가정해보자. 1년이 지나고 나면, 원금 1000달러에 이자 100%에 해당하는 1000달러가 붙어 총 예금액은 2000달러가 될 것이다.

그런데 이자를 1년 단위가 아니라 반 년 단위로 지급해달라고 요구하면 은행은 어떤 반응을 보일까? 즉, 처음 6개월이 지난 뒤에 이자 50%를 받고, 그 후 6개월이 지날 때마다 이자를 계속 50%씩 받는다면 말이다. 처음 조건보다 여러분이 이익인 건 분명하지만(이자에 대한 이자가 더 붙으므로), 과연 어느 정도나 더 이익일까?

처음 6개월이 지난 뒤에는 원금 1000달러가 1.5배로 불어나고, 다시 6개월이 지나면 그것이 다시 1.5배만큼 불어날 것이다. 1.5× 1.5=2.25이므로, 1년이 지난 뒤에 여러분의 예금은 2250달러로 불어날 것이다. 이것은 처음 조건에서 얻는 2000달러보다 상당히 많은 액수이다.

만약 이자 지불 기준 일자를 더 잘게 쪼개면 어떻게 될까? 예컨대 하루나 초 심지어 나노초 단위를 기준으로 이자를 받는다면 어떻게 될까? 그러면 큰돈을 벌 수 있을까?

계산을 단순하게 하기 위해 1년을 똑같은 100개의 구간으로 나누고, 각각의 구간이 지날 때마다 이자를 1%씩 받는다고 가정하자. 그러면 1년이 지났을 때 여러분의 원금은 1.01의 100제곱 배만큼 불어날 것이다. 1.01을 100제곱 한 값은 약 2.70481이다. 다시 말해서, 2000달러나 2250달러 대신에 2704.81달러를 받게 되는 것이다.

마지막으로, 궁극적인 답을 알아보자. 만약 이자가 '무한대로' 자주 붙는다면(이것을 '연속 복리'라 한다), 1년이 지난 뒤에 여러분의 총 예금액은 앞서보다 조금 더 늘어나지만 그다지 많이 늘어나지는 않는다. 그 금액은 2718.28달러이다. 정확한 답은 1000달러에 e를 곱한 값인데, e는 이 과정에서 얻은 극한값으로 정의된다.

$$e=\lim(1+\frac{1}{n})^n=2.71828\cdots$$

이것은 본질적으로 미적분 논증이다. 앞의 몇 장에서 원의 넓이를 계산하거나 지구에 미치는 태양의 중력을 계산할 때 이야기한 것처럼, 미적분학이 이전의 수학과 차이가 나는 특징은 바로 가공할 무한의 힘에 과감히 맞서는(그리고 이용하는) 능력이다. 극한값이나 미분이나 적분을 다룰 때, 우리는 늘 무한에는 쭈뼛거리며 다가간다.

위에서 e의 값을 낳은 과정에서 우리는 1년을 점점 더 짧은 간격으로 쪼갠다고 상상했다. 그 시간 간격은 점점 더 얇아져 결국에는 무한히 얇은 시간 간격이 무한히 많이 존재하는 상황에 가까워졌다(이 것은 역설적으로 들릴지도 모르지만, 원을 변의 수가 점점 많아지면서 그 길이는 점점 짧아지는 정다각형의 극한으로 취급하는 것보다 더 심한 건 아니다). 여기서 흥미로운 사실은 이자를 복리로 지급하는 횟수가 늘어날수록 각각의 기간에 증가하는 이자가 더 줄어든다는 점이다. 하지만 그래도 1년이 지나면 상당히 많은 액수가 되는데, 거기에다 곱하는 기간의 수가 아주 많기 때문이다!

이것은 e가 도처에서 발견되는 이유에 단서를 제공한다. e는 미소한 사건들이 많이 모인 누적 효과를 통해 어떤 것이 변할 때 자주 나타난다.

방사성 붕괴가 일어나는 우라늄 덩어리를 생각해보자. 매 순간 각각의 원자는 붕괴할 확률이 얼마큼씩 있다. 각각의 원자가 붕괴할지 하지 않을지 그리고 언제 붕괴할지는 예측할 수 없으며, 각각의 사건이 전체에 미치는 효과는 아주 미미하다. 그럼에도 불구하고, 전체적으로 볼 때 이렇게 일어나는 수조 개의 사건은 부드럽고 예측 가능하고 지수함수적으로 붕괴하는 방사능을 만들어낸다.

혹은 대략 지수함수적으로 증가하는 세계 인구를 생각해보자. 세계 각지에서 아이들은 임의의 시간과 장소에서 태어나고, 또 많은 사람들이 임의의 시간과 장소에서 죽는다. 각각의 사건이 전체 세계 인구에 미치는 영향은 비율로 따질 때 극히 미미하다. 하지만 이것들이 모여 세계 인구는 충분히 예측 가능한 비율로 지수함수적으로 증가한다.

e가 나타나는 또 한 가지 방식은 선택의 무작위성과 막대한 경우의 수가 결합되어 일어난다. 일상 생활에서 영감을 받은 두 가지 예를 소개하겠다.

극장에서 아주 인기 있는 영화가 개봉되었다고 상상해보라. 로맨틱 코미디물인 이 영화를 보려고 매표소 앞에 정원보다 훨씬 많은 수백 쌍이 줄을 섰다. 운 좋게 표를 구한 커플은 극장 안으로 들어가 나란히 붙어 있는 좌석 2개를 선택한다. 문제를 단순하게 하기 위해 그들이 빈자리가 있는 곳이라면 어디든지 무작위로 좌석을 선택한다고 가정하자. 다시 말해 좌석이 스크린에서 가깝건 멀건, 통로 옆에 있건 다른 좌석들 가운데 있건, 그런 것에는 전혀 상관하지 않는다. 그저 둘이 나란히 앉을 수만 있다면, 그것만으로 행복하게 생각한다.

또 한 커플이 일단 자리를 잡고 나면, 다른 커플에게 자리를 만들어주기 위해 좌석을 옮기지 않는다고 가정하자. 일단 좌석을 선택하면 그 커플의 좌석은 그것으로 고정된다. 누가 아무리 정중하게 부탁하더라도 좌석 이동은 불가능하다. 매표소 직원도 이 사실을 잘 알고 있으므로, 빈자리가 1인석만 남으면 즉각 매표를 중단한다. 그러지 않으면 자리 이동을 놓고 승강이가 벌어질 수 있기 때문이다.

처음에는 극장이 텅 비어 있으므로 아무 문제가 없다. 어느 커플이나 나란히 붙어 있는 좌석을 찾을 수 있다. 하지만 얼마 지나지 않아 1인석만 남게 된다. 이것은 커플이 함께 사용할 수 없어 아무도 앉지 않는 고독하고 죽은 공간이다. 현실에서는 사람들은 가끔 이런 완충 지대를 일부러 만들기도 하는데, 코트를 놓아두는 장소로 쓰려고 그러기도 하고, 낯선 사람과 팔걸이를 함께 사용하기 싫어서 그러기도 한다. 하지만 이 모형에서는 이렇게 죽은 공간은 그저 우연히 생겨난다.

여기서 제기하고자 하는 질문은 이것이다. 극장에 더 이상 커플이 나란히 앉을 좌석이 하나도 남지 않았을 때, 빈 좌석의 비율은 얼마일까?

좌우 방향으로 늘어선 좌석이 많은 극장의 경우, 그 답은 다음 값에 접근한다.

$$\frac{1}{e^2} = 0.135\cdots$$

따라서 전체 좌석 중 약 13.5%가 빈자리로 남게 된다.[2]

자세한 계산 결과는 너무 복잡해서 여기에 소개할 수 없지만, 두 가지 극단적 경우와 비교해보면 13.5%가 대략적으로 적절한 값임을 알 수 있다. 한 가지는 모든 커플이 통조림에 담긴 정어리처럼 완벽한 효율로 서로 촘촘하게 앉는 경우이다. 이 경우 낭비되는 좌석은 하나도 없을

극장에서 죽은 공간이 없도록 효율적으로 앉을 수 있다면 좋겠지만, 현실은 선택의 무작위성과 막대한 경우의 수가 결합되어 있다. .

것이다.

그러나 두 번째 극단적인 경우처럼 모든 커플이 커플들 사이에 항상 빈 좌석을 두고 최대한 '비효율적으로' 자리를 차지한다면(그리고 각 줄의 양쪽 끝에 위치한 통로 쪽 좌석 중 하나를 빈 채로 남겨둔다면), 전체 좌석 중 3분의 1이 낭비될 것이다. 왜냐하면 모든 커플이 각자 세 좌석(둘은 자신들을 위해, 하나는 죽은 공간을 위해)을 차지하기 때문이다.

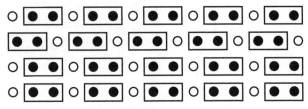

무작위적인 경우는 완벽한 효율성과 완벽한 비효율성 사이의 어딘가에 위치할 것이므로, 0과 $\frac{1}{3}$의 평균을 취하면 낭비되는 좌석의 비율은 $\frac{1}{6}$, 즉 16.7%가 나온다. 이것은 정답인 13.5%와 크게 차이나지 않는다.

여기서는 거대한 극장에서 커플들을 배열할 수 있는 경우의 수 때문에 선택의 가짓수가 많아진다. 마지막 예도 커플들을 배열하는 문제인데, 이번에는 공간이 아니라 시간 위에 배열한다. 이것은 몇 사람과 연애를 한 다음에 결혼 상대를 선택하는 게 좋을까[3] 하는 문제이다. 이 문제는 실제 현실을 그대로 반영한 버전은 수학으로 다루기에 너무 어렵기 때문에 간단하게 만든 모형을 살펴보기로 하자. 이 모형은 비현실적인 가정에도 불구하고, 애끓는 연애의 불확실성을 비교적 잘 나타낸다.

평생 동안 여러분이 만날 잠재적 애인이 몇 사람인지 안다고 가정하자(그 수를 미리 알고 또 그 수가 너무 작지만 않다면, 실제 수가 얼마인지는 중요하지 않다).

또 그 사람들을 모두 동시에 볼 수 있다면, 확실하게 순위를 매길 수 있다고 가정하자. 물론 현실은 그럴 수 없다는 것이 비극이다. 여러분은 그 사람들을 한 번에 한 명씩 무작위적 순서로 만난다. 따라서 여러분은 자신의 명단에서 1위인 사람이 다음 번에 나타날지 혹은 이미 만난 뒤에 헤어졌는지 알 수 없다.

그리고 이 게임의 규칙에 따르면, 일단 어떤 사람과 헤어지면 그 사람과의 인연은 영영 끝이다. 같은 기회는 두 번 다시 오지 않는다.

마지막으로 여러분은 차선에 만족하지 않는다고 가정하자. 만약 나중에 돌이켜봐서 최선의 상대가 아닌 사람과 맺어진다면(설사 그 사람이 차선의 상대라 하더라도), 자신의 사랑은 실패한 것으로 간주한다고 하자.

진정한 사랑을 만날 희망이 과연 있을까? 만약 있다면, 그 확률을 높이려면 어떻게 해야 할까?

최선의 전략은 아닐지라도 좋은 전략이 한 가지 있다. 그것은 연애 인생을 이등분하는 것이다. 첫 번째 절반의 상대와는 그냥 연애만 즐기되, 두 번째 절반의 상대를 사귈 때에는 진지한 자세로 접근한다.

그리고 그때까지 만난 사람들보다 더 나은 사람을 만나면, 망설일 것 없이 그 사람을 선택하면 된다.

이 전략을 사용하면, 최선의 상대를 선택할 확률이 최소한 25%는 된다. 그 이유는 다음과 같다. 두 번째 연애 인생에서 최선의 상대를 만날 확률은 50 대 50이고, 첫 번째 연애 인생에서 차선의 상대를 만날 확률도 50 대 50이다. 만약 실제로 이 두 가지 사건이 모두 일어난다면 (그 확률은 25%가 된다), 여러분은 진정한 사랑을 만나게 될 것이다.

그 이유는 차선의 상대가 여러분의 기대치를 한껏 높여놓았기 때문이다. 그래서 그 이후에 만나는 상대 중에서는 최선의 상대 외에는 성에 차는 사람이 없을 것이다. 만날 당시에는 그 사람이 최선의 상대라는 확신이 들지 않더라도, 차선의 상대가 올려놓은 기대치를 뛰어넘을 사람이 최선의 상대 말고는 아무도 없기 때문에 결국 그 사람이 최선의 상대일 수밖에 없다.

하지만 최선의 전략은 잠재적 연애 인생 중 $\frac{1}{e}$, 즉 약 37%가 지난 다음에는 많은 상대와 즐기려고만 하는 태도를 청산하는 것이다. 그러면 최선의 상대를 만날 확률이 $\frac{1}{e}$이 된다.

단, 최선의 상대도 e 게임을 하지 않는다면 말이다.

20

사랑의 미분방정식

—
밀고 당기는 연인들의 전쟁을
미분방정식으로 표현할 수 있다.
그리고 어떤 연애 방정식에는 카오스 역학이 숨어있다.

영국 시인 앨프레드 테니슨Alfred Tennyson은 "봄이 되면 젊은 남자의 공상은 쉽게 사랑의 감정으로 변한다."라고 읊었다. 하지만 젊은 이가 사랑을 느낀 상대는 나름의 생각을 갖고 있기 때문에 둘 사이에 펼쳐지는 상호 작용은 심하게 출렁이는 감정의 기복을 낳아, 새로운 사랑은 짜릿함을 주기도 하지만 큰 고통을 안겨주기도 한다. 사랑에 고민하던 많은 영혼은 이러한 감정의 출렁임을 설명하기 위해 술에서 그 답을 찾으려고 했고, 어떤 사람은 시에서 그 답을 찾으려 했다. 하지만 우리는 미적분학에서 그 답을 찾으려고 한다.

아래의 분석은 약간 농담조로 제시하는 것이지만, 진지한 측면도 있다. 사랑의 법칙은 우리가 결코 알 수 없을지 몰라도, 무생물에 관한 법칙은 현재 잘 알려져 있다. 그것은 상호 연관된 변수들이 현재의 값을 기준으로 매 순간 어떻게 변하는지 기술하는 미분방정식의 형태를 띤다. 방정식이 사랑과 무슨 관계가 있단 말인가? 어떤 시인은 "진정한 사랑의 길은 결코 순탄하게 펼쳐진 적이 없다."라고 말했는데, 미분방정식은 적어도 그 이유를 밝히는 데 도움을 줄 수 있다.

설명을 위해 로미오가 줄리엣과 사랑에 빠졌다고 가정하자.[1] 다만, 우리의 시나리오에서 줄리엣은 변덕이 심한 성격으로 나온다. 로미오가 줄리엣을 더 많이 사랑할수록 줄리엣은 로미오에게서 멀어지려고 한다. 하지만 로미오가 그것을 눈치채고 물러서려고 하면, 기묘하게도 줄리엣은 로미오에게 매력을 느낀다. 반면에 로미오의 감정은 줄리엣의 반응에 따라 출렁거리는 경향을 보인다. 줄리엣이 자신을 사랑하면 로미오의 사랑도 더 불타오르지만, 줄리엣이 자신을 좋아하지

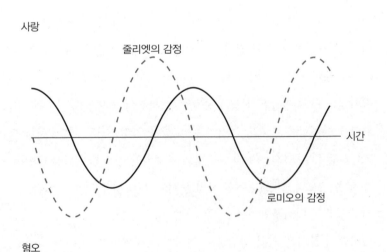

않으면 로미오의 사랑은 식는다.

우리의 불행한 연인들은 과연 어떻게 될까? 두 사람의 사랑은 시간이 지남에 따라 어떻게 출렁일까? 바로 여기에 미적분학이 도움을 줄 수 있다. 로미오와 줄리엣이 상대의 애정에 어떻게 반응하는지를 나타낸 방정식을 만든 뒤, 미적분으로 이 방정식을 풂으로써 두 사람의 사랑이 어떻게 될지 예측할 수 있다. 그 결과로 나온 예측은 비극적이게도 사랑과 증오의 사이클이 끝없이 반복된다. 그래도 최소한 전체 기간의 $\frac{1}{4}$ 동안은 두 사람이 동시에 서로를 사랑한다.

이 결론에 이르기 위해 나는 로미오의 행동을 다음 미분방정식을 통해 모형으로 만들 수 있다고 가정했다.

$$\frac{dR}{dt} = aJ$$

이것은 로미오의 사랑(R)이 다음 순간(dt)에 어떻게 변하는지를 나타낸다. 이 미분방정식에 따르면, 변화량(dR)은 현재 줄리엣이 로미오에 대해 느끼는 사랑(J)의 배수(a)에 불과하다. 이것은 우리가 이미 알고 있는 사실(즉, 줄리엣이 자신을 사랑하면 로미오의 사랑도 더 불타오른다는)을 반영한 것이지만, 그보다 훨씬 확실한 조건을 가정하고 있다. 즉, 로미오의 사랑이 줄리엣의 사랑에 정비례해 증가한다고 가정한다. 이러한 선형성을 가정하는 것은 감정적으로는 현실과 부합하지 않지만, 방정식을 풀기가 훨씬 쉽다는 장점이 있다.

이와는 대조적으로 줄리엣의 행동은 다음 방정식으로 나타낼 수 있다.

$$\frac{dJ}{dt} = -bR$$

상수 b 앞에 있는 마이너스 부호는 로미오가 자신을 사랑할수록 멀어지려는 줄리엣의 성향을 반영한 것이다.

이제 맨 처음에 두 사람이 서로를 얼마나 사랑했느냐만(즉, $t=0$일 때 R과 J) 알면 된다. 그러면 두 사랑의 사랑에 관한 모든 것은 사전에 결정된다. 컴퓨터를 사용해 미분방정식을 풀어 매 순간 변하는 R과 J의 값을 구하면서 앞으로 나아갈 수 있다. 사실 미적분학의 기본 정리를 이용하면 그보다 더 나은 결과도 얻을 수 있다. 이 모형은 아주 단순하기 때문에 한 번에 어느 한 순간의 결과만 얻으면서 느린 걸음으로 나아갈 필요가 없다. 미적분학은 장래의 '어느' 순간에 로미오와 줄리엣이 서로를 얼마나 사랑할지(혹은 미워할지) 보여주는 한 쌍의 포괄적인 공식을 제공한다.

위의 미분방정식들은 물리학을 배운 사람에게는 익숙할 것이다. 로미오와 줄리엣은 단순 조화 진동자처럼 행동한다. 따라서 이 모형은 $R(t)$와 $J(t)$ — 두 사람의 관계가 시간에 따라 어떻게 변하는지 기술하는 함수들 — 가 사인파가 될 것이라고 예측한다. 두 사인파는 올라갔다 내려갔다 출렁이면서 변하지만, 마루와 골에 이르는 시간이 제각각 다르다.

이 모형은 다양한 방식으로 현실에 더 가깝게 만들 수 있다. 예를 들어 로미오가 줄리엣의 감정뿐만 아니라 자신의 감정에도 반응을 보일 수 있다. 또 자신이 줄리엣에게 홀딱 빠지는 상황을 염려해 사랑이 커짐에 따라 자신을 억제하는 성향이 있을 수도 있다. 혹은 반대로 사랑에 빠지는 감정을 너무 좋아해 사랑의 감정이 커질수록 더욱 사랑에 빠지려고 할 수도 있다.

이 모든 가능성에 로미오가 줄리엣의 애정에 반응하는 두 가지 방식 — 애정이 커지든지 작아지든지 — 을 추가하면, 각자 서로 다른 사랑 방식에 해당하는 네 가지 성격 유형이 생긴다. 내 학생들과 우스터 공과대학에서 피터 크리스토퍼Peter Christopher가 가르치는 학생들은, 자신의 사랑을 식게 하고 줄리엣의 사랑에서도 뒤로 물러나는 반응을 보이는 로미오에 대해 '은둔자Hermit'나 '고약한 인간 혐오자Malevolent Misanthrope'처럼 그 성격을 잘 드러내는 이름을 붙이자고 제안했다. 반면에 자신이 느끼는 사랑의 감정 때문에 더욱 불타오르지만 줄리엣에게 퇴짜를 맞는 로미오에게는 '나르시시스트 얼간이Narcissistic Nerd', '차라리 가만히 있는 편이 나은Better Latent Than Never', '껄떡대는 머저리Flirting Fink' 같은 이름을 제안했다(여러분도 이 두 유형과 나머지 두 유형에 대해 그럴듯한 이름을 지어보라).

비록 이 예들은 엉뚱하긴 해도, 거기서 나타나는 종류의 방정식들은 깊은 뜻을 지니고 있다. 이것들은 인류가 물질 세계를 이해하기 위해 만들어낸 도구 중에서 가장 강력한 도구에 속한다. 아이작 뉴턴은 미분방정식을 사용해 행성의 운동에 관한 오래된 수수께끼를 풀었다. 그러면서 그는 지상의 구와 천상의 구를 통합하여 지상이나 천상이나 똑같은 운동의 법칙이 성립한다는 것을 보여주었다.

뉴턴 이후 약 350년이 지난 뒤, 인류는 물리학 법칙이 항상 미분방정식의 언어로 표현된다는 사실을 깨달았다. 그것은 열, 공기, 물의 흐름을 지배하는 방정식도, 전기와 자기를 지배하는 방정식도, 심지어 우리에게 낯설고 직관에 반하는 일들이 종종 일어나는 (양자역학이 지배하는) 원자 세계도 마찬가지였다.

이 모든 경우에 이론물리학이 하는 일은 본질적으로 적절한 미분방정식을 찾아내 푸는 것이다. 뉴턴은 우주의 비밀을 푸는 이 열쇠를 발견했을 때, 그것을 아주 소중한 지식으로 여겨 라틴어로 쓴 애너그램anagram(철자 순서를 바꾼 말)으로 발표했다. 그것을 대충 번역하면, "미분방정식을 푸는 것은 유용하다."[2]라는 뜻이 된다.

사랑도 미분방정식으로 기술할 수 있을 것이라는 어리석은 생각은 내가 처음 사랑에 빠져 여자 친구의 수수께끼 같은 행동을 이해하려고 노력할 때 떠올랐다. 그것은 대학교 2학년이 끝날 무렵에 일어난 여름날의 사랑이었다. 그 당시 나는 앞의 시나리오에서 첫 번째 로미오와 비슷했고, 그녀는 첫 번째 줄리엣과 아주 비슷했다. 우리 관계의 사이클은 나를 거의 미치게 했는데, 그러다가 어느 날 나는 우리 둘 다 밀고 당기는 단순한 규칙을 따르면서 기계적으로 행동하고 있다는 사실을 깨달았다. 하지만 여름이 끝날 무렵, 내 방정식은 더 이상 성립하지 않았고, 나는 어느 때보다도 더 혼란에 빠졌다. 나중에 알고 보니 내가 방정식에서 빼먹은 중요한 변수가 하나 있었다. 이전 남자 친구가 그녀가 돌아오길 원했던 것이다.

수학에서는 이런 상황을 삼체三體 문제라 부른다. 삼체 문제는 풀 수 없는 것으로 유명한데, 특히 이 문제가 맨 처음 나타난 천문학에서는 특히 그렇다. 뉴턴은 이체二體 문제를 풀고 나서(그럼으로써 행성들이 태양 주위에서 왜 타원 궤도를 도는지 설명했다) 태양과 지구와 달이 등장하는 삼체 문제로 관심을 돌렸다. 하지만 그 문제는 풀 수 없었고, 다른 사람들 역시 풀지 못했다. 나중에 삼체 문제는 장기적으로 그 행동을 예측 불가능하게 만드는 카오스[3]의 씨앗을 포함하고 있는 것으로 드러났다.

뉴턴의 카오스역학에 대해서는 아무것도 몰랐지만, 친구인 에드먼드 핼리Edmund Halley의 말에 따르면, 뉴턴은 삼체 문제가 "자신의 골치를 지끈거리게[4] 만들며, 너무 자주 잠을 자지 못하게 해 그것에 대해 더 이상 생각하려 하지 않으려 한다."라고 불평했다고 한다.

나도 절대적으로 동감이라오, 뉴턴 경!

빛의 본질

—
빛은 전기장과 자기장이 짝을 지어 추는 춤이며,
그 안무가는 벡터미적분학이다.
수학과 현실이 만나는 중간 지대에서 벡터가 활약한다.

디커시오Dicurcio 선생님은 고등학교 때 내 멘토였다. 검은 테 안경을 쓴 그는 무뚝뚝하고 요구하는 게 많았고 비꼬길 좋아하는 경향이 있었다. 그래서 그의 매력을 알아채기 어려웠지만, 나는 그가 물리학에 아주 큰 열정을 갖고 있음을 알아챘다.

어느 날, 나는 그에게 아인슈타인 전기를 읽고 있다고 이야기했다. 그 책에는 아인슈타인이 대학생 때 전기와 자기에 관한 맥스웰의 방정식에 감탄했다고 적혀 있었다. 그래서 나는 그것이 무엇인지 알기 위해 수학 실력을 충분히 쌓을 때까지 기다리고 싶지 않다고 말했다.

그 학교는 기숙 학교였기 때문에, 우리는 다른 학생들과 선생님 부인과 두 딸과 함께 큰 식탁에 앉아 식사를 했는데, 디커시오 선생님은 으깬 감자를 배식하고 있었다. 맥스웰의 방정식이라는 말을 듣는 순간, 그는 배식하던 스푼을 내려놓고 종이 냅킨을 잡더니 수수께끼의 기호들─점과 X, 거꾸로 뒤집힌 삼각형, 위에 화살표가 붙은 E와 B 등─을 적기 시작했다. 그러더니 마치 방언을 하듯이 중얼거렸다. "컬의 컬은 그래드 다이브 마이너스 델의 제곱(The curl of a curl is grad div minus del squared)……."

도대체 무슨 마법의 주문을 중얼거리는 것일까? 나중에 나는 그때 디커시오 선생님이 말한 것은 주변의 모든 곳에 존재하는 보이지 않는 장들을 기술하는 수학 분야인 벡터미적분학[1]의 언어였다는 사실을 알게 되었다. 나침반 바늘을 북쪽으로 향하게 하는 자기장이나 여러분의 의자를 바닥으로 끌어당기는 중력장, 혹은 여러분의 식사를 조리하는 마이크로파장을 생각해보라.

벡터미적분학의 위대한 업적은 수학이 현실과 만나는 중간 지대에서 일어났다. 사실 제임스 클러크 맥스웰James Clerk Maxwell과 그의 방정식 이야기는 수학의 기상천외한 효과를 보여주는 아주 기묘한 사례 중 하나이다. 맥스웰은 몇 개의 기호를 이리저리 옮김으로써 빛의 본질이 무엇인지 알아냈다.[2]

맥스웰이 이룬 업적이 어떤 것인지, 그리고 더 일반적으로는 벡터미적분학이 무엇인지 알아보기 위해 먼저 '벡터vector'라는 단어부터 살펴보기로 하자. 이 단어는 '옮기다'라는 뜻을 지닌 'vehere'라는 라틴어에서 유래했다. vehere는 'vehicle(차량, 운반 도구)'과 'conveyor belt(컨베이어 벨트)'와 같은 단어도 낳았다. 역학力學 연구자에게 벡터

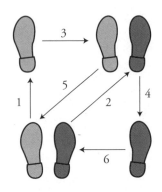

춤추는 법을 그림으로 표현했을 때, 방향과 크기를 알리는 화살표가 벡터가 된다.

는 말라리아를 옮기는 모기처럼 병원체를 옮기는 매개체를 뜻한다. 수학자에게 벡터는(적어도 가장 단순한 형태의 벡터는) 우리를 한 장소에서 다른 장소로 옮기는 걸음이다.

춤을 배우려는 사람에게 오른발과 왼발을 옮기는 방법과 순서를 알려주는 화살표가 잔뜩 표시된 왼쪽과 같은 다이어그램을 생각해보자.

이 화살표들이 바로 벡터이다. 화살표는 두 종류의 정보를 담고 있다. 하나는 방향(발을 어느 쪽으로 움직여야 할지)이고, 또 하나는 크기(얼마나 멀리 움직여야 할지)이다. 모든 벡터는 이와 똑같은 이중의 정보를 담고 있다.

벡터는 수처럼 서로 더하거나 뺄 수 있는데, 다만 방향성 때문에 그런 연산을 하기가 좀 복잡하다. 하지만 벡터를 춤을 가르치는 지시로 생각하면, 벡터를 더하는 방법은 아주 명확해 보인다. 예를 들면, 동쪽으로 할 걸음을 뗀 뒤에 북쪽으로 한 걸음을 떼면, 어디에 가 있을까? 그 답은 당연히 북동쪽을 향한 벡터가 된다.

동쪽   북쪽

놀랍게도 속도와 힘도 똑같은 방식으로 작용한다. 이것들도 댄스 스텝과 똑같은 방식으로 더할 수 있다. 피트 샘프러스Pete Sampras를 흉내내 사이드라인을 향해 전력 질주하면서 포핸드로 테니스 공을 사이드라인을 따라 일직선으로 넘기려고 해본 사람이라면 이 벡터 연산이 낯설지 않을 것이다. 만약 순진하게 보내려고 하는 곳을 겨냥해 공을 친다면, 공은 목표 지점에서 크게 벗어나고 만다. 자신이 달리는 속도를 계산에 넣지 않았기 때문이다. 코트에 대한 공의 상대 속도는 '두 가지 벡터'의 합이다. 즉, 자신에 대한 공의 상대 속도(처음의 의도대로 사이드라인을 따라 일직선으로 나아가는 벡터)와 코트에 대한 자신의 상대 속도(옆쪽을 향한 벡터)를 합한 결과가 된다. 따라서 자신이 원하는 곳으로 공을 보내려면, 자신이 옆으로 달리는 움직임을 감안해 약간 대각선 방향으로 공을 쳐야 한다.

디커시오 선생님이 사용한 것과 같은 벡터미적분학이 있는 곳에 이르려면 이러한 벡터대수학을 뛰어넘어야 한다. 앞에서 미적분학은 변화를 다루는 수학이라고 소개했다. 따라서 벡터미적분학이 무엇이건 간에, 그것은 매 순간 변하건 장소에 따라 변하건

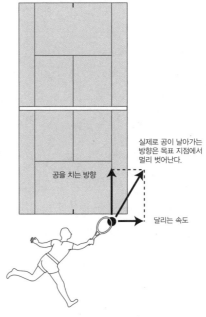

실제로 공이 날아가는 방향은 목표 지점에서 멀리 벗어난다.

공을 치는 방향

달리는 속도

테니스를 치는 사람은 자기가 달리는 속도와 공의 속도라는 두 가지 벡터를 감안해야 한다.

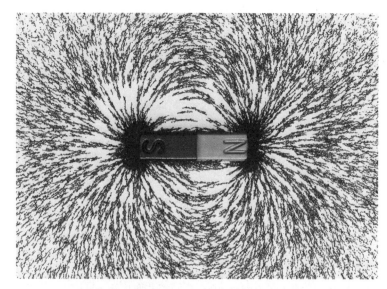

자석 주위에 생기는 자기장은 가장 잘 알려진 벡터장이다.

어쨌든 변화하는 벡터를 포함한다. 장소에 따라 변하는 벡터를 포함할 경우, 벡터들이 작용하는 영역을 '벡터장'이라 부른다.

고전적인 예로는 자석 주위에 생기는 역장力場(힘의 작용이 미치는 범위)이 있다. 이것을 시각화하려면, 자석을 종이 위에 올려놓고 쇳가루를 그 주위에 뿌리면 된다. 각각의 쇳가루는 작은 나침반 바늘처럼 행동하여 그 점에서의 자기장에 의해 결정되는 국지적 '북쪽'을 향해 늘어선다. 이 쇳가루들은 자석의 한쪽 끝에서 반대쪽 끝까지 경이로운 자기력선 패턴을 보여준다.

자기장 안에서 벡터들의 방향과 크기는 점에 따라 제각각 다르다. 모든 미적분학에서와 마찬가지로 그런 변화를 계량화하는 핵심 도구는 미분이다. 벡터미적분학에서 미분 연산자를 델del이라 부르는데,

일부 변수에서 변화를 나타내는 데 흔히 사용하는 그리스 문자 델타 Δ를 암시한다. 그리고 그러한 가족 관계를 상기시키려는 듯이 '델'은 Δ를 거꾸로 뒤집은 ∇로 표기한다(디커시오 선생님이 냅킨 위에 썼던 수 수께끼의 역삼각형이 바로 이것이었다).

벡터장에 델을 적용함으로써 벡터장의 미분을 구하는 방법은 두 가 지가 있는 것으로 밝혀졌다. 첫 번째 방법은 그 벡터장의 발산(영어로 는 divergence. 디커시오 선생님이 다이브div라고 중얼거렸던 것이 바로 이 것이었다)이라 부르는 것을 구하는 것이다. 발산이 측정하는 것이 무엇 인지 직관적으로 알고 싶다면, 아래 벡터장을 보라. 이 벡터장은 물이 왼쪽에서 흘러나와 오른쪽의 배수구로 흘러가는 양상을 보여준다.

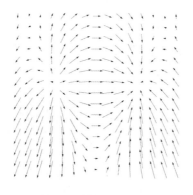

화살표로 표현한 벡터장의 발산

이 예에서는 벡터장을 추적하는 데 쇳가루를 사용하는 대신에 수 많은 작은 코르크나 나뭇잎 조각들이 수면 위에 떠 있는 모습을 상상 하면 된다. 우리는 이것들을 탐색자로 사용할 것이다. 이것들의 움직 임은 각 점에서 물이 어떻게 움직이는지 알려준다. 구체적으로는, 물이 흘러나오는 곳 주위에 코르크들을 원 모양으로 배치하면 어떤 일이 일어날지 상상해보라. 당연히 코르크들은 멀리 퍼져나가면서 원이 팽창할 것이다. 물은 그 원천에서 다른 데로 흘러가기 때문이다. 이곳 원천에서 물은 '발산'한다. 발산이 강할수록 코르크 원의 넓이는 더 빨리 늘어날 것이다. 벡터장의 발산은 바로 이것, 즉 코르크 원이 증가하는 속도를 측정한다.

아래 그림은 우리가 방금 본 벡터장에서 각 점의 발산값을 수치로 보여준다. 그 수치는 음영의 농도로 표시되어 있다. 밝은 곳은 양의 발산이 일어나는 점을 보여주고, 어두운 곳은 음의 발산이 일어나는 점을 보여준다. 음의 발산은 그곳을 중심으로 흐름이 코르크 원을 '압축'시키는 일이 일어난다는 뜻이다.

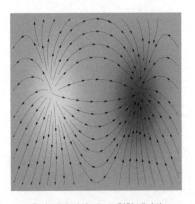

음과 양의 발산으로 표현한 벡터장

다른 종류의 미분은 벡터장의 컬curl(회전 또는 꼬임)을 측정한다. 대략적으로 설명하자면, 컬은 주어진 점 주위에서 장이 얼마나 강하게 회전하는지 알려준다(일기도에서 태풍을, 회전하는 바람의 패턴으로 나타낸 것을 연상하면 된다). 다음 그림에 나오는 벡터장(왼쪽)에서 태풍처럼 보이는 지역에는 큰 컬이 있다.

음영을 사용해 벡터장에서 양의 값이 가장 큰 컬(가장 밝은 지역)과 음의 값이 가장 큰 컬(가장 어두운 지역)이 어디인지 나타낼 수 있다. 음영을 사용한 오른쪽 그림은 흐름의 회전이 시계 방향으로 일어나는지 반시계 방향으로 일어나는지도 알려준다.

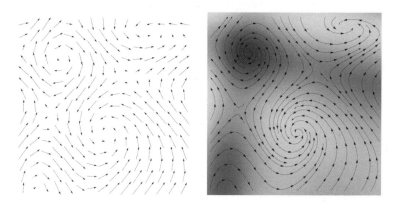

화살표와 음영으로 표현한 벡터장의 회전과 방향

컬은 유체역학과 항공역학 분야에서 일하는 과학자들에게 특히 많은 도움을 준다. 몇 년 전에 내 동료인 제인 왕Jane Wang은 공중에 정지한 상태로 떠 있는 잠자리 주변의 기류[3] 패턴을 컴퓨터를 사용해 시뮬레이션한 적이 있다. 제인은 컬을 계산하여 잠자리가 날개를 퍼덕일 때 서로 반대 방향으로 회전하는 소용돌이들이 쌍으로 생겨나며, 그것이 날개 밑에서 작은 토네이도처럼 작용해 잠자리를 공중에 떠 있게 하기에 충분한 양력揚力을 만들어낸다는 사실을 발견했다. 이런 방식으로 벡터미적분학은 잠자리와 호박벌, 벌새가 어떻게 나는지(이 것은 종래의 고정익 항공역학에서는 오랫동안 수수께끼로 남아 있었다) 설 명하는 데 도움을 준다.

이제 발산과 컬 개념을 알았으니, 맥스웰의 방정식으로 되돌아갈 때가 되었다. 맥스웰의 방정식은 네 가지 기본 법칙을 표현한 것이다. 하나는 전기장의 발산을, 또 하나는 전기장의 컬을 표현하고, 나머지 둘은 각각 자기장의 발산과 컬을 표현한다. 발산 방정식은 전기장과 자기장이 그 원천, 즉 대전 입자와 그것을 만들어낸 전류와 어떤 관계 가 있는지 나타낸다. 컬 방정식은 전기장과 자기장이 어떻게 상호 작 용하고 시간이 지남에 따라 어떻게 변하는지 기술한다. 그러면서 이 방정식들은 아름다운 대칭을 표현한다. 한 장의 '시간'에 따른 변화율 이 '다른' 장의 '공간'에 따른 변화율과 서로 어떤 관계가 있는지 컬을 통해 계량화해 보여준다.

그러고 나서 맥스웰은 벡터미적분학(그가 살던 시대에는 아직 개발되 지 않았던)에 상응하는 수학적 조작을 사용해 이 네 방정식의 논리적 결과를 도출했다. 맥스웰은 전기장과 자기장은 연못 위에서 퍼져나가 는 잔물결처럼 파동의 형태로 전파할 수 있다는 결론을 얻었다. 다만, 전기장과 자기장은 공생 관계의 생물에 더 가까웠다. 전기장과 자기 장은 서로를 유지하는 관계에 있다. 전기장의 진동은 자기장을 만들 어내고, 자기장은 다시 전기장을 만들어내며, 전기장은 다시……이 런 식으로 각자 상대를 앞으로 나아가도록 끌어주는데, 어느 쪽도 혼 자만으로는 그렇게 할 수 없다.

이것은 전자기파의 존재를 이론적으로 예측한 최초의 개가였다.

하지만 정말로 놀라운 사건은 그 다음에 일어났다. 맥스웰이 알려진 전기와 자기의 성질을 이용해 이 가상 전자기파의 속도를 계산해 보았더니, 그 결과는 초속 약 30만 km로 나왔다. 이것은 10년 전에 프랑스 물리학자 히폴리트 피조Hippolyte Fizeau가 측정한 빛의 속도와 같은 것이었다!

나는 인류가 빛의 본질을 최초로 이해하는 그 순간을 목격할 수 있다면 얼마나 감격스러울까[4] 하는 생각이 든다. 빛의 본질이 전자기파라는 사실을 확인함으로써 맥스웰은 서로 아무 관련이 없어 보이던 세 가지 현상(전기, 자기, 빛)을 하나로 통일했다. 비록 마이클 패러데이 Michael Faraday와 앙드레 마리 앙페르André Marie Ampère 같은 실험 물리학자가 이 퍼즐의 주요 조각들을 먼저 발견하긴 했지만, 수학의 도구로 무장하고서 그것들을 모두 통합해 설명한 사람이 바로 맥스웰이다.

오늘날 우리는 맥스웰이 한때 가상의 전자기파로 생각했던 것에 둘러싸여 살아간다. 라디오, 텔레비전, 휴대 전화, 와이파이는 모두 전자기파로 작동한다. 이것들은 맥스웰이 수학 기호들을 가지고 요술을 부린 결과로 생겨난 유산[5]이다.

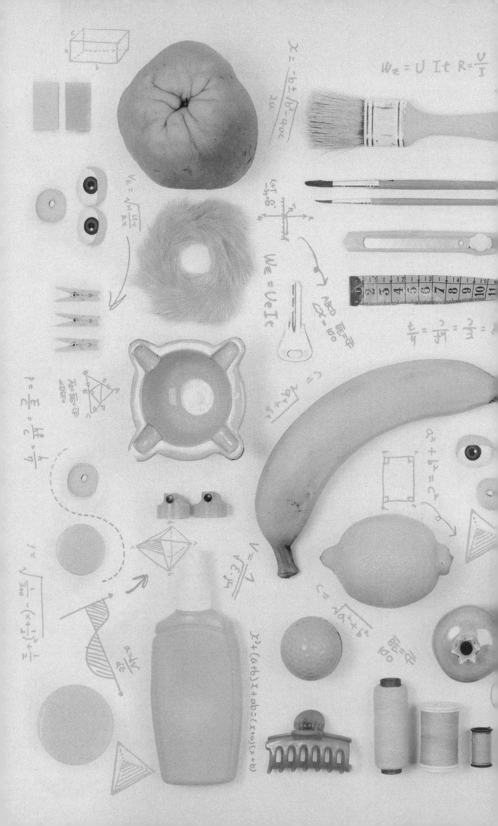

x 의 즐거움

—

5

어지러운 삶에
영감을 주세요
데이터

지금 무엇이 정상적인가

—

따로따로 볼 때는 예측 불가능하지만,
모아서 보면 법칙도 나타나고 예측도 할 수 있다.
통계학은 유용하기도 하고 정치적이기도 하다.

통계학이 갑자기 멋있는 최신 유행으로 떠올랐다. 인터넷과 전자
상거래, 소셜 네트워크, 인간 게놈 프로젝트, 그리고 전반적인 디지털
문화 덕분에 오늘날 세상에는 데이터가 흘러넘치고 있다.[1] 마케팅 담
당자들은 우리의 습관과 취향을 예의 주시한다. 정보 기관들은 우리
의 소재와 이메일, 전화 통화에 관한 데이터를 수집한다. 스포츠 부문
의 통계학자들은 수치 데이터를 분석하여[2] 어떤 선수를 트레이드할지,
누구를 선발할지, 2야드를 남겨놓은 상황에서 네 번째 다운에서도 강
공을 선택할지 등을 결정한다. 누구나 단편적 사실에서 의미 있는 결
론을 얻고, 데이터의 덤불에서 의미 있는 바늘을 찾고 싶어 한다.

따라서 학생들이 통계학을 배우라는 충고를 듣는 것은 놀라운 일이 아니다. 하버드 대학의 경제학자 그레고리 맨큐Gregory Mankiw는 2010년에 《뉴욕 타임스》에 쓴 칼럼에서 "통계학을 약간 배워두라."[3]라고 권고했다. "고등학교의 수학 교육 과정은 유클리드 기하학과 삼각법 같은 전통적인 주제에 너무 많은 시간을 할애한다. 보통 사람들의 경우, 이것들은 지적 훈련용으로는 유용하지만, 일상 생활에서는 써먹을 데가 거의 없다. 확률과 통계학을 좀 더 배우는 편이 학생들에게 훨씬 유익할 것이다." 데이비드 브룩스David Brooks는 좀 더 직설적으로 표현했다. 적절한 교육을 위해 모든 사람들이 들어야 할 대학 강좌들은 어떤 것이어야 하느냐에 대해 쓴 칼럼에서 그는 "통계학을 들어라.[4] 통계학을 들으라고 해서 미안하지만, 나중에 표준편차가 무엇인지 알면 살아가는 데 편리하다는 사실을 알게 될 것이다."라고 썼다.

사실이다. 그리고 분포가 무엇인지 알면 훨씬 편리하다. 분포는 여기서 내가 집중적으로 다루고자 하는 첫 번째 개념인데, 분포는 통계학의 핵심 가르침[5] 중 하나를 보여주는 상징이기 때문이다. 이것은 따로따로 놓고 볼 때에는 무작위적이고 예측 불가능해 보이지만, 모아서 보면 어떤 법칙이 나타나고 예측도 가능해지는 특성을 지니고 있다.

과학 박물관에서 실험을 통해 이 원리를 직접 본 사람도 있을 것이다(본 적이 없다면, 온라인에서 해당 비디오를 찾아 볼 수 있다). 표준적인 전시물은 골턴 보드Galton board[6]라는 장치인데, 플리퍼flipper(구슬이 떨어지려고 할 때 구슬을 쳐내는 막대)가 없고, 범퍼들은 정확하게 균일한 간격으로 배치된 나무못들로 이루어진 핀볼 기계와 비슷하게 생겼다.

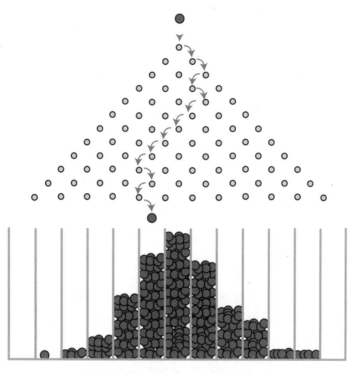

통계학의 원리를 설명해주는 골턴 보드 실험 장치

　시범은 골턴 보드 꼭대기에서 수백 개의 공을 쏟아부으면서 시작
된다. 공들은 쏟아져 내려오면서 무작위로 나무못과 충돌해 때로는
왼쪽으로 갔다 때로는 오른쪽으로 갔다 하면서 결국 맨 아래에 일정
한 간격으로 배치된 칸들로 들어간다. 각각의 칸에 쌓인 공들의 높이
는 공이 그 칸에 들어갈 확률이 얼마인지 보여준다. 대부분의 공은 한
가운데를 중심으로 그 주위에 모인다. 그 옆에 있는 칸들에는 그보다
적은 공이 들어가며, 양 끝에 있는 칸들에는 아주 적은 공만 들어간
다. 전체적으로 이 패턴은 완전히 예측 가능하다. 어떤 공이 어느 칸

으로 들어갈지 예측하는 것은 불가능하지만, 전체적인 분포 양상은 항상 종 모양을 이룬다.

개별적인 무작위성이 어떻게 집단적인 규칙성으로 나타날까? 그 답은 간단하다. 확률이 그렇게 강요하기 때문이다. 중앙에 있는 칸은 공이 가장 많이 쌓이는 칸이 될 가능성이 높은데, 대부분의 공은 바닥에 이를 때까지 왼쪽으로 가는 횟수와 오른쪽으로 가는 횟수가 거의 비슷하기 때문이다. 그래서 이 공들은 중앙 부근의 칸들로 들어가게 된다. 분포의 꼬리에서 멀리 벗어나 양 끝쪽으로 가는 공들은 나무못에 충돌할 때마다 거의 한쪽 방향으로만 튀어나가는 공들이다. 그런 일은 일어날 가능성이 희박하다. 그래서 양 끝쪽 칸들에는 공이 거의 들어가지 않는다.

각 공이 최종적으로 들어갈 위치가 여러 우연한 사건들의 합을 통해 결정되듯이, 세상에서 일어나는 많은 현상도 우연한 사건들이 많이 합쳐져 나타나는 결과이기 때문에, 사회 현상 역시 종형 곡선의 지배를 받는다. 보험 회사들도 이것에 의존해 사업을 한다. 그들은 매년 고객 중 몇 명이 죽을지 상당히 정확하게 예측한다. 다만, 어떤 사람에게 그런 불운이 닥칠지 모를 뿐이다.

사람의 키에 대해 생각해보자. 키의 성장은 유전학, 생화학, 영양 섭취, 환경 등 수많은 사건들로부터 영향을 받는다. 따라서 많은 사람들을 모아놓고 보면, 성인 남녀의 키[7] 분포가 종형 곡선으로 나타나리라고 생각하는 게 타당하다.

통계학을 중시하는 온라인 데이트 소개업체인 오케이큐피드[8]는 블로그에 '온라인 데이트에서 사람들이 하는 큰 거짓말'이라는 제목으

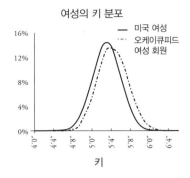

여성의 키 분포

미국 여성
오케이큐피드 여성 회원

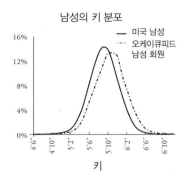

남성의 키 분포

미국 남성
오케이큐피드 남성 회원

로 올린 글에서 회원들의 키(정확하게는 회원들이 이야기한 자신의 키)를 그래프로 나타낸 결과, 예상대로 남녀 모두 종형 곡선으로 나타났다고 했다. 그런데 놀라운 사실이 하나 발견되었는데, 남녀 모두 그 분포가 정상적인 평균치보다 오른쪽으로 약 5cm 이동해 나타났다.

따라서 오케이큐피드에 가입한 사람들은 특별히 키가 크거나 자신을 소개할 때 키를 5cm쯤 과장했거나 둘 중 하나일 것이다.

이상적인 형태의 종형 곡선을 수학자들은 정규분포라 부른다. 정규분포는 통계학에서 아주 중요한 개념이다. 그 매력 중 일부는 이론적인 것이다. 비슷한 크기의 약한 무작위적 효과가 각자 독자적으로 작용할 때, 그것들을 수많이 모아놓으면 항상 정규분포가 나타난다는 것을 증명할 수 있다. 그리고 그런 양상이 나타나는 사례는 아주 많다.

하지만 모든 것이 다 그런 것은 아니다. 내가 두 번째로 강조하고자 하는 점이 바로 이것이다. 정규분포는 한때 생각했던 것처럼 도처에 존재하는 게 아니다. 지난 100년 동안, 특히 지난 수십 년 동안 통계학자들과 과학자들은 많은 현상이 이 패턴에서 벗어나 나름의 패턴을 따른다는 사실을 발견했다. 흥미롭게도 이런 종류의 분포들은 기

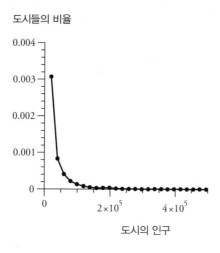

도시들의 비율

0.004

0.003

0.002

0.001

0

0   2×10^5 4×10^5

도시의 인구

초 통계학 교과서에서 거의 언급하지 않으며, 언급할 때에도 대체로 병적 표본으로 취급한다. 이것은 어이없는 짓이다. 왜냐하면 지금부터 내가 설명하겠지만, 현대 생활 중 많은 일은 이러한 분포들을 감안해야 훨씬 이치에 맞기 때문이다. 이 분포들은 새로운 정상이다.

미국 도시들의 크기 분포를 살펴보자. 대다수 도시들은 크기가 작은 편이어서, 종형 곡선의 중앙값 근처에 몰려 있는 대신에 그래프에서 왼쪽 부분에 모여 있다.

인구가 많아질수록 그런 크기의 도시 수는 급격히 감소한다. 그래서 전체적으로 볼 때 그 분포는 종형 곡선이 아니라 L 곡선으로 나타난다.

여기에는 놀랄 일이 전혀 없다. 큰 도시가 작은 도시보다 드물다는 사실은 누구나 알고 있다. 그런데 눈에 띄게 드러나지 않는 사실이 하나 있는데, 그럼에도 불구하고 도시의 크기가 아름답게 단순한 분포를 따른다는 점이다. 다만, 이것은 로그 안경을 쓰고 봐야만 보인다.

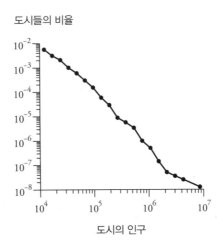

도시들의 비율

도시의 인구

다시 말해서, 두 도시의 크기 차이를 절대 인구 대신에 인구의 상대적 비율을 기준으로 나타내보자. 그러니까 인구 1만인 도시와 10만인 도시 사이의 크기 차이는 10만인 도시와 100만인 도시 사이의 크기 차이와 같다. 그리고 세로축에 대해서도 똑같이 생각해보자.

그러면 전체 데이터는 위 그래프처럼 거의 직선에 가까운 곡선으로 나타난다. 로그의 성질로부터 원래의 L 곡선이 다음과 같은 멱함수임을 유도할 수 있다.

$$y = \frac{C}{x^a}$$

여기서 x는 도시의 크기, y는 그런 크기를 가진 도시의 수를 나타내고, C는 상수이며, 분모에 있는 x에 붙은 지수 a는 직선의 기울기가 음수임을 나타낸다.

멱함수 분포[9]는 전통적인 통계학의 관점에서 보면 직관에 반하는 성질을 갖고 있다. 예를 들면, 정규분포와 달리 멱함수 분포의 최빈값, 중앙값, 평균이 일치하지 않는데, 한쪽으로 치우친 L 곡선의 비대칭적 모양 때문이다. 부시 대통령이 2003년 감세안[10]을 발표하면서 한 가구당 평균 1586달러의 세금을 깎아주었다고 한 말은 바로 이 성질을 이용한 것이었다. 비록 기술적으로는 옳은 말이라 하더라도, 부시가 한 말은 '평균' 환불 액수로, 실제로는 상위 0.1%에 수십만 달러의 혜택이 돌아가는 현실을 저런 식으로 표현한 것이다. 소득 분포를 정규분포로 나타냈을 때 오른쪽 끝에 있는 꼬리는 멱함수 분포를 따르는 것으로 알려져 있으며, 이와 같은 상황에서 평균 개념을 사용하는 것은 전형적인 표본을 대표하지 못하므로 통계학적으로 부적절하다. 실제로 대부분의 가구가 환불받은 세금은 650달러 미만이었다. 중앙값이 평균보다 훨씬 낮았기 때문이다.

이 사례는 멱함수 분포의 가장 중요한 특징을 잘 드러내 보여준다. 그 특징은 그 꼬리가 적어도 정규분포의 미약한 꼬리에 비해 두껍다는(무겁다 또는 길다고 표현하기도 함) 것이다. 따라서 아주 큰 이상치는 비록 여전히 드물긴 하지만, 정규분포의 종형 곡선에서 나타나는 것보다는 훨씬 보편적으로 나타난다.

1987년 10월 19일, 검은 월요일로 알려진 이 날, 다우존스 지수가 단 하루 동안에 22%나 폭락했다. 주식 시장의 통상적인 변동성 수준과 비교하면, 이것은 표준편차보다 20배 이상 떨어진 것에 해당했다. 전통적인 종형 곡선 통계학에 따르면 이런 사건이 일어난다는 것은 거의 불가능에 가까웠다. 그 확률은 10000000000000000000000000

00000000000000000000000000분의 1(10^{50}분의 1)보다 낮았다. 그런데도 그런 일이 실제로 일어난 것은 바로 주가 요동[11]은 정규분포를 따르지 않기 때문이다. 주가 요동은 꼬리가 두꺼운 분포로 훨씬 잘 설명할 수 있다.

지진이나 산불, 홍수도 마찬가지인데, 이것은 보험 회사의 위험 관리 업무를 더 복잡하게 만든다. 전쟁이나 테러 공격으로 인한 사망자 수에도 똑같은 수학적 패턴이 적용되며, 소설에 쓰인 단어들의 빈도와 평생 동안 한 사람이 관계하는 섹스 파트너의 수처럼 비교적 온건한 사건에도 적용된다.

두드러진 꼬리를 묘사하기 위해 사용된 형용사들은 원래 칭찬의 의미로 붙인 것이 아니지만, 그러한 분포들은 그런 칭호를 자랑스럽게 여기게 되었다. 두껍고, 무겁고, 긴?[12] 그렇다. 자, 그렇다면 이제 누가 정상일까?(정규분포를 영어로 normal distribution이라 하는데, 알다시피 normal은 '정상'이라는 뜻이다 — 옮긴이)

23

조건부확률

—
의학적 문제나 법적 문제를 다룰 때
사람들은 종종 직관과 상식의 함정에 빠지곤 한다.
확률을 잘 다루면 이 함정을 벗어날 수 있다.

여러분은 그런 악몽을 꾼 적이 없는가? 정신을 차리고 보니, 학기 내내 수업 시간에 한 번도 들어간 적이 없는 과목의 기말 시험을 보고 있는 장면 같은 것 말이다. 교수는 정반대 상황의 악몽을 꾼다. 그러니까 아는 게 아무것도 없는 과목에 대해 강의를 하는 상황이 펼쳐진다.

나는 확률론[1]을 가르칠 때마다 그런 상황에 처한다. 나는 학생 시절에 확률론을 배운 적이 없기 때문에, 지금은 확률론에 대해 강의를 할 때마다 마치 놀이 공원에서 유령의 집에 들어간 것처럼 오싹한 두려움과 재미를 느낀다.

그 중에서도 무엇보다 가슴을 두근거리게 하는 주제는 '조건부확률'이다. 조건부확률이란, 다른 사건 B가 일어날 경우에(즉, 사건 B가 일어나는 조건으로) 어떤 사건 A가 일어날 확률을 말한다. 이것은 꽤 까다로운 개념인데, A가 일어날 때 B가 일어날 확률과 혼동하기 쉽다. 둘은 같은 것이 아니지만, 집중하지 않으면 그 이유를 파악하기 어렵다. 예를 들어 다음 문장제를 살펴보자.

일주일 동안 휴가를 떠나기 전에 여러분은 친구에게 병든 식물²에 물을 주라고 부탁한다. 물을 주지 않으면 식물이 죽을 확률은 90%이다. 또 물을 제대로 주더라도 죽을 확률이 20%이다. 그리고 친구가 물 주는 것을 잊어버릴 확률은 30%이다. (a) 식물이 일주일 뒤에도 살아 있을 확률은 얼마일까? (b) 만약 돌아왔을 때 식물이 죽었다면, 친구가 물 주는 것을 잊어버렸을 확률은 얼마일까? (c) 만약 친구가 물 주는 것을 잊어버렸다면, 여러분이 돌아왔을 때 식물이 죽었을 확률은 얼마일까? (b)와 (c)는 거의 똑같은 말로 들리지만, 사실은 똑같지 않다. 실제로 (c)의 답은 90%이다. 하지만 이 모든 확률들을 어떻게 결합해야 (b)나 (a)의 답을 구할 수 있을까?

내가 이 주제에 대해 가르친 처음 몇 학기 동안 나는 책에 적힌 내용대로 조금씩 나아가는 안전한 길을 택했다. 하지만 얼마 지나지 않아 뭔가가 내 눈길을 끌었다. 일부 학생들은 내가 가르친 베이즈 정리 Bayes's theorem라는 아주 복잡한 공식을 전혀 사용하지 않았다. 대신에 더 쉬워 보이면서 유효한 방법으로 문제를 풀었다.

해마다 영리한 학생들이 반복적으로 발견한 것은 조건부확률에 대한 더 나은 접근 방법이었다. 그들의 방법은 직관에 어긋나는 대신에 잘 들어맞았다. 그 비법은 비율이나 가능성이나 확률 같은 추상적 개

넘 대신에 자연 빈도─단순히 사건들을 세는 것─로 생각하는 것이었다. 사고 방식을 이렇게 바꾸는 순간, 짙은 안개가 저절로 스르르 걷혔다.

이것은 베를린의 막스플랑크인간발달연구소에서 일하는 인지심리학자 게르트 기거렌처Gerd Gigerenzer가 쓴 흥미로운 책인 『계산된 위험Calculated Risks』의 핵심 주제이다. 기거렌처는 AIDS 상담에서부터 DNA 지문 분석의 해석에 이르기까지 광범위한 주제들의 의학적, 법적 쟁점을 다룬 일련의 연구에서 사람들이 위험과 불확실성을 어떻게 오판하는지 탐구했다. 하지만 그는 인간의 취약성을 나무라거나 한탄하는 대신에 어떻게 하면 잘 대응할 수 있는지 그 방법을 알려준다. 즉, 내 학생들이 한 것처럼 조건부확률 문제를 자연 빈도를 바탕으로 다룸으로써 사고의 혼란을 피할 수 있는 방법을 알려준다.

한 연구에서 기거렌처와 그 동료들은 독일과 미국의 의사들에게 저위험군(나이는 40~50세, 유방암 증상이나 가족력이 없는)에 속하지만 유방 촬영 사진[3] 결과가 양성으로 나온 여성이 실제로 유방암에 걸릴 확률을 평가하게 했다. 질문을 구체적으로 만들기 위해 의사들에게 이 코호트cohort(통계상의 특정 인자를 공통적으로 가진 집단)의 여성 사이에서 유방암 유병률과 유방 촬영 사진의 민감도와 거짓 양성 비율에 대한 다음 통계 자료(백분율과 확률로 표현된)를 참고하게 했다.

이 여성들 중 어떤 사람이 유방암에 걸릴 확률은 0.8%이다. 유방암에 걸린 여성의 유방 촬영 사진 결과가 양성으로 나올 확률은 90%이다. 유방암에 걸리지 않은 여성의 유방 촬영 사진 결과가 양성으로 나올 확률은 7%이다. 어떤 여성의 유방 촬영 사진 결과가 양성으로 나왔다고 하자. 그 여성이 실제로 유방암에 걸렸을 확률은 얼마인가?

기거렌처는 자신이 시험한 첫 번째 의사의 반응을 다음과 같이 기술했다. 그는 대학 병원의 학과장으로, 해당 분야에서 30년 이상의 경력을 쌓은 사람이었다.

[그는] 그 여성에게 뭐라고 말해야 할지 생각하려고 애쓰면서 눈에 띄게 안절부절못했다. 주어진 수치들을 가지고 고민하던 그는 마침내 유방 촬영 사진 결과가 양성으로 나왔으니 그 여성이 유방암에 걸렸을 확률이 90%라고 평가했다. 그리고 불안한 듯이 이렇게 덧붙였다. "젠장! 모르겠어요. 내 딸한테 물어봐요. 그 애도 의학을 공부하고 있으니까." 그는 자신의 평가가 틀렸다는 사실을 알았지만, 정확하게 평가하는 방법을 몰랐다. 답을 찾으려고 10분이나 시간을 들였는데도 불구하고, 그는 그 확률 수치들로 제대로 추론하는 방법을 생각해내지 못했다.

기거렌처는 독일 의사 24명에게 같은 질문을 했는데, 1%부터 90%에 이르기까지 다양한 대답이 나왔다. 그 중 8명은 10%나 그 미만이라고 대답했고, 8명은 90%라고 대답했으며, 나머지 8명은 50%에서 80% 사이라는 답을 내놓았다. 이렇게 심하게 널뛰기를 하는 대답을 들으면 환자 입장에서 얼마나 짜증이 날지 상상해보라.

미국 의사들의 경우, 100명 중 95명은 그 여성이 유방암에 걸렸을 확률이 75% 언저리라고 평가했다.

정답은 9%이다.

어떻게 이렇게 낮은 값이 정답이라는 말인가? 기거렌처가 강조하는 요점은 원래의 정보를 백분율과 확률에서 자연 빈도로 바꾸면 분석이 거의 투명해진다는 것이다.

유방암에 걸리는 여성은 1000명당 8명이다. 유방암에 걸린 8명의 여성 중 7명은 유방 촬영 사진 결과가 양성으로 나타난다. 유방암에 걸리지 않은 나머지 992명 중 약 70명은 유방 촬영 사진 결과가 양성으로 나타난다. 선별 검사에서 유방 촬영 사진 결과가 양성으로 나타난 여성 표본을 상상해보라. 이 중에서 실제로 유방암에 걸린 사람은 몇 명일까?

유방 촬영 사진 결과가 양성으로 나타난 여성은 7＋70＝77명이고, 그 중에서 실제로 유방암에 걸린 사람은 7명뿐이므로, 유방 촬영 사진 결과가 양성으로 나온 여성 중 유방암에 걸린 사람의 비율은 77명당 7명, 즉 11명당 1명이므로, 약 9%가 된다.

위의 계산에서는 두 가지의 단순화 절차를 사용했다. 첫째, 소수점 이하를 반올림하여 모든 수치를 정수로 만들었다. 이러한 단순화는 "유방암에 걸린 8명의 여성 중 7명은 유방 촬영 사진 결과가 양성으로 나타난다."와 같은 표현을 비롯해 여러 곳에서 사용했다. 실제로는 여성 8명의 90%에 해당하는 7.2명이 유방 촬영 사진 결과가 양성으로 나타난다고 말해야 했을 것이다. 따라서 우리는 명료성을 위해 정확성을 약간 희생한 것이다.

둘째, 우리는 모든 사건이 그 확률이 말하는 것과 정확하게 같은 빈도로 일어난다고 가정했다. 예를 들면, 유방암 유병률이 0.8%이기 때문에 우리의 가상 표본에서 1000명 중 정확하게 8명이 유방암에 걸렸다고 가정했다. 현실에서는 반드시 일이 이렇게 일어나지는 않는다. 실제로 일어나는 사건이 반드시 확률을 따르는 것은 아니다. 동전을 1000번 던졌다고 해서 반드시 앞면이 500번 나오지는 않는다. 하지만 그렇다고 가정하면, 이것과 같은 문제에서 정답을 얻을 수 있다.

사실 이 논리는 약간 허술한 구석이 있지만(더 엄밀하지만 사용하기 힘든 베이즈의 정리와 비교해 이 접근 방법을 교과서들이 얕잡아보는 이유도 이 때문이다), 명료성에서 얻는 이득은 그것을 상쇄하고도 남는다. 기거렌처가 또 다른 24명의 의사를 대상으로 이번에는 자연 빈도를 사용해 시험을 하자, 거의 모든 사람이 정답을 맞히거나 정답에 가까운 답을 내놓았다.

데이터를 자연 빈도로 바꾸어 표현하면 큰 도움이 되지만, 조건부 확률은 다른 이유 때문에 여전히 사람들을 당혹스럽게 할 수 있다.[4] 잘못된 질문을 던지거나, 옳은 확률을 구했지만 엉뚱한 결론으로 빠지기 쉽기 때문이다.

1994~1995년에 벌어진 심프슨의 재판[5]에서는 검찰 측과 피고 측 모두 다 이 점에서 잘못을 저질렀다. 양측 다 재판부에 잘못된 조건부 확률을 고려하도록 요구했다.

검찰 측은 재판이 시작되고 나서 처음 10일을 심프슨이 과거에 아내였던 니콜 브라운Nicole Brown에게 폭력을 행사한 전력이 있다는 증거를 제출하는 데 썼다. 심프슨은 니콜을 때리고, 벽에다 밀치고, 공공 장소에서 마구 만지면서 지나가는 사람들에게 "이 여자는 내 거야."라고 말한 적이 있다고 주장했다. 하지만 이 주장들 중에서 살인 사건 재판과 관련이 있는 게 하나라도 있는가? 검찰 측의 논리는 배우자 학대 패턴에 살인 동기가 반영되어 있다는 것이었다. 한 검사는 "손으로 한 번 때리는 것은 살인의 전주곡이다."라고 표현했다.

피고 측 변호사인 앨런 더쇼위츠Alan Dershowitz는[6] 가정 폭력 주장이 설사 사실이라 하더라도, 그것은 해당 사건과 아무 관련이 없으며 따라서 증거로 채택해서는 안 된다고 반론을 폈다. 그는 나중에 "만약 꼭 해야 한다면, 우리는 함께 사는 배우자를 구타하는 남성 중 극히 적은 비율 — 확실히 2500분의 1 미만 — 만이 배우자를 살해한다는 사실을 입증할 수 있음을 알고 있었다."라고 썼다.

사실상 양측은 재판부에 어떤 남성이 이전에 아내를 구타한 적이 있다고 할 때 그녀를 살해할 확률을 고려하라고 요구한 셈이었다. 하지만 통계학자 굿I. J. Good은 그것은 고려해야 할 적절한 수치가 아니라고 지적했다.

제대로 된 질문은 어떤 남성이 이전에 아내를 구타했고, '그녀가 누군가에게 살해당했다면', 그 남성이 그녀를 살해했을 확률은 얼마인가 하고 묻는 것이다. 이 조건부확률은 2500분의 1과는 큰 차이가 있다.

그 이유를 알아보기 위해 남편에게 구타당하는 여성 10만 명의 표본이 있다고 상상하자. 더쇼위츠가 제시한 2500명당 1명이라는 수치를 받아들인다면, 어느 해에 이 여성들 중 40명(10만 명 나누기 2500은

40이므로)이 자신을 학대한 남편에게 살해당할 것이라고 예상할 수 있다. 또 평균적으로 이들 여성 중 추가로 3명이 다른 사람에게 살해당할 것이라고[7] 예상할 수 있다(이 추정치는 1992년에 살해당한 여성에 관한 FBI의 통계 자료를 바탕으로 했다. 자세한 것은 주를 참고하라). 따라서 피살된 43명 중 40명이 자신을 구타한 남편에게 살해당한 셈이다. 다시 말해서, 아내를 구타한 남성이 전체 여성 살인 사건 중 93%의 범인이라는 말이 된다.

이 수치를 심프슨이 살인을 저질렀을 확률과 혼동하지 말기 바란다. 그 확률은 경찰이 심프슨에게 누명을 뒤집어씌웠다는 피고 측의 주장이나 살인자와 심프슨이 착용한 신발과 장갑의 종류가 같고 두 사람의 DNA가 일치한다는 검찰 측의 증거를 비롯해, 그 밖의 많은 증거에 따라 달라진다.

이 모든 주장 중 어떤 것이 최종 평결에 대한 여러분의 마음을 바꿀 확률은 얼마일까? 0.

●24

인터넷 검색의 비밀

—

구글은 어떤 원리로 페이지를 찾아주는 걸까?
검색 알고리듬끼리 어떤 페이지가 '물이 좋은지'
인기투표를 하는 과정을 살펴보자.

오래 전, 구글이 등장하기 이전의 암흑 시대에 웹으로 검색하는 것[1]
은 정말 짜증나는 일이었다. 낡은 검색 엔진들이 제시하는 사이트들
은 생뚱맞은 게 많았고, 정말로 원하는 사이트는 결과 목록에서 저 밑
에 깊이 숨어 있거나 아예 나타나지 않았다.

링크 분석을 바탕으로 한 알고리듬은 선문답처럼 역설적인 직관으
로 그 문제를 풀었는데, 그 직관은 웹 검색이 최선의 페이지를 내놓아
야 한다는 것이었다. 그런데 좋은 페이지란 어떤 것인가, 메뚜기?[2] 좋
은 페이지들이 연결된 페이지가 좋은 페이지이다.

이것은 순환 논법[3]처럼 들린다. 실제로 그렇다. 그리고 바로 이 때

문에 이것은 심오한 의미를 지닌다. 링크 분석은 이 순환 논법을 붙들고 늘어져 그것을 유리하게 전환시킴으로써 웹 검색에서 주짓수 같은 해결책을 내놓는다.

이 접근 방법은 벡터와 행렬을 다루는 선형대수학[4]에서 나온 개념들을 바탕으로 한다. 큰 데이터 세트에서 패턴을 찾아내거나 수백만 개의 변수를 포함한 방대한 연산을 수행하고자 할 때 선형대수학이 필요한 도구들을 제공한다.[5] 선형대수학은 구글의 페이지랭크 PageRank(페이지 순위) 알고리듬[6]과 함께 과학자들에게 사람의 얼굴을 분류하고,[7] 대법관들의 투표 패턴[8]을 분석하고, 100만 달러짜리 넷플릭스상[9](고객들에게 영화를 추천하는 넷플릭스의 시스템을 10% 이상 향상시키는 사람이나 팀에게 수여하는 상)을 타도록 하는 데 도움을 주었다.

선형대수학의 사례 연구를 위해 페이지랭크가 어떻게 작용하는지 살펴보기로 하자. 그리고 최소한의 노력으로 그 본질을 나타내기 위해 단 세 페이지만으로 이루어지고 다음과 같이 연결된 장난감 웹을 상상하자.

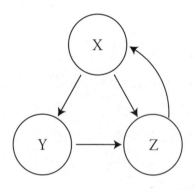

화살표들은 페이지 X에 페이지 Y로 가는 연결(링크)이 포함돼 있지만, Y에는 X로 가는 연결이 없음을 보여준다. 대신에 Y는 Z로 연결된다. 한편, X와 Z는 디지털 세계의 상부상조를 보여주는 것처럼 서로에게 연결된다.

이 작은 웹에서 가장 중요한 페이지와 가장 중요하지 않은 페이지는 각각 어떤 것일까? 페이지의 내용이 무엇인지 전혀 알려지지 않았으므로, 정보가 충분하지 않다고 생각하는 사람이 있을지도 모르겠다. 하지만 그것은 낡은 생각이다. 내용에 대해 신경을 쓰는 것은 웹 페이지의 순위를 매기는 데에는 비현실적인 방법임이 드러났다. 컴퓨터는 그것을 처리하는 데 그다지 뛰어나지 않으며, 사람의 능력으로는 매일 수천 페이지씩 추가되는 정보 홍수를 감당할 수 없다.

대학원생 시절에 구글을 함께 세운 래리 페이지Larry Page와 세르게이 브린Sergey Brin이 선택한 접근 방법은 웹페이지들이 자기들끼리 연결을 기준으로 투표를 해 순위를 매기게 하는 것이었다. 위의 예에서 X와 Y는 둘 다 Z에 연결되어 있으므로 자신을 향한 연결이 2개인 웹페이지는 Z가 유일하다. 따라서 Z가 우주에서 가장 인기 있는 웹페이지이다. 이것은 상당히 중요한 것으로 간주해야 한다. 하지만 만약 의심스러운 속성을 지닌 웹페이지에서 온 연결이 있다면, 이 점은 오히려 감점 요소로 간주해야 한다. 인기 자체는 아무 의미가 없다. 중요한 것은 '좋은' 웹페이지에서 온 연결이 있어야 한다는 점이다.

이것은 다시 우리를 순환 논법의 수수께끼 속으로 돌아가게 한다. 물론 좋은 웹페이지에서 오는 연결이 있는 웹페이지가 좋은 웹페이지이겠지만, 처음에 어떤 웹페이지가 좋은지는 누가 결정하는가?

바로 네트워크가 그 일을 한다. 그 방법은 이렇다(사실 나는 일부 세부 내용을 생략했는데,[10] 완전한 이야기를 알고 싶으면 340쪽의 주를 보라).

구글의 알고리듬은 각각의 웹페이지에 0점부터 1점 사이의 점수를 매긴다. 그 점수를 그 웹페이지의 페이지랭크라 부른다. 페이지랭크는 가상의 웹 서퍼가 그곳에서 보내는 시간 비율을 계산함으로써 그 웹페이지가 다른 웹페이지들에 비해 얼마나 중요한지 측정한다. 밖으로 향하는 연결이 선택할 게 하나 이상 있을 때마다 서퍼는 무작위로 (똑같은 확률로) 하나를 선택한다. 이 해석에서는 (실제 웹 트래픽이 아니라, 이 가상 서퍼의) 방문이 더 잦은 웹페이지를 더 중요한 것으로 간주한다.

그리고 페이지랭크는 비율로 정의되기 때문에, 전체 네트워크에 대해 그것들을 모두 더했을 때의 값이 1이 되어야 한다. 이 보존 법칙은 페이지랭크를 시각화하는(아마도 파악하기가 훨씬 쉽게) 또 다른 방법을 제시한다. 그것을 네트워크를 통해 흘러다니는 물 같은 유체라고 상상해보라. 그것은 나쁜 웹페이지에서 빠져나와 좋은 웹페이지로 흘러들어간다. 알고리듬은 이 유체가 장기적으로 네트워크 전체에서 어떻게 분포할지 결정한다.

그 답은 기발한 반복 과정에서 나온다. 알고리듬은 어떤 추측에서 시작하여 밖으로 향하는 연결들에 똑같은 양의 유체를 배분함으로써 모든 페이지랭크를 업데이트하고, 모든 것이 자리를 잡고 모든 웹페이지가 정당한 제 몫을 배분받을 때까지 이 과정을 계속 반복한다.

알고리듬은 처음에는 평등주의자의 자세를 취한다. 모든 웹페이지에 똑같은 양의 페이지랭크를 분배한다. 우리가 고려한 예에서는 웹페이지가 3개만 있기 때문에, 각각의 웹페이지는 $\frac{1}{3}$이라는 점수로 시작한다.

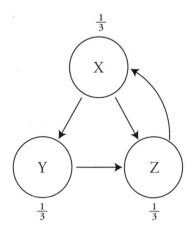

최초의 페이지랭크 값

그 다음에는 각 웹페이지의 진짜 중요도를 더 잘 반영하는 쪽으로 이 점수들이 업데이트된다. 여기에 적용되는 규칙은 각각의 웹페이지가 바로 직전 라운드에서 자신의 페이지랭크를 가져와 자신이 연결된 모든 웹페이지에 동등하게 나눠준다는 것이다. 따라서 1라운드가 끝난 뒤에 업데이트된 X의 값은 여전히 $\frac{1}{3}$인데, 자신에게 연결된 유일한 웹페이지인 Z로부터 받는 페이지랭크의 양이 그만큼이기 때문이다. 하지만 Y의 점수는 그보다 낮은 $\frac{1}{6}$로 떨어지는데, 이전 라운드에서 X가 가진 페이지랭크 중 절반만 받기 때문이다. 나머지 절반은 Z에게 가므로, 이 단계에서는 Z의 점수가 가장 높다. X에서 받는 $\frac{1}{6}$ 외에 Y에게서도 $\frac{1}{3}$을 받아 전체 점수가 $\frac{1}{2}$이 되기 때문이다. 따라서 1라운드가 끝난 뒤에 페이지랭크 값들은 다음과 같이 된다.

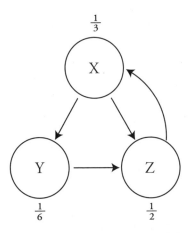

업데이트가 한 차례 일어난 뒤의 페이지랭크 값

계속 이어지는 라운드들에서도 업데이트 규칙은 동일하게 적용된다. 웹페이지 X, Y, Z의 현재 점수를 (x, y, z)로 표시한다면, 업데이트한 점수들은 다음과 같이 될 것이다.

$$x' = z$$
$$y' = \frac{1}{2}x$$
$$z' = \frac{1}{2}x+y$$

여기서 x, y, z 위에 붙은 ′ 기호는 업데이트가 일어났음을 나타낸다. 이런 종류의 반복 계산은 스프레드시트로 쉽게 할 수 있다(혹은 우리가 다루고 있는 것만큼 작은 네트워크라면 손으로 계산해도 충분하다).

10번의 반복 뒤에는 한 라운드에서 다음 라운드로 가더라도 수치들이 그다지 변하지 않는다. 이 시점에서 X는 전체 페이지랭크 중 40.6%, Y는 19.8%, Z는 39.6%를 차지한다. 이 수치들은 각각 40%, 20%, 40%에 의심스러울 정도로 가까운데, 알고리듬이 이 값들에 수렴한다는 것을 시사한다.

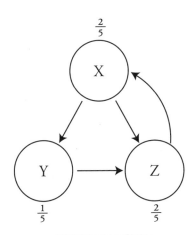

페이지랭크의 극한값들

실제로 그렇다. 이 극한값들은 구글의 알고리듬이 네트워크의 페이지랭크들로 정의한 값들이다.

이것은 비록 Z가 X보다 들어오는 연결이 두 배나 많지만, X와 Z가 똑같이 중요한 웹페이지라는 것을 의미한다. 이것은 이치에 맞는데, X가 Z만큼 중요한 이유는 X는 Z에게서 전적인 지지를 받지만 자신은 Z에게 절반만 지지를 보내기 때문이다. 나머지 절반은 Y에게 보낸다. 이것은 또한 왜 Y가 X와 Z에 비해 절반만 중요한지 설명해준다.

놀랍게도 반복 과정을 거치지 않고도 이 점수들을 직접 얻을 수 있다. 변화가 없는 안정 상태를 정의하는 조건들을 생각해보라. 만약 한 번의 업데이트가 일어난 후에 아무것도 변하지 않는다면, $x'=x$, $y'=y$, $z'=z$가 될 것이다. 따라서 업데이트 방정식에서 '가 붙은 변수들을 '가 붙지 않은 변수들로 대체하면, 다음 식들을 얻는다.

$$x = z$$
$$y = \frac{1}{2}x$$
$$z = \frac{1}{2}x + y$$

그리고 이 방정식들을 동시에 풀면 $x=2y=z$를 얻는다. 마지막으로, 이 점수들의 합은 1이 되어야 하므로, $x=\frac{2}{5}$, $y=\frac{1}{5}$, $z=\frac{2}{5}$라는 값이 나오는데, 이것은 위에서 구한 비율과 일치한다.

잠깐 뒤로 돌아가 이 모든 것이 어떻게 선형대수학이라는 더 큰 맥락에 들어맞는지 살펴보자. 위의 안정 상태 방정식과 앞서 나온 업데이트 방정식은 선형방정식의 전형적인 예들이다. 이것들을 '선형'방정식이라고 부르는 이유는 직선과 관련이 있기 때문이다. 방정식에 포함된 변수 x, y, z는 직선을 타나내는 일차방정식 $y=ax+b$처럼 오직 1차 항으로만 존재한다.

선형방정식은 x^2이나 yz, $\sin x$처럼 비선형 항을 포함한 방정식과는 대조적으로 풀기가 비교적 쉽다. 문제는 실제 웹에서 일어나는 것처럼 포함된 변수가 엄청나게 많을 때 생긴다. 따라서 선형대수학의 핵심 과제 중 하나는 그렇게 엄청나게 많은 방정식들을 풀 수 있도록 더 빠른 알고리듬을 개발하는 것이다. 아주 조그마한 개선이라도 항공기 운항 계획에서부터 이미지 압축에 이르기까지 많은 것에 큰 파급 효과를 미칠 수 있다.

하지만 실제 세계에 미치는 영향력이라는 관점에서 볼 때, 선형대수학의 가장 큰 승리는 웹페이지의 순위를 매기는 선문답에 답을 제시한 것이다. '좋은 웹페이지들이 연결된 웹페이지가 좋은 웹페이지이다.' 기호로 바꾸어 표현하면, 이 기준은 페이지랭크의 방정식들이 된다.

구글은 우리가 여기서 푼 것과 똑같은 방정식들(다만 변수가 수십억 개 더 많은)을 풂으로써 오늘날과 같은 성공을 거두었다.

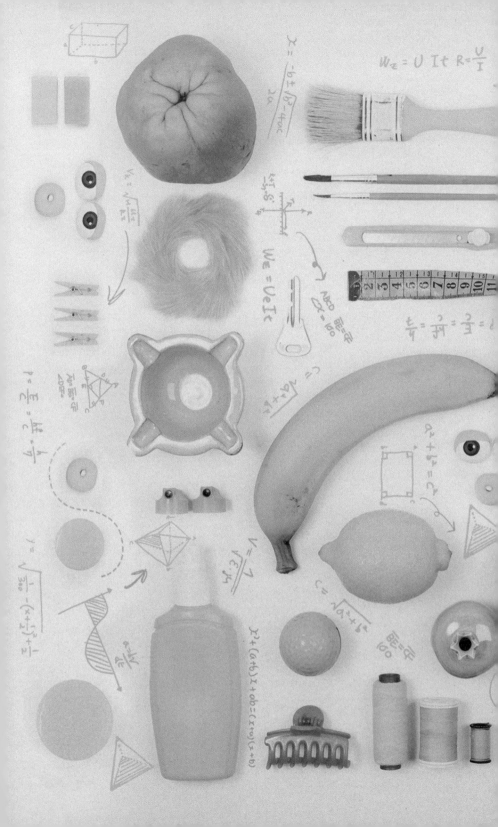

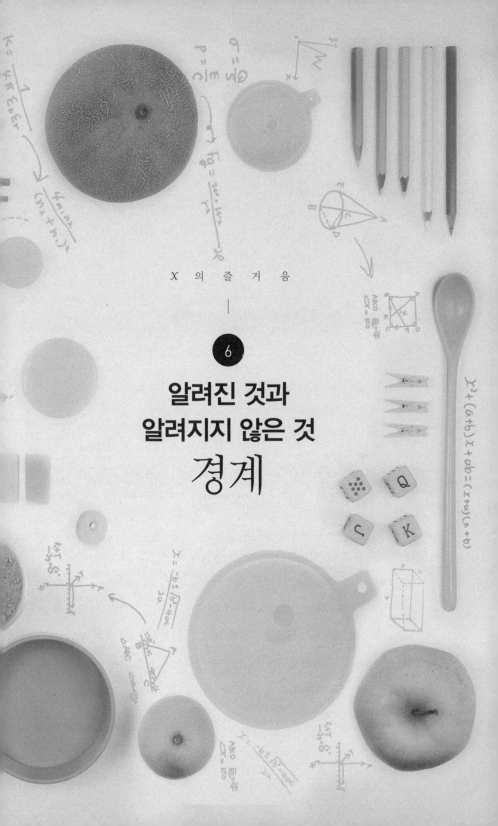

x 의 즐 거 움

—

6

알려진 것과
알려지지 않은 것
경계

가장 외로운 수

—
소수를 정확하게 찾는 공식이 있을까?
아무도 그 공식을 발견하지 못했다.
소수들은 수학에서 가장 이질적이고 불가사의한 존재다.

1960년대의 한 유명한 노래에 따르면, 1은 가장 외로운 수[1]이고, 2도 1만큼 외로울 수가 있다. 그럴지도 모른다. 하지만 팔자가 사납기로는 소수 역시 그에 못지않다.

파올로 조르다노Paolo Giordano는 베스트셀러가 된 『소수의 고독 La solitudine dei numeri primi』[2]이라는 소설에서 그 이유를 설명한다. 이 소설은 마티아Mattia와 알리체Alice라는 두 부적응자, 두 소수의 구슬픈 사랑 이야기이다. 둘 다 어린 시절에 비극적 사건으로 큰 상처를 받았고, 그 때문에 다른 사람과 연결하는 게 사실상 불가능하지만, 그래도 서로에게서 상처받은 영혼의 유대를 느낀다. 조르다노는 소설에서 이렇게 묘사한다.

소수는 1과 자신을 제외한 다른 자연수로는 나누어떨어지지 않는 자연수이다. 소수는 무한한 자연수의 수열 가운데 모든 수와 마찬가지로 다른 두 소수 사이에 자리잡고 있지만, 다른 소수와의 간격은 나머지 수들보다 조금 더 멀찌감치 떨어져 있다. 소수는 의심이 많은 고독한 수인데, 마티아가 소수를 멋지다고 생각하는 이유는 이 때문이다. 가끔 소수들은 실수로 그런 순서로 늘어서게 된 게 아닐까, 목걸이에 꿰인 진주들처럼 그렇게 갇힌 것이 아닐까 하는 생각이 들었다. 때로는 소수들도 나머지 수들처럼 그냥 평범한 수가 되길 원했지만, 무슨 이유로 그럴 수가 없었던 것이 아닐까 하는 생각도 들었다.
[……]
대학 1학년 때 마티아는 소수 중에서도 특별한 소수가 있다는 사실을 알게 되었다. 수학자들은 그것을 쌍둥이 소수라 부른다. 이것들은 이웃처럼 서로 바짝 붙어 있는 한 쌍의 소수이지만, 그 사이에는 항상 짝수가 하나 존재해 둘이 직접 닿는 것을 방해한다. 쌍둥이 소수의 예로는 11과 13, 17과 19, 41과 43 등이 있다. 만약 여러분이 인내심이 충분히 많아 쌍둥이 소수를 계속 찾아나간다면, 이러한 쌍을 점점 찾기 어렵다는 사실을 발견할 것이다. 암호로만 이루어진 고요하고 신중한 공간에서 길을 잃고 고립의 정도가 점점 더 심한 소수들을 만나게 된다. 그러면 그때까지 만난 쌍들은 순전히 우연이었고, 고독이야말로 쌍둥이 소수의 진정한 운명이 아닌가 하는 불길한 예감이 든다. 그러다가 그 쌍들을 찾으려고 해봐야 무슨 소용이 있겠느냐는 생

각에 이제 그만 포기하려는 순간, 서로 밀착해 있는 쌍을 또 하나 발견한다. 수학자들 사이에는 아무리 멀리 나아가더라도 항상 쌍둥이 소수를 또 만나게 될 것이라는 신념이 있다. 그것이 발견되기 전에는 어디서 발견될지 정확하게 그 지점을 알 수 없지만 말이다.

마티아는 자신과 알리체의 처지가 쌍둥이 소수와 같다는 생각이 들었다. 외롭고 길을 잃었으며, 가깝지만 서로 닿을 만큼 충분히 가깝지는 않은.

여기서 나는 위의 인용 문장에 포함된 아름다운 개념, 특히 소수와 쌍둥이 소수의 고독과 관련된 개념을 몇 가지 살펴보려고 한다. 이 문제들은 정수와 그 성질을 연구하는 분야이자 수학의 가장 순수한 부분이라고 종종 일컬어지는 정수론[3]에서 핵심을 이룬다.

더 어려운 문제를 살펴보기 전에 현실적 사고 방식을 가진 사람들이 종종 제기하는 질문부터 살펴보기로 하자. 정수론도 쓸모가 있는 곳이 있는가? 물론 있다. 정수론은 인터넷을 통한 신용 카드 거래의 보안을 보장하고 군 비밀 통신을 암호화하는 데 매일 수백만 번 이상 사용되는 암호화 알고리듬[4]에 기초를 제공한다. 이러한 알고리듬은 큰 수를 그 소인수들로 분해하기가 아주 어렵다는 사실을 바탕으로 한다.

하지만 수학자들이 소수에 그토록 집착하는 이유는 이 때문이 아니다. 진짜 이유는 소수가 기본적이기 때문이다. 소수는 산술의 원자에 해당한다. 원자를 뜻하는 영어 단어 atom이 '더 이상 나눌 수 없는'이라는 뜻의 그리스어 atomos에서 유래한 것처럼, 소수도 '더 이상 나눌 수 없는' 수이다. 그리고 모든 것이 원자로 이루어져 있듯이,

모든 수는 소수로 이루어져 있다. 예를 들면, 60은 2×2×3×5이다. 그래서 60은 소인수가 2(가 두 번), 3, 5인 합성수이다.

그런데 1은 어떻게 되는가? 1도 소수인가? 아니다, 1은 소수가 아니다. 1이 왜 소수가 아닌지 이해하게 되면, 왜 1이 진실로 가장 외로운 수인지(심지어 소수보다도 더) 알게 될 것이다.

1을 소수에서 제외하는 것은 온당치 않아 보인다. 1은 1과 자신만으로 나누어떨어지고 다른 수로는 나누어떨어지지 않으므로, 소수의 자격이 충분히 있어 보인다. 실제로 한동안 1을 소수로 간주한 적도 있었다. 하지만 현대 수학자들은 1을 소수에서 제외하기로 결정했는데, 순전히 편의상 그렇게 결정했다. 만약 1을 소수라고 한다면, 우리가 참이길 바라는 정리가 뒤죽박죽이 돼버리는 사태가 벌어진다. 다시 말해서, 우리가 원하는 정리를 살리기 위해 소수의 정의를 우리의 입맛에 맞게 뜯어고친 것이다.

그 정리는 모든 수는 '단 한 가지' 방법으로만 소인수분해할 수 있다고 말한다. 하지만 만약 1을 소수라고 한다면, 이 정리는 더 이상 성립하지 않는다. 예를 들면, 6=2×3이지만, 6=1×2×3이라고 할 수도 있고, 또 6=1×1×2×3이라고도 할 수 있으며, 이처럼 6을 소인수분해할 수 있는 방법은 끝없이 많다. 물론 터무니없는 소리라고 할 수도 있지만, 어쨌든 1을 소수로 인정할 경우 우리는 이처럼 앞의 정리를 부정해야 하는 상황에 놓이게 된다.

그다지 아름답지 못한 이 이야기는 나름의 교훈을 준다. 이 이야기는 실제로 수학을 하는 방법을 가리고 있던 커튼을 걷어 보여준다. 많은 사람들은 순진하게 정의를 하고, 그것을 돌에 새겨놓은 뒤, 거기서 나오는 정리들을 도출하는 방식으로 수학을 한다고 생각한다. 하지만 실제로는 그렇지 않다. 그것은 너무 수동적인 방법이다. 상황을 지배하는 주인공은 우리이며, 우리 마음대로 정의를 바꿀 수 있다. 특히 약간 수정함으로써 정리를 훨씬 깔끔하게 만들 수 있다면 더 말할 나위도 없다.

이제 1을 희생양으로 삼았으니, 나머지 완전한 소수들을 살펴보기로 하자. 소수에 대해 알아야 할 가장 중요한 사실은 소수가 얼마나 불가사의하고 이질적이고 불가해한 수인지 이해하는 것이다. 지금까지 소수를 정확하게 찾는 공식을 발견한 사람은 아무도 없다. 실제 원자와 달리 소수는 어떤 단순한 패턴도 따르지 않는다.

처음 10개의 소수에서 이미 경고 신호를 볼 수 있다. 2, 3, 5, 7, 11, 13, 17, 19, 23, 29. 시작하자마자 2에서부터 일이 틀어지기 시작한다. 2는 부적응자 중에서도 부적응자에 해당하는 별종인데, 모든 소수 중에서 유일하게 짝수이다. 노래 가사에 나오듯이, 2가 "1 다음으로 가장 외로운 수"로 간주되는 것도 전혀 놀랍지 않다.

2를 제외한 나머지 소수는 모두 홀수이지만, 이들 역시 별종이다. 소수들 사이의 간격을 한번 살펴보자. 때로는 두 칸만 떨어져 있는가 하면(5와 7처럼), 네 칸 떨어져 있기도 하고(13과 17처럼), 여섯 칸 떨어져 있을 때도 있다(23과 29처럼).

소수의 분포가 얼마나 무질서한지 감을 잡기 위해 고지식한 사촌인 홀수(1, 3, 5, 7, 9, 11, 13, …)와 비교해보자. 홀수들 사이의 간격은 두 칸으로 늘 일정하고 북 소리처럼 한결같다. 그래서 홀수들 사이에서는 n번째 홀수는 $2n-1$이라는 단순한 공식이 성립한다. 이와는 대조적으로, 소수들은 그들의 고수가 아무도 알 수 없는 리듬으로 치는 북 소리에 맞춰 나아간다.

소수들 사이의 간격에 나타나는 불규칙성을 감안해 정수론을 연구하는 사람들은 그 특이한 점에 초점을 맞추는 대신에 통계학적으로 집합의 구성원으로 바라보는 접근 방법을 선택했다. 구체적으로 소수가 보통의 정수들 사이에서 어떻게 분포되어 있는지 물어보자. 10 이하의 소수는 몇 개나 있을까? 100 이하는? 혹은 임의의 수 N 이하는? 이 해석은 통계학의 누적도수분포 개념에 대응한다.

따라서 인류학자가 인구 조사를 하는 것처럼 소수들 사이를 걸어다니면서 그 수를 센다고 상상해보자. 소수들이 x축 위에 늘어서 있다고 상상해보라. 1에서 시작해 오른쪽으로 걸어가면서 만나는 소수들의 수를 센다. 그렇다면 여러분이 걸어가는 양상은 아래 그림과 같을 것이다.

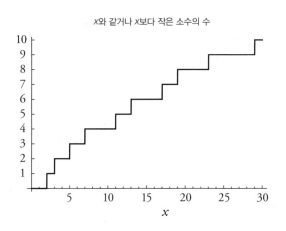

x와 같거나 x보다 작은 소수의 수

y축의 값들은 주어진 위치 x에 이를 때까지 만난 소수의 수를 보여

준다. x가 2보다 작을 때에는 y의 그래프는 0에 머물며 수평선을 그리는데, 그 전까지는 소수가 하나도 없기 때문이다. 최초의 소수는 $x=2$에서 나타난다. 그래서 그래프는 그곳에서 점프를 한다. (하나!) 그러고서는 다시 수평선을 그리며 나아가다가 $x=3$에서 다시 한 단계 점프를 한다. 이렇게 점프와 편평한 부분이 반복되는 양상은 기묘하고 불규칙한 계단 모양을 만들어낸다. 수학자들은 이것을 소수계량함수라 부른다.

이것을 홀수에 대해 똑같이 나타낸 그래프와 비교해보라.

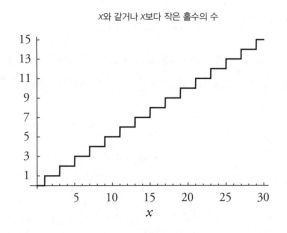

x와 같거나 x보다 작은 홀수의 수

이 계단은 완전히 규칙적인 모습을 보여주는데, 기울기가 $\frac{1}{2}$인 직선으로 나타난다. 서로 이웃한 홀수 사이의 간격이 항상 2이기 때문이다.

그 변덕스러운 성격에도 불구하고, 소수에서도 이와 비슷한 것을 찾을 수 있을까? 믿기 어렵겠지만, 찾을 수 있다. 그 열쇠는 계단의 세부 모습이 아니라 전체적인 경향에 초점을 맞춰 살펴보는 데 있다. 멀리서 바라보면 어지러운 요철 모양의 그래프가 어떤 곡선으로 보이

기 시작한다. 100까지 존재하는 모든 소수의 계량함수 그래프는 다음
과 같다.

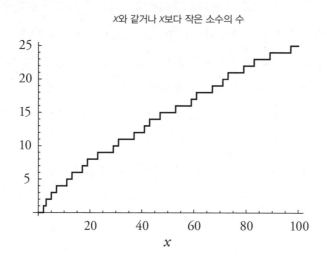

이번에는 계단들이 덜 어지러워 보인다. 10억까지 존재하는 모든
소수를 그래프로 나타내보면 훨씬 더 부드러워 보인다.

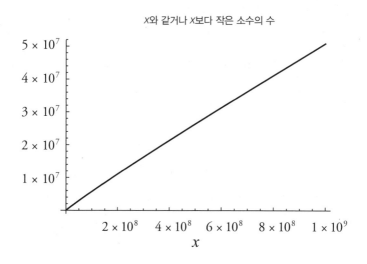

첫 인상과는 반대로 이 곡선은 실제로는 직선이 '아니다'. 곡선은 위로 올라갈수록 조금씩 아래로 처진다. 이것은 갈수록 소수가 점점 '드물어진다는' 것을 의미한다. 갈수록 더 고립되고 더 외로워진다. 조르다노가 '소수의 고독'이라고 한 표현은 바로 이것을 가리킨다.

이렇게 갈수록 소수의 수가 점점 드물어지는 현상은 다른 각도에서 본 개수 조사 자료를 보면 분명하게 드러난다. 처음 30개의 정수까지 존재하는 소수의 수가 10개라고 했던 사실을 떠올려보라. 따라서 수직선의 처음 시작 부분에 존재하는 소수는 전체 정수 중 약 33%를 차지한다. 하지만 처음 100개의 정수까지 존재하는 소수의 수는 25개 뿐이다. 이제 그 비율은 4개당 1개, 즉 25%로 줄어들었다. 그리고 처음 10억 개의 정수에 대해서는 그 비율은 5%로 줄어든다.

갈수록 조금씩 처지는 곡선에 담긴 불길한 메시지는 바로 이것이다. 소수는 죽어가는 혈통이다. 완전히 멸종하지는 않겠지만(소수가 무한히 존재한다는 사실은 유클리드 이후부터 알려져왔다), 갈수록 드문드문 존재하여 거의 망각의 존재로 변하고 만다.

정수론 연구자들은 점점 밑으로 처지는 곡선을 근사적으로 나타내는 함수를 찾음으로써 소수가 실제로 얼마나 외로운지 그 정도를 계량화했다. 그것은 소수들 사이의 전형적인 간격을 나타내는 공식으로 표현한다. 만약 N이 충분히 큰 수라면, N 근처에 존재하는 소수들 사이의 평균 간격은 대략적으로 ln N이다. 여기서 ln은 밑이 e인 자연로그를 가리킨다. 자연로그는 일반 로그와 똑같이 행동하지만, 밑이 10이 아니라 e라는 점만 다르다. 자연로그는 e와 밀접한 관계가 있는 성질 때문에 고등 수학에서 두루 나타난다는 점에서 자연스럽다고 볼 수 있다. e가 도처에 나타나는 현상에 대해 더 자세한 내용은 19장을 참고하라.

소수들 사이의 평균 간격을 나타내는 $\ln N$ 공식은 N이 작을 때에는 잘 성립하지 않지만, N이 무한에 가까워짐에 따라 그 백분율 오차는 0에 가까워진다는 점에서 N이 커질수록 점점 나아진다고 할 수 있다. 이 공식이 얼마나 잘 성립하는지 알아보기 위해 실제로 수들을 대입해 살펴보자. $N=1000$이라고 가정해보자. 1000까지 존재하는 소수의 수는 168개이므로, 이 부분의 수직선에서 소수들 사이의 평균 간격은 $1000 \div 168 ≒ 5.9$이다. 이에 비해 공식에 따르면, $\ln 1000 ≒ 6.9$가 나온다. 이 값은 실제 값보다 약 17% 높다. 하지만 더 멀리 나아가 $N=10$억이면, 실제 평균 간격과 공식으로 예측한 평균 간격은 각각 19.7과 20.7이 되어, 오차는 5% 내외로 줄어든다.

이렇게 N이 무한에 가까이 다가갈수록 더 정확하게 소수의 분포를 근사적으로 기술하는 정리를 지금은 소수 정리[5]라 부른다. 소수 정리는 1792년에 카를 프리드리히 가우스Carl Friedrich Gauss[6]가 처음 발견했는데(발표하지는 않았음), 그때 그의 나이는 불과 열다섯 살이었다(어린이가 게임에 빠지지 않으면 얼마나 대단한 일을 할 수 있는지 보라!).

이 장에서 등장한 다른 십대들인 마티아와 알리체에게는 아득한 수직선 저 너머에도 "오직 암호로만 이루어진 그 고요하고 신중한 공간에" 쌍둥이 소수가 계속 존재한다는[7] 사실이 얼마나 가슴아프게 다가올지 여러분도 충분히 음미할 수 있으리라 믿는다. 확률은 그들에게 아주 불리하다. 소수 정리에 따르면, N 근처에 있는 어느 소수는 $\ln N$보다 훨씬 가까이에서 잠재적 짝을 만날 가능성이 아주 낮다. $\ln N$은

*N*이 아주 크다면 2보다 훨씬 넓은 간격이다.

하지만 가끔 어떤 쌍들은 확률을 극복한다. 컴퓨터는 수직선 위에서 믿을 수 없을 만큼 먼 거리에 위치한 쌍둥이 소수들을 발견했다. 지금까지 발견된 것 중 가장 큰 쌍둥이 소수는 무려 10만 355자리나 되어 수직선에서 까마득하게 멀리 떨어진 어둠 속에 자리잡고 있다.

쌍둥이 소수 추측은 이와 같은 쌍들이 영원히 존재한다고 말한다.

하지만 복식 게임을 함께 즐기기 위해 근처에서 또 다른 쌍둥이 소수를[8] 발견할 가능성은? 행운을 빈다.

26

매트리스 수학

—
침대 매트리스를 뒤집는 방법은 몇 가지일까?
단순한 행동 같지만 이것도 수학적 행위가 된다.
형태의 대칭을 다루는 군론 수학을 소개한다.

아내와 나는 잠자는 스타일이 다르다. 침대 매트리스가 그것을 잘
보여준다. 아내는 베개를 겹겹이 쌓아 베고, 밤새도록 이리저리 굴러
다니면서 자기 때문에 매트리스에 움푹 파인 자국이 거의 남지 않는
다. 반면에 나는 똑바로 누워 미라처럼 꼼짝도 하지 않고 자기 때문
에, 내가 누운 자리에는 움푹 파인 자국이 남는다.

침대 제조업체는 주기적으로 매트리스를 뒤집어가며 사용하라고
권하는데, 필시 나 같은 사람을 염두에 두고 한 말일 것이다. 하지만
최선의 방법은 무엇일까? 침대가 최대한 골고루 닳도록 하려면 침대
를 정확하게 어떻게 뒤집는 게 좋을까?

브라이언 헤이스Brian Hayes는 『침실의 군론Group Theory in the Bedroom』이라는 책을 썼는데, 거기서 책 제목과 같은 제목을 단 글에서 이 문제를 다루었다. 여기서 말하는 '군群, group'은 수학적 행위들—침대 프레임에 딱 들어맞도록 매트리스를 뒤집거나 회전시킬 수 있는 모든 방법—의 집합을 가리킨다.

여기서 매트리스 수학[1]을 좀 자세하게 다루는 이유는 여러분에게 군론[2]이 어떤 것인지 대충 소개하기 위해서이다. 군론은 많은 수학 분야 중에서도 쓰이는 용도가 가장 다양한 분야이다. 군론은 스퀘어댄싱의 안무에서부터 입자물리학의 기본 법칙과 알람브라 궁전의 모자이크와 다음 그림처럼 그에 상응하는 카오스적 이미지[3]에 이르기까지 모든 것의 바탕을 이룬다.

수학자 마이클 필드와 마틴 골루비츠키가 군론과 비선형역학의 상호 작용을 연구하며 만들어낸 컴퓨터 그래픽 이미지. 대칭적 카오스를 보여주는 형상이다.

이 예들이 시사하듯이, 군론은 예술과 과학을 잇는 가교 역할을 한다. 군론은 두 문화가 공유하는 것, 즉 대칭에 대한 불변의 관심을 다룬다. 하지만 군론은 그토록 광범위한 현상을 포함하기 때문에 필연적으로 추상적일 수밖에 없다. 군론은 대칭을 증류하여 그 본질을 뽑아낸다.

매트리스를 뒤집는 데에도
수학적인 방법이 있다.

우리는 대칭을 대개 어떤 형태가 지닌 속성이라고 생각한다. 하지만 군론 연구자들은 어떤 형태에 우리가 '할' 수 있는 일 — 구체적으로는 그것이 지닌 나머지 속성을 그대로 유지하면서 그것을 변화시킬 수 있는 모든 방법 — 에 초점을 맞춰 연구한다. 더 정확하게 말하면, 군론 연구자들은 어떤 제약 조건에서 어떤 형태를 변화시키지 않으면서 일으킬 수 있는 모든 변환에 대해 연구한다. 이러한 변환을 그 형태의 대칭이라 부른다. 이러한 변환들의 집합이 군인데, 변환들 사이의 관계가 그 형태의 가장 기본적인 구조를 정의한다.

매트리스의 경우, 변환은 공간에서 매트리스의 구조를 유지하면서 (이것이 제약 조건임) 그 방향성(orientation, 향向이라고도 하며, 다양체 위에서 시계 방향 및 반시계 방향의 개념을 정의하는 속성을 말함)을 바꾼다. 변환이 일어난 뒤에 매트리스는 직사각형 침대 프레임(이것은 동일하게 유지되는 속성)에 딱 들어맞아야 한다. 이 규칙들을 알았으니, 이제 어떤 변환들이 배타적인 이 작은 군에 포함될 자격이 있는지 알아보자. 조사해보면 오직 네 가지 변환만 자격이 있는 것으로 드러난다.

첫 번째는 아무것도 하지 않는 변환이다. 즉, 매트리스를 있는 그대로 전혀 손대지 않고 내버려두는 변환으로, 게으르지만 인기가 많은 선택이다. 이 변환은 모든 규칙을 만족시키지만, 매트리스의 수명을 늘리는 데에는 별로 도움이 되지 않는다. 하지만 이것은 이 군에서 아주 중요한 구성원이다. 이 변환은 군론에서 마치 수의 덧셈에서 0이나 곱셈에서 1이 하는 것과 같은 역할을 한다. 수학자들은 이것을 항등원identity element이라 부르므로, 나는 그 영어 알파벳 첫 글자를 따 여기서 I로 표기하겠다.

그 다음에는 매트리스를 뒤집는 기발한 방법이 세 가지 있다. 이것들을 구별하기 편하게 하기 위해 매트리스의 각 모퉁이에 다음과 같이 번호를 붙이기로 하자.

첫 번째 종류의 뒤집기는 이 장이 시작될 때 이야기했다. 줄무늬 파자마를 입은 잘생긴 신사가 세로축을 중심으로 매트리스를 $180°$ 회전시킨다고 상상해보라. 이 수평 방향 뒤집기horizontal flip를 H라 부르기로 하자.

수평 방향 뒤집기

좀 더 무모한 방법은 매트리스를 가로축을 중심으로 수직 방향으로 뒤집는 것이다. 이것을 수직 방향 뒤집기vertical flip의 머리글자를 따라 V라 부르기로 하자. 이렇게 뒤집으면 매트리스의 위와 아래가 바뀐다. 매트리스를 천장에 닿을락 말락 하게 긴 쪽으로 똑바로 세운 뒤에 그대로 밀어 거꾸로 뒤집으면 된다. 그러면 쿵 하는 소리와 함께 매트리스는 가로축을 중심으로 $180°$ 회전한다.

수직 방향 뒤집기

마지막 방법은 매트리스를 편평한 상태로 유지한 채 반 바퀴 회전시키는 것이다.

회전

H와 V 뒤집기와 달리 이 R 회전은 침대의 윗면이 그대로 윗면으로 남아 있다.

이 차이는 각각의 변환이 일어난 뒤에 매트리스(이제 반투명하다고 상상하라)를 위에서 바라보면서 모퉁이의 숫자들을 살펴보면 드러난다. 수평 방향 뒤집기를 하면 숫자들이 거울상으로 변한다. 그와 함께 1과 2가 서로 자리를 바꾸고, 3과 4도 자리를 바꾼다.

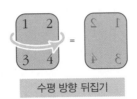

수평 방향 뒤집기

수직 방향 뒤집기를 하면, 숫자들이 다른 방식으로 자리를 바꾸고 거울상으로 변할 뿐만 아니라, 물구나무를 선 모습으로 변한다.

수직 방향 뒤집기

하지만 회전을 하면, 거울상은 전혀 나타나지 않는다. 그저 숫자들이 거꾸로 뒤집힐 뿐이고, 1과 4가 서로 자리를 바꾸고, 2와 3이 서로 자리를 바꿀 뿐이다.

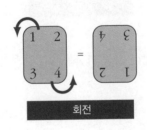

회전

이러한 세부 사실이 중요한 게 아니다. 중요한 것은 이 변환들이 서로 어떤 관계가 있느냐 하는 것이다. 그 상호 작용 패턴들이 매트리스의 대칭을 암호화한다.

최소한의 노력으로 그런 패턴들을 드러내려면, 아래와 같은 그림을 그려보는 게 큰 도움이 된다(네이선 카터Nathan Carter가 쓴 『시각적 군론Visual Group Theory』이라는 책에 이와 같은 이미지가 많이 들어 있다. 이 책은 내가 읽은 책 중에서 군론이나 다른 고등 수학 분야를 소개하는 최고의 입문서 중 하나이다).

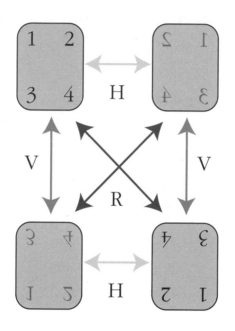

매트리스의 네 가지 상태가 위 그림에 표시되어 있다. 왼쪽 위 상태는 출발점에 해당한다. 화살표들은 매트리스를 한 상태에서 다른 상태로 변환시키는 움직임을 나타낸다.

예를 들면, 왼쪽 위 상태에서 오른쪽 아래 상태를 향한 화살표는 회전 R의 행동을 나타낸다. 이 화살표에는 반대쪽에도 화살촉이 붙어 있는데, R을 두 번 하는 것은 아무 행동도 하지 않는 것과 같기 때문이다.

이것은 전혀 놀라운 일이 아니다. 매트리스를 위아래 방향으로 180° 회전한 다음, 다시 똑같이 180° 회전하면, 원래의 상태로 돌아간다는 것을 의미할 뿐이다. 이 성질을 $RR=I$라는 방정식으로 요약할 수 있는데, 여기서 RR은 'R을 두 번 하는 것'을 의미하고, I는 아무것도 하지 않는 항등원이다. 수평 방향 뒤집기와 수직 방향 뒤집기 변환도 자신이 한 행동을 뒤집을 수 있다. 즉, $HH=I$이고, $VV=I$이다.

이 그림은 그 밖에도 많은 정보를 담고 있다. 예를 들면, 수직 방향 뒤집기 V가 수평 방향 뒤집기를 한 뒤에 회전을 한 HR(훨씬 안전하게 같은 결과에 이르는 길)과 같다는 것을 보여준다. 이것을 확인하려면, 왼쪽 위의 출발 상태에서 시작하라. H를 따라 동쪽으로 나아가 다음 상태에 이른 뒤, 거기서 R을 따라 대각선 방향인 남서쪽으로 나아간다. 처음에 V를 따라 나아갔을 때와 똑같은 상태에 이르렀기 때문에 이 그림은 $HR=V$임을 증명한다.[4]

이러한 행동의 순서를 바꾸어도 아무 상관이 없다는 사실도 주목할 필요가 있다. 즉, $HR=RH$인데, 두 가지 경로 모두 결국 V에 이르기 때문이다. 이렇게 결과가 순서에 상관없다는 사실은 모든 쌍의 행동에 적용된다. 이것은 보통 수 x와 y의 덧셈에 대한 교환법칙($x+y=y+x$)의 일반화에 해당하는 것으로 생각할 수 있다. 하지만 주의해야 할 점이 있다. 매트리스군은 특별한 군이다. 교환법칙을 위배하는 군도 많다. 운 좋게 교환법칙을 따르는 군들은 특별히 깔끔하고 단순하다.

이제 결론을 내릴 때가 되었다. 이 그림은 매트리스를 가장 균일하게 닳도록 하는 방법을 보여준다. 네 가지 상태를 정기적으로 바꿔가며 골고루 사용하는 전략이라면 어떤 것이건 효과가 있다. 예를 들면, *R*과 *H*를 교대로 반복하는 전략이 편리하다. 이 전략은 *V*를 생략하는 것이기 때문에 크게 힘들지도 않다. 여러분의 기억을 돕기 위해 일부 제조업체는 "봄에는 회전시키고, 가을에는 뒤집어주세요(spin in the spring, flip in the fall)."라고 이야기한다.

매트리스군은 물 분자의 대칭에서부터 전기 스위치 쌍의 논리에 이르기까지 예상치 못한 곳에서도 나타난다. 이것은 군론의 한 가지 매력이다. 군론은 그렇지 않았더라면 아무 관계도 없어 보였을 대상들에 숨어 있는 통일성을 드러낸다. 물리학자 리처드 파인만이 어떻게 징병 유예를 받았는지[5] 보여주는 다음 일화가 그런 예에 해당한다.

신체 검사장에서 군 정신과 의사는 파인만에게 검사를 위해 두 손을 내밀라고 했다. 파인만은 한 손은 손바닥을 위로, 다른 손은 손바닥을 아래로 한 채 내밀었다. 정신과 의사는 "아니, 그렇게 말고 반대로."라고 말했다. 그러자 파인만은 두 손을 '동시에' 뒤집었다. 여전히 한 손은 손바닥이 위로 향했고, 다른 손은 아래로 향했다.

파인만은 심리 게임을 시도한 게 아니었다. 그저 군론의 작은 유머를 써먹었을 뿐이다. 파인만이 양 손을 뻗을 수 있는 방법들을 그 사이에서 일어날 수 있는 다양한 전환과 함께 모두 다 고려한다면, 그 화살표들은 매트리스군과 똑같은 패턴을 이룬다!

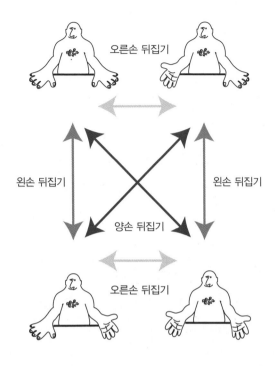

하지만 이것이 매트리스를 너무 복잡하게 보이게 한다면, 권하고 싶은 진짜 교훈은 여러분도 이미 알고 있는 것이다. 즉, 어떤 문제가 골치를 아프게 한다면, 그건 내일 생각하기로 하고 그냥 잠이나 푹 자는 것이다.

뫼비우스의 띠

—

크림치즈를 더 많이 바르려면
베이글을 어떤 모양으로 잘라야 할까?
고무처럼 신축성 있는 기하학, 위상수학을 살펴보자.

내가 사는 고장의 초등학교는 부모들을 자녀들의 수업에 일일 교사로 초빙한다. 아이들은 이를 통해 다양한 직업에 대한 이야기와 함께 정상적인 학교 수업에서는 들을 수 없는 이야기를 들을 수 있다.

내 차례가 왔을 때, 나는 봉지에 뫼비우스의 띠[1]를 가득 담고서 1학년 딸의 교실에 들어섰다. 전날 밤에 나는 아내와 함께 긴 종이 띠를 많이 잘라 만든 뒤에 아래 그림처럼 반 바퀴 비틀었다.

그러고 나서 양 끝을 접착 테이프로 이어 붙여 뫼비우스의 띠를 만들었다.

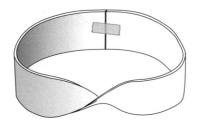

여섯 살짜리 꼬마도 이것을 가지고 여러 가지 재미있는 활동을[2] 할 수 있는데, 준비물은 가위와 크레용, 접착 테이프, 그리고 약간의 호기심만 있으면 된다.

내가 아내와 함께 뫼비우스의 띠와 미술 용품을 아이들에게 나눠 주자, 선생님은 아이들에게 오늘 우리가 배울 게 무엇이라고 생각하느냐고 물었다. 한 남자 아이가 손을 들더니 "음, 모르겠어요. 하지만 언어학이 아니란 건 알겠어요."

물론 선생님은 '미술'이나 혹은 어쩌면 조숙한 아이에게서 '수학'이라는 대답을 기대했을 것이다. 하지만 최고의 대답은 '토폴로지' 또는 '위상수학'[3]이었을 것이다(이타카에서는 1학년에게서도 그런 대답이 충분히 나올 수 있다. 하지만 위상수학자의 자녀는 그 해에 다른 반에 있었다).

위상수학이란 무엇인가? 위상수학은 최근에 활발히 연구되기 시작한 현대 수학의 한 분야로 기하학의 한 갈래이지만(그래서 위상기하학이라 부르기도 한다), 정통 기하학보다 훨씬 유연하다. 위상수학에서는 구부리거나 비틀거나 잡아늘이거나 그 밖의 다른 방법을 통해 한 형태를 다른 형태로 변형시킬 수 있을 경우, 두 형태를 같다고 간주한다. 단, 자르거나 구멍을 뚫는 것과 같은 변형은 허용하지 않는다. 단단한 물체를 다루는 기하학과는 달리, 위상수학이 다루는 대상들은 마치 이상적인 고무나 고무찰흙으로 만들어진 것처럼 무한한 신축성이 있다.

위상수학은 어떤 형태가 지닌 근본 속성, 즉 연속적인 변형이 일어난 뒤에도 변하지 않는 속성에 주목한다. 예를 들면, 정사각형 모양의 고무 밴드와 원 모양의 고무 밴드는 위상수학적으로 동일한 형태이다. 정사각형에서 꼭지점과 변이 4개씩이라는 사실은 전혀 중요하지 않다. 이러한 속성은 위상수학에서는 아무 쓸모가 없다. 연속적인 변형을 통해 정사각형의 꼭지점을 둥글게 만들고 변도 호로 만들 수 있기 때문이다.

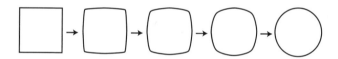

하지만 이러한 변형으로도 원과 정사각형 형태가 지닌 고유한 속성인 고리 모양[4]은 '제거할 수 없다.' 원과 정사각형은 둘 다 폐곡선이다. 이것은 두 형태가 공유한 위상수학적 속성이다.

마찬가지로 뫼비우스의 띠가 지닌 특별한 위상수학적 속성은 반 바퀴 비틀림이다. 이 비틀림 때문에 대표적인 특징이 나타난다. 가장 유명한 특징은 뫼비우스의 띠의 면과 모서리가 각각 하나뿐이라는 사실이다. 다시 말해 앞면과 뒷면이 실제로는 동일한 면이고, 위쪽 모서리와 아래쪽 모서리도 동일한 모서리이다(이것을 확인해보고 싶으면,

손가락을 뫼비우스의 띠 중앙 부분이나 모서리에 갖다댄 채 띠를 따라 출발점으로 돌아올 때까지 계속 나아가보라). 이런 일이 일어나는 이유는 반 바퀴 비틀림이 위쪽 모서리와 아래쪽 모서리를 꼬아 기다랗고 연속적인 하나의 곡선으로 만들었기 때문이다. 마찬가지로 반 바퀴 비틀림은 앞면과 뒷면도 한 면으로 이어 붙였다. 일단 접착 테이프로 종이 띠를 이 상태로 고정시키고 나면, 이러한 특징들은 항구적인 것이 된다. 뫼비우스의 띠를 아무리 잡아늘이거나 비틀어도, 반 바퀴 비틀림과 면과 모서리가 하나인 특징은 변하지 않는다.

나는 초등학교 1학년들에게 이러한 특징들에서 비롯되는 뫼비우스의 띠의 기묘한 성질을 살펴보게 하면서 수학이 얼마나 재미있는지 (그리고 얼마나 경이로운지) 보여주고 싶었다.

먼저 나는 아이들에게 크레용으로 뫼비우스의 띠 한가운데를 따라 계속 선을 그어보라고 말했다. 아이들은 진지한 표정으로 열심히 선을 그리기 시작했다. 다음 그림의 점선처럼 선을 그어나간 것이다.

한 바퀴를 돈 뒤에 많은 아이들은 동작을 멈추고 의아한 표정을 지었다. 그러다가 흥분한 목소리로 서로 소리를 지르기 시작했는데, 선이 예상한 것과 달리 출발점으로 돌아오지 않았기 때문이다. 한 바퀴를 돈 뒤에 크레용이 그린 선은 출발점의 '반대편'에 가 있었다. 이것은 첫 번째로 놀라운 사실인데, 뫼비우스의 띠 위에서는 출발점으로 돌아오려면 '두 바퀴'를 돌아야 한다.

그런데 갑자기 한 남자 아이가 공황 상태에 빠졌다. 크레용이 출발점으로 돌아오지 않았다는 사실을 안 순간, 그 아이는 자신이 뭔가 잘못했다고 생각했다. 원래 그렇게 되는 게 정상이고, 그 아이가 제대로 했으며, 한 바퀴 더 돌기만 하면 된다고 이야기해도, 아무 소용이 없었다. 이미 때가 늦었다. 아이는 바닥에 주저앉아 울기 시작했고, 도저히 달랠 수가 없었다.

이제 약간 두려운 생각이 마음 한쪽 구석에 자리를 잡았지만, 나는 아이들과 함께 다음 활동으로 넘어갔다. 나는 아이들에게 가위로 뫼비우스의 띠 한가운데를 따라 죽 자르면 어떤 일이 일어날 것 같으냐고 물었다.

그야 둘로 갈라지겠죠! 띠가 두 개 생기겠죠! 아이들은 이렇게 생각했다. 하지만 실제로 가위로 뫼비우스의 띠를 잘라본 뒤에 믿을 수 없는 일이 일어나자(뫼비우스의 띠는 둘로 갈라지지 않고 하나로 남아 있었고, 다만 길이가 두 배로 늘어났다), 놀라움과 경탄의 소리가 아까보다 더 크게 터져나오며 온 교실이 왁자지껄했다. 그것은 마술과도 같았다.

그 후로는 아이들의 관심을 억누르기 힘들었다. 각자 나름의 실험을 하느라 분주했는데, 두 번 혹은 세 번 비튼 뫼비우스의 띠를 만들어 가운데나 3분의 1 지점이나 4분의 1 지점을 따라 가위로 잘라보면서 온갖 종류의 꼬인 목걸이와 사슬과 매듭을 만들었다. 교실 안은 "이야! 내가 만든 것 좀 봐!"와 같은 소리로 떠들썩했다. 하지만 내가 정신적 외상을 준 그 꼬마 아이는 어떻게 할 방법이 없었다. 사실 내가 수업을 하다가 학생을 울린 일은 그게 처음이 아니었다.

바이 하트Vi Hart[5]는 고등학교 때 수학 시간이 너무 지겨워 수업을 듣는 대신에 낙서를 하기 시작했는데, 뱀과 나무, 그리고 무한히 작아지는 일련의 코끼리들을 그렸다. 스스로 '전업 레크리에이션 수학음악가'라고 부르는 바이는 자신이 그린 낙서 중 일부를 유튜브에 올렸다. 이것들은 지금까지 조회 횟수가 수십만 건이 넘으며, 코끼리는 100만 건이 넘는다. 바이와 그녀의 비디오는 놀라운 독창성을 보여준다.

내가 그녀의 비디오 중에서 가장 좋아하는 두 가지는 음악과 이야기를 독창적으로 사용함으로써 뫼비우스의 띠가 지닌 기이한 성질을 드러낸다. 둘 중에서 이해하기가 좀 더 쉬운 '뫼비우스 뮤직 박스'는 바이가 『해리 포터』 책을 읽고 영감을 받아 작곡한 주제곡을 연주한다.

그 선율은 테이프에 뚫린 일련의 구멍들로 암호화되어 있는데, 이것을 표준적인 뮤직 박스를 사용해 연주한다. 바이가 발휘한 독창성은 테이프의 양 끝을 꼬아 이어 붙임으로써 뫼비우스의 띠를 만든 데 있다. 그리고 뮤직 박스의 크랭크를 돌리면 테이프가 뮤직 박스를 지나가면서 선율이 정상적으로 연주된다. 하지만 비디오를 플레이한 지 50초쯤 지나 고리가 한 바퀴를 다 돌고 나면, 뫼비우스의 띠의 반 바퀴 비틀림 특성 때문에 뮤직 박스는 이번에는 구멍이 뚫린 테이프의 '뒷면'을 거꾸로 연주하기 시작한다. 그래서 똑같은 선율이 이번에는

그려진 악보의 앞뒷면이 번갈아 연주되는 뫼비우스 뮤직 박스

모든 음이 '거꾸로 뒤집힌 채' 연주된다. 높은 음은 낮은 음이 되고, 낮은 음은 높은 음이 된다. 먼젓번과 똑같은 순서로 연주되지만 뫼비우스의 띠가 지닌 구조 때문에 음의 높이가 거꾸로 뒤집힌 채 연주되는 것이다.

바이는 뫼비우스의 띠에서 모든 것이 뒤집힌다는 게 어떤 것인지 보여주는 더 놀라운 예를 '뫼비우스 이야기: 윈드와 미스터 어그 Möbius Story: Wind and Mr. Ug'에서 소개한다. 이것은 이룰 수 없는 슬프고도 아름다운 사랑 이야기이다. 바이가 투명 필름 위에 쉽게 지울 수 있는 마커로 그린, 윈드라는 이름의 상냥하고 작은 삼각형이 이 이야기의 주인공으로 등장한다. 그런데 투명 필름은 뫼비우스의 띠 모양으로 꼬여 있다. 외롭게 살아가는 윈드는 그 세계에서 나머지 유일한 주민으로 이웃집에 사는 수수께끼의 남자 미스터 어그를 만나길 학수고대한다. 윈드는 미스터 어그를 여태까지 한 번도 만난 적이 없지만

바이가 유튜브에 올린 '뫼비우스 이야기' 동영상의 일부분. 유튜브에서 'Wind and Mr. Ug'로 검색하면 동영상을 볼 수 있다.

(그의 집을 찾아갈 때마다 그는 늘 외출하고 없다), 미스터 어그가 윈드를 위해 남긴 메시지를 보고 사랑에 빠져 언젠가 그를 만나길 기대한다.

스포일러 경고: 이 이야기의 비밀을 알고 싶지 않다면, 다음 단락은 읽지 말고 그 다음 단락으로 건너뛸 것!

미스터 어그는 실존하는 인물이 아니다. 미스터 어그의 정체는 바로 윈드 자신이다. 투명한 뫼비우스의 띠 반대면에 거꾸로 뒤집힌 채 비친 윈드의 모습이다. 바이가 글자들을 아주 기발하게 쓰고 필름을 교묘하게 이리저리 움직임으로써 세계를 돌리기 때문에, 윈드의 이름이나 집이나 윈드가 남긴 메시지가 뫼비우스의 띠를 한 바퀴 돌고 나면 거꾸로 뒤집혀 마치 미스터 어그의 것처럼 보인다.

내 설명만으로는 이 비디오의 진가를 제대로 느낄 수 없을 것이다. 독특한 사랑 이야기를 뫼비우스의 띠의 성질을 생생하게 나타낸 일러스트레이션과 결합한, 바이의 놀라운 독창성을 감상하려면 직접 비디오를 보는 게 낫다.

그 밖에도 뫼비우스의 띠의 신기한 성질에서 영감을 얻은 미술가가 많다.[6] 마우리츠 에셔Maurits Escher는 영원한 고리에 갇힌 개미 그림에 뫼비우스의 띠를 사용했다. 맥스 빌Max Bill과 우시오 게이조牛尾啓三 같은 조각가도 자신들의 대작에 뫼비우스의 띠를 모티프로 사용했다.

뫼비우스 구조 중에서 가장 기념비적인 작품은 아마도 카자흐스탄국립도서관[7]의 설계가 아닐까 싶다. 덴마크 건축 회사 BIG가 설계한 나선 통로는 '벽이 지붕이 되고, 지붕이 바닥이 되고, 바닥이 다시 벽이 되는 유르트(몽골과 시베리아 유목민들이 사용하는 전통텐트)처럼' 나선을 그리며 위로 올라갔다가 아래로 내려간다.

공학자들도 뫼비우스의 띠가 지닌 성질을 설계에 활용했다. 예를 들면, 녹음 테이프를 뫼비우스의 띠 모양

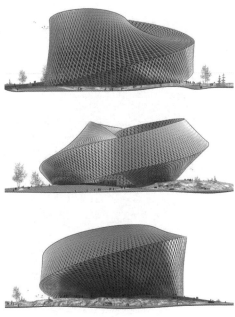

여러 방향에서 본 카자흐스탄국립도서관

으로 만들면, 플레잉 타임이 두 배로 늘어난다. B. F. 구드리치 회사
는 뫼비우스의 띠 컨베이어 벨트에 대한 특허를 얻었다. 이 컨베이어
벨트는 기존의 제품에 비해 수명이 두 배나 오래 가는데, 그 '양면'이
고루 닳기 때문이다. 그 밖의 뫼비우스 특허[8]로는 축전기, 복부 수술
용 당김기, 드라이클리닝 기계의 자동 세척 필터 등을 위한 새로운 설
계 등이 있다.

　하지만 위상수학을 가장 잘 응용한 사례는 뫼비우스의 띠를 전혀
포함하지 않은 다음 발명품이 아닌가 싶다. 이것은 비틀림과 연결의
주제를 변형한 것으로, 아마도 여러분이 일요일 아침 브런치에 손님
을 초대할 때 도움을 줄 것이다. 이것은 바이의 아버지인 조지 하트
George Hart가 생각해낸 것이다. 그는 기하학자이자 조각가이며, 스토
니브룩 대학에서 컴퓨터과학 교수와 뉴욕 시의 수학박물관에서 콘텐
츠 책임자로 일한 적이 있다. 하트는 두 조각이 사슬의 연결 고리처럼

연결된 사슬 모양으로 자른 베이글에는 크림치즈를 더 많이 바를 수 있다.

맞물리도록 베이글[9]을 반으로 자르는 방법을 고안했다.

이 방법의 이점은 손님의 궁금증을 유발하는 것 외에 표면적을 더 늘릴 수 있어 크림치즈를 바를 표면이 더 많다는 점이다.

28

구면기하학과 미분기하학

—

두 점이 있을 때
그 점을 잇는 경로는 수없이 많다
여기 그 중에서 최단 경로를 찾는 수학이 있다.

우리에게 가장 친숙한 기하학 개념들은 아주 오래된 상상, 바로 지구가 편평하다는 상상[1]에서 영감을 얻었다. 피타고라스의 정리에서부터 결코 만나지 않는 평행선에 이르기까지 이 개념들은 2차원 평면기하학이 펼쳐지는 상상의 장소에서 성립하는 영원한 진리이다.

2500년도 더 전에 인도, 중국, 이집트, 바빌로니아 사람들이 이미 생각하고, 유클리드와 그리스 사람들이 성문화하고 개량한 이 평면기하학은 지금도 중학교와 고등학교에서 가르치는 주된(때로는 유일한) 기하학이다. 하지만 지난 수천 년 동안 많은 것이 변했다.

세계화, 구글 어스, 대륙 간 항공 여행 시대를 맞아 우리는 구면기하학과 그것을 현대적으로 일반화한 미분기하학[2]에 대해서도 약간 알아둘 필요가 있다. 이 분야들의 기본 개념은 나온 지 겨우 200여 년밖에 안 되었다. 카를 프리드리히 가우스와 베른하르트 리만이 선구적인 연구를 한 미분기하학은 아인슈타인의 일반 상대성 이론과 같은 놀라운 지적 체계의 기반을 이룬다. 하지만 그 중심에는 자전거를 타보거나 지구의를 바라보거나 고무 밴드를 잡아늘여본 사람이라면 누구나 이해할 수 있는 아름다운 개념들이 있다. 그리고 이것들을 이해하면, 여러분이 여행을 하면서 궁금하게 여겼던 몇 가지 의문이 풀릴 것이다.

내가 어릴 때 아버지는 내게 지리에 관한 퀴즈를 내길 좋아했다. 예를 들면, 로마와 뉴욕 시 중 어느 도시가 더 북쪽에 있을까라는 퀴즈를 냈다. 대다수 사람들은 뉴욕이 더 북쪽에 있다고 대답하겠지만, 놀랍게도 두 도시는 거의 같은 위도에 있으며, 로마가 뉴욕보다 조금 더 북쪽에 있다. 보통 세계 지도(그린란드가 실제보다 훨씬 크게 나타나

둥근 지구 위에 있는 뉴욕에서 로마로 가려면 어느 경로가 가장 빠를까?

는 메르카토르 도법으로 그린)에서는 뉴욕에서 로마로 가려면, 곧장 동쪽으로 직선으로 나아가면 될 것 같다.

하지만 여객기 조종사들은 그 경로를 따라 비행하지 않는다. 그들은 늘 뉴욕에서 북동쪽으로 캐나다 해안을 따라 날아간다. 나는 안전을 위해 육지에 가까운 경로를 선택하나 보다 하고 생각했지만, 그게 아니었다. 지구의 곡률을 감안하면, 그것이 가장 똑바른 경로[3]이기 때문이다. 뉴욕에서 로마로 가는 데 가장 가까운 길은 캐나다 동부의 노바스코샤 주를 지나 대서양을 건넌 다음, 아일랜드 남쪽을 통과하고 프랑스를 지나 이탈리아에 도착하는 것이다.

구면 위를 지나가는 이런 경로는 대원大圓의 호에 해당한다. 보통 공간의 직선처럼 구면 위의 대원은 두 점 사이를 잇는 최단 경로를 포함한다. 대원이라고 부르는 이유는 이 원이 구면 위에서 그릴 수 있는 가장 큰 원이기 때문이다. 대표적인 예로는 북극점과 남극점을 지나는 경선이 그리는 원과 적도를 들 수 있다.

직선과 대원이 공통적으로 지닌 또 한 가지 성질은 두 점 사이를 잇는 경로 중 가장 똑바른 경로라는 것이다. 이 말은 좀 이상하게 들릴지도 모른다. 구면 위에서는 '모든' 경로가 굽어 있지 않은가? 그런데 '가장 똑바른' 경로라니, 이건 도대체 무슨 뜻일까? 모든 경로가 굽어 있긴 하지만, 어떤 경로는 다른 경로보다 더 많이 굽어 있다. 하지만 대원은 구면 위에서 곧장 나아가는 것 외에 '추가로' 더 굽은 부분이 전혀 없다.

이것을 시각화하는 방법을 소개한다. 여러분이 구면 위에서 아주 작은 자전거를 타고 달린다고 상상해보라. 여러분은 어떤 경로를 따라 죽 나아가고자 한다. 만약 그 경로가 대원의 일부라면, 앞바퀴를 항상 정면으로 향한 채 달리기만 하면 된다. 바로 이런 이유에서 대원은 똑바른 경로라고 말할 수 있다. 이와는 대조적으로, 극 지방 부근의 한 위선을 따라 자전거를 타고 달리려고 하면, 시시때때로 핸들을 꺾어야 한다.

물론 표면 중에서 평면과 구면은 비정상적으로 단순하다. 오히려 인체나 깡통 또는 베이글의 표면이 훨씬 일반적이다. 이런 표면들은 모두 비대칭적이고, 다양한 종류의 구멍이 많이 나 있으며, 그 위를 지나가는 경로들이 훨씬 복잡하다. 더 일반적인 이러한 환경에서 두 점 사이의 최단 경로를 찾는 일은 훨씬 복잡하고 어렵다. 그러니 세부 내용을 전문적으로 파고들기보다는 직관적 방법을 택하기로 하자. 여기에는 고무줄이 큰 도움을 준다.

탄력이 좋은 고무줄이 있다고 상상해보라. 이 고무줄은 어떤 물체의 표면 위에 머물러 있는 한 얼마든지 수축할 수 있다. 이 고무줄의 도움을 받으면, 뉴욕과 로마 사이의 최단 경로, 아니 표면 위에 있는 것이라면 어떤 두 점 사이의 최단 경로도 쉽게 알아낼 수 있다. 고무줄 양 끝을 출발점과 종착점에 고정시키고 고무줄이 표면의 윤곽 위에 팽팽하게 들러붙게 한다. 고무줄이 최대한 팽팽해졌을 때, 고무줄은 바로 최단 경로를 나타낸다.

평면이나 구면보다 조금 더 복잡한 표면에서는 다소 기묘하고 새로운 일이 일어날 수 있다. 똑같은 두 점 사이에 국지적 최단 경로가 '많이' 존재할 수 있다. 예를 들어 깡통 표면 위에서 한 점이 다른 점 바로 아래에 위치한다고 하자.

그렇다면 두 점 사이의 최단 경로는 아래의 왼쪽 그림에서 보는 것처럼 두 점을 직선으로 잇는 선분임이 분명하다. 우리의 고무줄은 이 최단 경로를 분명히 알려줄 것이다. 여기에 무슨 새로운 게 있단 말인가? 깡통이 지닌 원기둥 모양 때문에 새로운 가능성들이 생겨날 수 있다. 즉, 충족시켜야 하는 조건을 다양하게 비틀 수 있다. 두 점을 연결하기 전에 고무줄이 반드시 원기둥을 한 바퀴 돌아야 한다는 조건을 만족시켜야 한다고 가정해보자(DNA가 염색체 내의 특정 단백질 주위를 둘러쌀 때 바로 이와 같은 구속 조건을 만족시켜야 한다). 이제 고무줄이 팽팽해졌을 때, 고무줄의 경로는 아래의 오른쪽 그림처럼 이발소 표시등의 곡선 같은 나선을 그린다.

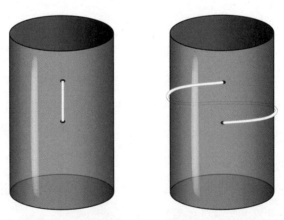

원통 위에 찍힌 두 점을 잇는 고무줄이 그리는 여러 가지 경로

이 나선 경로는 최단 경로 문제에 또 하나의 답으로 충분한 자격이 있다. '근처'를 지나가는 후보 경로들 중에서 가장 가까운 경로이기 때문이다. 만약 팽팽한 상태의 고무줄을 조금 옆으로 민다면, 그 경로

는 좀 더 길어질 수밖에 없고, 다시 나선 경로로 수축할 것이다. 따라서 이것을 국지적 최단 경로라고 말할 수 있다. 즉, 이것은 원기둥 주위를 한 바퀴 도는 경로들 중에서 국지적 챔피언이다(그런데 이것은 이 분야를 미분기하학이라 부르는 이유이기도 하다. 미분기하학은 나선 경로와 그 이웃 경로들 사이의 길이 차이와 같은 미소한 국지적 '차이'가 다양한 종류의 형태에 미치는 효과를 연구한다).

그런데 이게 다가 아니다. 원기둥을 두 바퀴 도는 경로들의 챔피언도 있고, 세 바퀴 도는 경로들의 챔피언도 있다. 따라서 원기둥 위에서 국지적 최단 경로는 무한히 많다! 물론 이 나선들 중에서 전체적인 최단 경로는 하나도 없다. 모든 경로 중에서 가장 짧은 경로는 바로 맨 앞에서 보았던 직선 경로이다.

마찬가지로 구멍과 손잡이가 있는 표면은 국지적 최단 경로를 많이 허용하는데, 이 국지적 최단 경로들은 표면의 다양한 부분들을 지

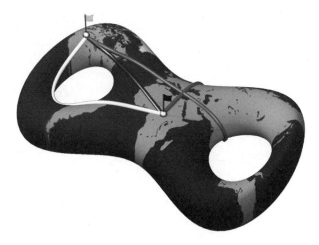

측지선의 비고유성을 보여주는 원환면 모형

나가는 패턴으로 구별된다. 베를린 자유 대학의 수학자 콘라트 폴티어 Konrad Polthier[4]가 만든 비디오에서 따온 위 사진은 8자 모양의 가상 행성 표면(전문가들은 이것을 구멍이 2개 뚫린 원환면圓環面이라 부른다)에서 이러한 국지적 최단 경로, 즉 측지선의 비고유성을 잘 보여준다.

여기에 나타낸 세 가지 측지선은 이 행성에서 서로 아주 다른 부분들을 지나가면서 서로 다른 고리 패턴을 그린다. 하지만 모두 이웃 경로들에 비해 최단 경로를 지나간다는 공통점을 지니고 있다. 그리고 평면 위의 직선이나 구면 위의 대원처럼 이 측지선들은 이 표면 위에서 가장 똑바른 곡선이다. 표면의 모양에 맞춰 구부러지긴 하지만, 그 표면 '내'에서는 구부러지지 않는다. 이 점을 분명히 하기 위해 폴티어는 또 다른 비디오를 만들었다.

원환면 위에 측지선으로 된 고속도로가 있고 그 위를 오토바이가 달리고 있다고 상상해보자. 길에 굴곡이 있어 보이지만 측지선은 '똑바른 곡선'이므로, 오토바이는 핸들을 꺾지 않아도 이 도로 위를 곧장 달릴 수 있다.

여기서는 무인 오토바이가 구멍이 2개 뚫린 원환면 위에 난 측지선 고속도로를 따라 달린다. 놀라운 사실은 곧장 앞으로만 나아가도록 핸들이 고정되어 있다는 점이다. 이리저리 핸들을 꺾지 않아도 도로를 따라 곧장 나아갈 수 있다. 이 사실은 측지선이 대원처럼 직선의 자연스러운 일반화라는 점을 잘 보여준다.

이렇게 상상의 수학 세계를 자유분방하게 모색하는 것은 그렇다 치더라도, 여러분은 측지선이 현실 세계와 도대체 무슨 관계가 있을까 하는 의문이 들 것이다. 당연히 관계가 있다. 아인슈타인은 빛이 우주에서 측지선을 따라 나아간다는 사실을 보여주었다. 1919년에 개기 일식이 일어날 때 천문학자들은 먼 별에서 날아오는 빛이 태양을 스쳐 지나오면서 구부러진다는 사실을 관측했는데, 이것은 빛이 구부러진 시공간에서 측지선을 따라 나아간다는 것을 입증했다.

더 현실적인 차원에서 본다면, 최단 경로를 찾는 수학은 인터넷의 트래픽 경로를 설계하는 데 아주 중요하다. 하지만 이 상황에 해당하는 공간은 앞에서 살펴본 부드러운 표면과는 대조적으로 수많은 주소와 링크로 이루어진 거대한 미로이며, 수학적 쟁점은 알고리듬의 속도(즉, 네트워크에서 최단 경로[5]를 찾는 데 가장 효율적인 방법은 무엇인지)와 관련된 것이다. 수많은 잠재적 경로를 감안할 때, 그것을 풀어낸 수학자와 컴퓨터과학자의 독창성이 없었다면 이 문제는 도저히 감당할 수 없었을 것이다.

사람들은 가끔 비유적 의미로 두 점 사이의 최단 거리가 직선이라고 말할 때가 있는데, 미묘한 차이는 중요치 않고 상식이 옳다는 것을 강조하고자 할 때 그렇게 말한다. 즉, 복잡하게 생각하지 말고 단순하게 생각하라는 뜻으로 그렇게 말한다. 하지만 장애물을 헤치고 나아가는 과정에서 빼어난 아름다움이 탄생할 수도 있다. 그래서 미술과 수학에서는 우리 자신에게 제약을 가하는 게 훨씬 좋은 결실을 낳을 때가 종종 있다. 하이쿠나 소네트sonnet(10개의 음절로 구성되는 시행 14개가 일정한 운율로 이어지는 14행 시) 또는 여러분이 살아온 이야기를 단여섯 단어로[6] 표현해야 하는 경우를 생각해보라. 이곳에서 저곳으로 가는 최단 거리를 우리가 쉽게 찾을 수 없을 때 그것을 찾는 걸 돕기 위해 만들어진 모든 수학도 마찬가지이다.

두 점. 많은 경로. 수학의 축복.

29

해석학

—

수학이란 늘 정확한 답을 구해낼 것 같지만,
무한의 영역으로 다가갈수록 수학자들은 절망에 빠진다.
이럴 때 요긴한 '수학적 치료법'이 있을까?

　수학은 자신이 옳은 게 확실하다는 분위기를 위압적으로 풍기며
으스댄다. 마치 마피아 두목처럼 수학은 결단력 있고 단호하고 강해
보인다. 우리가 절대로 거부할 수 없는 논증을 보여주겠다는 듯이.

　하지만 사람들이 보지 않는 곳에서는 수학도 불안한 모습을 내비
친다. 수학은 스스로에게 의심을 품고 질문을 던지며, 자신이 옳다고
확신하지도 못한다. 특히 무한이 나오는 곳이라면 더욱 심하다. 수학
은 무한 때문에 밤잠을 이루지 못하고 불안에 떨며 전전긍긍하고, 실
존적 두려움에 떤다. 수학사에서 무한을 풀어놓았다가 그러한 대혼란
이 벌어진 적이 있었기 때문에, 무한이 수학의 기반 자체를 와르르 무

드라마 〈소프라노스〉의 한 장면. 갱 두목 토니 소프라노가 신경쇠약으로 정신과 상담을 받는 이 야기가 펼쳐지는 작품이다. 수학 또한 언제나 논리정연하고 강력해 보이지만, 치료가 필요했던 시기들이 있었다.

너뜨리지 않을까 하는 두려움이 늘 존재했다. 그것은 경제계에도 좋지 않은 소식이 될 것이다.

HBO(Home Box Office, 미국의 케이블 TV 프로그램 공급 회사)가 방송한 시리즈물 〈소프라노스The Sopranos〉에서 갱 두목 토니 소프라노Tony Soprano는, 왜 어머니가 자기가 죽길 원하는지와 같은 일들을 이해하려고 노력하면서 불안 발작을 치료하기 위해 정신과 의사를 만나 상담을 한다. 거칠고 강해 보이는 겉모습 뒤에는 혼란에 빠지고 두려움에 떠는 인간이 있다.

이와 비슷하게 미적분학도 절정에 이른 것처럼 보이던 바로 그때 정신과 의사를 찾아가 상담을 받아야 하는 처지에 놓이고 말았다. 수십 년 동안 앞에 놓여 있던 모든 문제들을 마구 베어 쓰러뜨리며 의기

양양하게 나아가던 미적분학은 자신의 중심에서 뭔가 썩은 내가 난다는 사실을 깨달았다. 미적분학에 가장 큰 성공을 가져다주었던 바로 그것 ― 무한 과정을 가차없이 다루는 능력과 겁을 모르는 용감함 ― 이 이제 스스로를 무너뜨리려고 위협했다. 결국 이 위기를 헤쳐나가도록 도운 치료법은 해석학[1]이라 불리게 되었다.

18세기 수학자들을 불안에 빠뜨렸던 종류의 문제가 어떤 것인지 한 예를 소개한다. 다음과 같은 무한급수를 생각해보라.

$$1-1+1-1+1-1+\cdots$$

이것은 한 걸음 전진했다가 한 걸음 후퇴하길 무한히 반복하면서 영원히 진동하는[2] 것과 같다.

이 무한급수는 의미가 있을까? 만약 의미가 있다면, 그 값은 얼마일까?

이것처럼 무한히 긴 수식과 맞닥뜨려 방향 감각을 잃었을 때, 낙관론자라면 낡은 규칙('유한한' 항의 합을 구하는 경험에서 나온 규칙)을 적용할 수 있을 것이라고 기대할지 모른다. 예를 들면, 우리는 $1+2=2+1$이라는 사실을 알고 있다. 유한한 항의 합 계산에서 둘 이상의 수를 더할 때 그 순서를 바꾸더라도 결과에는 아무 변화가 없다. 즉, $a+b=b+a$이다(덧셈의 교환법칙). 그리고 항의 수가 셋 이상일 때에는 마음대로 괄호를 집어넣어 항들을 원하는 대로 함께 묶어도, 최종 결과에는 아무 변화가 없다. 예를 들면, $(1+2)+4=1+(2+4)$이다. 1과 2를 먼저 더한 뒤에 4를 더한 결과나 2와 4를 먼저 더한 뒤에 1을 더한 결과나 똑같다. 이것을 덧셈의 결합법칙이라 부른다. 결합법칙은 뺄셈에서도 성립한다. 어떤 수를 빼는 것은 그 음수를 더하는 것과 같기 때문이다. 예를 들어 앞에 나온 급수에서 처음 세 항 1−1+1의 합을 구하는 문제를 살펴보자. 이것은 (1−1)+1로 볼 수도 있고, 1+(−1+1)로 볼 수도 있다. 두 번째 식에서는 1을 빼주는 대신에 괄호로 묶고 −1을 더해주는 것으로 바꾸었다. 어느 쪽이든 답은 모두 1로 나온다.

하지만 이 규칙을 무한급수로 일반화하려고 하면, 반갑지 않은 장애물에 부닥치게 된다. 덧셈의 결합법칙을 1−1+1−1+1−1+⋯에 적용하려고 하면 모순이 일어난다. 한편으로는 1과 −1을 짝지음으로써 모두 상쇄할 수 있는 것처럼 보인다. 즉,

$$1-1+1-1+1-1+\cdots$$
$$= (1-1)+(1-1)+(1-1)+\cdots$$
$$= 0+0+0+\cdots$$
$$= 0$$

다른 한편으로는 괄호들을 다음과 같이 묶음으로써 전체의 합이 1이라고 결론내릴 수도 있다.

$$1-1+1-1+1-1+\cdots \quad = 1+(-1+1)+(-1+1)+\cdots$$
$$= 1+0+0+\cdots$$
$$= 1$$

어느 한쪽 주장이 다른 쪽 주장보다 더 타당해 보이지 않으므로, 그렇다면 답은 0과 1이 다 맞다고 보아야 할까? 이 주장은 오늘날에는 터무니없는 소리처럼 들리지만, 그 당시 일부 수학자들은 거기에 함축된 종교적 의미에서 위안을 얻었다. 이것은 하느님이 세상을 무에서 창조했다는 신학적 주장을 떠올리게 했다. 수학자이자 성직자였던 기도 그란디Guido Grandi는 1703년에 "1－1＋1－1＋…라는 수식에 각각 다른 방법으로 괄호를 씌움으로써 원한다면 0이나 1이라는 답을 얻을 수 있다. 하지만 그렇게 되면 무에서 창조가 일어났다는 개념이 아주 그럴듯해진다."라고 썼다.

그럼에도 불구하고 그란디는 0이나 1이 아닌 제3의 답을 선호한 것으로 보인다. 여러분은 그것이 무엇인지 짐작할 수 있는가? 여러분이 권위 있는 학자인 양 하면서 농담으로 답을 한다면, 어떤 답을 내놓겠는가?

그렇다! 그란디는 정답이 $\frac{1}{2}$이라고 믿었다. 그리고 라이프니츠와 오일러를 비롯해 그란디보다 훨씬 뛰어난 수학자들도 여기에 동의했다. 이 타협안을 지지하는 추론은 여러 가지가 있다. 가장 간단한 것은 1－1＋1－1＋…을 자신을 사용해 나타낼 수 있다는 데 착안하는 것이다. 이 무한급수를 S라는 문자로 나타내기로 하자. 그러면 정의상 다음과 같이 쓸 수 있다.

$$S = 1 - 1 + 1 - 1 + \cdots$$

이제 우변에서 첫 번째 1을 제외한 나머지 항들을 바라보라. 거기

에는 S의 복제가 들어 있다. 즉,

$$S = 1-1+1-1+\cdots$$
$$= 1-(1-1+1\cdots)$$
$$= 1-S$$

따라서 $S = 1-S$가 되므로, $S = \frac{1}{2}$이다.

무한급수 $1-1+1-1+\cdots$를 둘러싼 논쟁은 약 150년 동안 계속되었는데, 그러다가 새로운 해석학자들이 나타나 미적분학과 그 무한 과정들(극한값, 미분, 적분, 무한급수)을 확고한 기반 위에 최종적으로 올려놓았다. 그들은 그 분야를 기초에서부터 다시 쌓아올렸고, 유클리드 기하학처럼 확고한 논리적 구조를 구축했다.

그들이 사용한 핵심 개념 중 두 가지는 바로 부분합과 수렴이다. 부분합은 누계와 같다. 부분합을 구하려면, 유한 개의 항을 더한 다음에 그냥 멈추면 된다. 예를 들어 무한급수 $1-1+1-1+\cdots$에서 처음 세 항을 더하면, $1-1+1=1$이 된다. 이것을 S_3이라 부르기로 하자. S는 '합'을 뜻하는 영어 단어 sum의 머리글자이고, 작은 숫자 3은 처음 세 항까지만 합을 구했다는 것을 뜻한다.

이 무한급수의 처음 몇 가지 부분합은 다음과 같다.

$$S_1 = 1$$
$$S_2 = 1-1 = 0$$
$$S_3 = 1-1+1 = 1$$

$$S_4 = 1 - 1 + 1 - 1 = 0$$

이렇게 하면 부분합은 0이나 1 또는 $\frac{1}{2}$ 혹은 다른 값으로 고착되는 경향을 보이지 않고 0과 1 사이에서 왔다 갔다 한다는 것을 알 수 있다. 이런 이유 때문에 오늘날의 수학자들은 무한급수 $1 - 1 + 1 - 1 + \cdots$이 수렴하지 않는다고 말한다. 다시 말해 더 많은 항을 계산에 포함시키더라도 그 부분합은 '어떤' 극한값에 접근하지 않는다. 따라서 무한급수의 $1 - 1 + 1 - 1 + \cdots$의 합을 구하려는 것은 아무 의미가 없다.

그러니 우리는 어두운 측면에 눈길을 주지 말고 바른 길을 걸어가기로 하자. 즉, 수렴하는 무한급수에만 관심을 갖기로 하자. 그러면 앞에서 맞닥뜨렸던 역설에서 벗어날 수 있을까?

아직은 아니다. 악몽은 계속된다. 그것은 당연한 일인데, 여기에도 역시 새로운 악마들이 숨어 있었기 때문이다. 19세기의 해석학자들은 이 새로운 악마들을 제압하면서 미적분학의 중심에 깊이 숨어 있던 비밀을 발견해 세상에 드러냈다. 여기서 얻은 교훈은 아주 소중한 것으로 드러났는데, 단지 수학에서만 그런 게 아니라 음악에서부터 의료 영상 촬영에 이르기까지 수학이 응용되는 모든 것에서 그랬다.

수학자들이 교대조화급수라고 부르는 다음 급수를 살펴보자.

$$1 - \frac{1}{2} + \frac{1}{3} - \frac{1}{4} + \frac{1}{5} - \frac{1}{6} + \cdots$$

이번에는 한 걸음 앞으로 나아갔다 한 걸음 뒤로 물러났다 하는 대신에 걸음을 뗄 때마다 보폭이 점점 줄어든다. 즉, 한 걸음 앞으로 나아갔다가 '반' 걸음 뒤로 물러나고, 다시 앞으로 '$\frac{1}{3}$' 걸음 나아갔다가 '$\frac{1}{4}$' 걸음 뒤로 물러나는 식으로 계속 이어진다. 여기서 나타나는 패턴에 주목하라. 분모가 홀수인 항은 앞에 플러스 부호가 붙어 있는 반면, 분모가 짝수인 항은 앞에 마이너스 부호가 붙어 있다. 이 경우에 부분합은 다음과 같다.

$$S_1 = 1$$
$$S_2 = 1 - \frac{1}{2} = 0.500$$
$$S_3 = 1 - \frac{1}{2} + \frac{1}{3} = 0.833\cdots$$
$$S_4 = 1 - \frac{1}{2} + \frac{1}{3} - \frac{1}{6} = 0.583\cdots$$

부분합을 계속 구해나가면, 0.69에 가까운 어떤 수에 접근한다는 사실을 발견할 것이다. 사실 이 무한급수는 수렴한다는 것을 증명할 수 있다. 그 극한값은 2의 자연로그, 즉 ln 2이며, 약 0.693147에 해당한다.

그렇다면 악몽 같은 일이 벌어질 이유가 뭐가 있단 말인가? 겉으로 보기에는 아무 문제가 없어 보인다. 교대조화급수는 착하고 말 잘 듣는 수렴급수처럼 보인다.

하지만 바로 이 점 때문에 교대조화급수는 아주 위험하다. 교대조화급수는 카멜레온, 사기꾼, 믿을 수 없는 정신병자, 어떤 것으로도 변신할 수 있다. 항들을 서로 다른 순서로 더하면, 그 합을 원하는 대로 어떤 것으로도 만들 수 있다. 항들의 순서를 적절하게 재배열하기만 하면 그 합을 297.126이나 −42π나 0이나 혹은 어떤 실수로도 수렴하게 만들 수 있다.

이 급수는 마치 덧셈의 교환법칙을 비웃는 것처럼 보인다. 단지 항들을 더하는 순서를 바꾸는 것만으로 답이 달라질 수 있는데, 이것은 유한한 항의 합을 구하는 계산에서는 결코 일어날 수 없는 일이다. 그래서 설사 원래의 급수가 수렴한다 하더라도, 보통 산술에서는 상상할 수 없는 기이한 일이 일어날 수 있다.

이 놀라운 사실을 증명하기보다는(그 증명을 리만의 재배열 정리[3]라 부른다) 아주 간단한 재배열의 예를 살펴보기로 하자. 교대조화급수에서 각각의 양수 항 '하나'에 대해 음수 항 '2개'를 함께 묶어 재배열해보자. 즉, 다음과 같이 말이다.

$$\left[1 - \frac{1}{2} - \frac{1}{4}\right] + \left[\frac{1}{3} - \frac{1}{6} - \frac{1}{8}\right] + \left[\frac{1}{5} - \frac{1}{10} - \frac{1}{12}\right] + \cdots$$

다음에는 괄호 안의 수식들은 첫 번째 항에서 두 번째 항을 빼주되 세 번째 항은 그냥 내버려두기로 하자. 그리고 정리하면 급수는 다음과 같이 쓸 수 있다.

$$\left[\frac{1}{2} - \frac{1}{4}\right] + \left[\frac{1}{6} - \frac{1}{8}\right] + \left[\frac{1}{10} - \frac{1}{12}\right] + \cdots$$

전체 수식에서 $\frac{1}{2}$이라는 인수를 앞으로 빼내 정리하면 다음과 같이 된다.

$$\frac{1}{2}\left[1 - \frac{1}{2} + \frac{1}{3} - \frac{1}{4} + \frac{1}{5} - \frac{1}{6} + \cdots\right]$$

자, 누가 돌아왔는지 보라! 괄호 안에 있는 괴물은 바로 교대조화급수 자신이다! 재배열을 통해 우리는 교대조화급수를 원래 크기의 절반으로 만들었다 — 원래의 항들이 그대로 똑같이 있는데도 말이다! 이렇게 재배열하면 이 교대조화급수는 $\frac{1}{2}\ln 2 = 0.346\cdots$에 수렴한다.

실로 이상하고, 실로 병적이다.[4] 그리고 정말 놀랍게도 이것은 실제 생활에서도 중요하다. 이 책에서 계속 봐왔지만, 아주 난해하고 터무니없어 보이는 수학의 개념이 실용적인 목적으로 응용되는 사례가 종종 있다. 신호 처리와 음향학에서부터 금융과 의학에 이르기까지 많은 과학 기술 분야에서 다양한 종류의 곡선이나 소리, 신호, 이미지를 더 단순한 곡선이나 소리, 신호, 이미지의 합으로 나타내는 게 유용할 때가 많은데, 바로 여기에 교대조화급수를 응용할 수 있다. 기본 구성 요소가 사인파일 경우에 쓰이는 방법은 푸리에 해석Fourier analysis[5]이라 부른다. 하지만 문제의 급수가 교대조화급수나 비정상적인 친척들과 똑같은 병적 측면을 포함할 경우, 푸리에 급수의 수렴 행동은 아주 기묘하게 나타날 수 있다.

예를 들어 교대조화급수에 직접적으로 영향을 받은, 다음과 같은 푸리에 급수를 살펴보자.

$$f(x) = \sin x - \frac{1}{2}\sin 2x + \frac{1}{3}\sin 3x - \frac{1}{4}\sin 4x + \cdots$$

이것이 어떤 모습으로 나타나는지 대충 감을 잡기 위해 처음 열 번째 항까지의 합을 그래프로 그려보자.

열 번째 항까지의 부분합

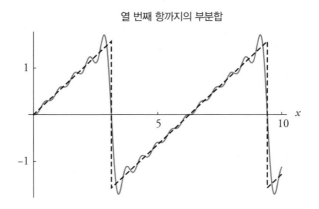

이 부분합(실선으로 표시된 부분)은 훨씬 단순한 곡선인 톱니처럼 생긴 파동(점선으로 나타낸 부분)에 가까워지려고 애쓰는 것처럼 보인다. 하지만 톱니 끝부분 근처를 자세히 살펴보라. 이곳에서는 사인파가 표적을 크게 벗어나 기묘한 손가락 모양을 만들어내는데, 이것은 톱니 파동과 일치하지 않는다. 이것을 좀 더 분명히 보기 위해 톱니 끝부분 중 하나인 $x=\pi$ 부분을 확대해보자.

더 많은 항을 합에 포함시킴으로써 손가락 모양을 없애려고 시도해보자. 그래도 아무 소용이 없다. 손가락 모양은 단지 폭이 좁아지고 톱니 끝부분을 향해 더 가까이 다가가기만 할 뿐, 높이는 똑같이 유지된다.

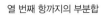

열 번째 항까지의 부분합

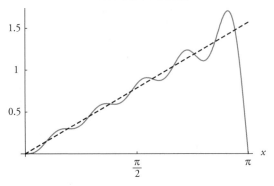

50번째 항까지의 부분합

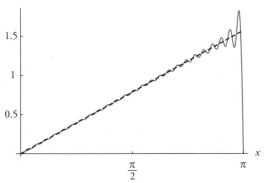

100번째 항까지의 부분합

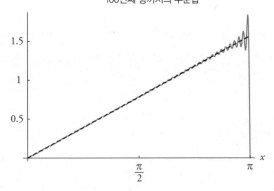

근본적인 이유는 교대조화급수 자체에 있다. 앞에서 이야기한 그 병적 측면이 이제 이것과 관련이 있는 푸리에 급수를 오염시킨다. 결코 사라지려고 하지 않는 성가신 손가락 모양은 바로 여기서 비롯된다.

흔히 깁스 현상[6]이라 부르는 이 효과는 단지 수학적 호기심의 대상에 그치는 것이 아니다. 19세기 중엽부터 알려진 이 효과는 디지털 사진과 MRI 스캔[7]에 나타난다. 깁스 현상 때문에 일어나는 불필요한 진동은 이미지의 예리한 가장자리에 흐릿함이나 어른거리는 빛 또는 기타 인공물을 만들어낼 수 있다. 의학적 맥락에서 이것은 손상된 조직으로 오인될 수도 있고, 실제로 존재하는 병터를 가릴 수도 있다.

다행히도 1세기 전에 해석학자들은 깁스 인공물의 원인이 무엇인지 정확하게 알아냈다(자세한 내용은 350쪽의 주를 참고하라).[8] 그들의 통찰은 그것을 극복하는 방법 또는 적어도 그런 현상이 일어날 때 그것을 알아채는 방법을 알려주었다.

그 치료법은 그동안 아주 성공적이었는데, 이제 우리는 공동으로 부담해야 할 비용을 치러야 할 때가 되었다.

힐베르트 호텔

—

무한 개의 방이 있는 호텔에
무한 명의 손님이 온다면 어떻게 될까?
그래도 언제나 방은 있다.

2010년 2월에 나는 킴 포브스Kim Forbes라는 여성에게서 이메일을 받았다. 여섯 살짜리 아들 벤이 수학에 관한 질문을 했는데, 대답을 할 수 없어 내게 도움을 청하는 내용이었다.

오늘은 벤이 입학한 지 100일째 되는 날이었어요. 벤은 아주 신나하면서 100이 짝수라는 사실을 포함해 100이라는 수에 대해 알고 있는 것을 전부 다 말했어요. 그러고 나서 101은 홀수, 100만은 짝수라는 식으로 이야기를 계속했어요. 그러다가 잠시 말을 멈추더니, "무한은 짝수예요, 홀수예요?"라고 물었어요.

나는 킴에게 무한은 짝수도 홀수도 아니라고 설명했다. 무한은 우리가 흔히 생각하는 수가 아니며, 산술의 규칙도 따르지 않는다고 말했다. 만약 무한이 산술의 규칙을 따른다면, 온갖 종류의 모순이 생겨나게 될 것이다. 나는 예를 들어 이렇게 설명했다. "만약 무한이 홀수라면, 무한에 2를 곱한 것은 짝수가 되겠죠. 하지만 둘 다 무한이지요! 그러니 홀수니 짝수니 하는 개념은 무한에는 어울리지 않아요."

킴은 다음과 같은 답장을 보내왔다.

고맙습니다. 벤은 그 답에 만족했고, 무한이 아주 커서 짝수이기도 하고 홀수이기도 하다는 개념을 마음에 들어하는 것 같아요.

해석 과정에서 뭔가 혼선이 일어난 게 분명하지만(무한은 짝수이기도 하고 홀수이기도 한 게 아니라 짝수도 홀수도 아니다), 벤의 해석은 여기에 더 큰 진실이 숨어 있음을 암시한다. 무한은 상상할 수 없을 정도로 놀라운 측면을 지니고 있다.

무한이 지닌 아주 기묘한 측면 중 일부는 19세기 후반에 게오르크 칸토어Georg Cantor[1]가 집합론[2]에서 획기적인 연구를 하면서 처음 드러났다. 칸토어는 자연수 {1, 2, 3, 4,…}나 선분 위에 있는 점들의 집합처럼 수와 점의 무한집합에 특히 큰 관심을 보였다. 그는 서로 다른 무한집합들을 비교할 수 있는 엄밀한 방법을 정의했고, 어떤 무한집합은 다른 무한집합보다 더 크다는 충격적인 사실을 발견했다.

그 당시 칸토어의 이론은 단지 저항을 촉발하는 데 그치지 않고 분노를 불러일으켰다. 당대 최고 수학자 중 한 명이던 앙리 푸앵카레

Henri Poincaré는 칸토어의 이론을 치유해야 할 '병'이라고 불렀다. 하지만 역시 당대의 거장 중 한 명이던 다비트 힐베르트David Hilbert[3]는 칸토어의 이론을 영속적인 기여로 보았고, 훗날 "아무도 우리를 칸토어가 만든 낙원에서 추방하지 못할 것이다."라고 선언했다.

여기서 내가 추구하는 목표는 여러분에게 이 낙원의 모습을 살짝 보여주는 것이다. 하지만 수들이나 점들의 집합으로 직접 설명하는 대신에 힐베르트가 소개한 접근 방법을 따르려고 한다. 힐베르트는 지금은 힐베르트 호텔[4]이라는 이름으로 알려진 거대한 호텔의 비유를 들어 칸토어의 이론이 지닌 기묘함과 경이로움을 생생하게 전달했다.

이 호텔은 항상 예약이 넘치지만, 늘 빈 방이 있다.

힐베르트 호텔은 방이 수백 개나 수천 개로 정해져 있는 게 아니라, '무한' 개가 있기 때문이다. 새로운 손님이 올 때마다 지배인은 1호실 손님을 2호실로 옮기게 하고, 2호실 손님을 3호실로 옮기게 하고,……이런 식으로 모든 방의 손님에게 방을 옮기게 한다. 그러면 새로 온 손님에게 1호실을 내줄 수 있고, 나머지 손님들에게도 모두 방을 줄 수 있다(비록 방을 옮기느라 조금 번거롭기는 하겠지만).

그런데 이번에는 '무한히' 많은 손님이 도착했다고 가정해보자. 무한대의 손님들에게 어떻게 방을 마련해줄 수 있을까? 이것도 문제 없다. 지배인은 조금도 동요하지 않고, 1호실 손님을 2호실로 옮기게 하고, 2호실 손님을 4호실로 옮기게 하고, 3호실 손님을 6호실로,…… 옮기게 한다. 이렇게 각 호실의 손님을 호수가 그 2배인 방으로 옮기면, 모든 홀수 호실의 방(무한히 많은)이 남으므로, 이 방들을 새로 온 손님들에게 주면 된다.

그 날 밤 늦게 '끝없는' 버스 행렬이 호텔 앞으로 몰려왔다. 무한히 많은 버스가 왔는데, 게다가 각각의 버스에는 무한히 많은 손님이 타고 있었다. 그들은 "힐베르트 호텔에는 항상 방이 있습니다."라는 좌우명을 지키라고 요구했다.

지배인은 전에도 이와 비슷한 일을 겪은 적이 있어 전혀 당황하지 않고 침착하게 대처했다.

먼저 그는 좀전에 한 것처럼 각 방의 손님을 호수가 그 2배인 방으로 옮기는 방법을 썼다. 그러자 모든 손님은 짝수 호실로 옮겨가고, 홀수 호실의 방들이 남았다. 이제 무한 개의 방이 생겼으므로, 일이 잘 풀릴 것처럼 보인다.

그런데 이것만으로 충분할까? 홀수 호실의 방들만으로 무한히 많이 몰려온 새 손님들을 다 수용할 수 있을까? 그럴 것 같지 않다. 왜냐하면 무한의 제곱과 비슷한 수의 사람들이 각자 방을 달라고 요구하고 있기 때문이다(왜 무한의 제곱이냐고? 각각의 버스에 무한히 많은 손님이 타고 있고, 또 버스의 수가 무한히 많기 때문이다. 그러니 이것은 무한에 무한을 곱한 것에 해당한다. 그것이 실제로 무엇을 의미하건 간에).

바로 여기서 무한의 논리가 아주 괴상하게 변한다.

지배인이 어떻게 이 문제를 푸는지 이해하려면, 모든 손님들을 시각화하는 방법이 도움을 준다.

물론 여기서 문자 그대로 그들을 전부 다 보여줄 수는 없다. 그러려면 그림도 가로와 세로가 무한대가 되어야 하기 때문이다. 하지만 제한적인 그림으로도 우리가 원하는 것을 나타내는 데에는 충분하다. 요점은 가로줄과 세로줄을 충분히 많이 추가하는 한, '특정' 손님

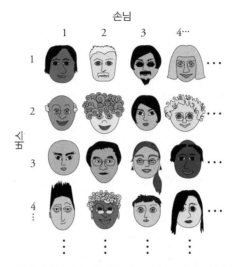

손님

1 2 3 4…

방

1

2

3

4 …

힐베르트 호텔에 온 손님들. 가로줄과 세로줄이 무한대라고 상상해보자.

(예컨대 휴가를 맞아 루이스빌에서 온 여러분의 이모 아무개라고 하자)이 그림 어딘가에 반드시 포함되어 있기만 하면 된다. 이런 의미에서 모든 버스에 타고 있는 모든 사람을 충분히 나타낼 수 있다. 그 손님의 이름을 대기만 하면, 그 사람은 그림 구석에서 동쪽과 남쪽으로 유한한 거리에 있는 것으로 분명히 나타낼 수 있다.

지배인은 이 그림을 체계적으로 다 훑는 방법을 찾아야 한다. '유한한' 수의 사람들에게 방을 배정한 뒤에 결국에는 모든 사람에게 방이 하나씩 돌아가도록 방을 배정하는 방법을 생각해내야 한다.

안타깝게도 이전의 지배인은 이 점을 이해하지 못해 큰 혼란을 빚었다. 자신의 근무 시간에 이와 비슷한 수송 버스들이 나타났을 때, 그는 버스 1에 탄 사람들을 모두 안내하느라 허둥대는 바람에 다른 버스에 탄 손님들을 제대로 안내하지 못했고, 이 때문에 나머지 손님들은 화를 내며 고함을 질렀다. 아래 왼쪽 그림에서 보듯이, 이 근시안적 전략은 가로줄 1을 따라 영원히 동쪽으로 나아가는 것에 해당한다.

하지만 새 지배인은 모든 것이 제대로 착착 돌아가도록 조처했다. 한 버스에 탄 손님들만 안내하는 데 매달리는 대신에 그는 아래 오른쪽 그림에서 보는 것처럼 한쪽 구석에서 출발해 지그재그를 그리며 왔다 갔다 하면서 돌아다녔다.

그는 버스 1의 손님 1부터 시작해 그 사람에게 비어 있는 첫 번째 방을 배정했다. 두 번째 방과 세 번째 빈 방은 버스 1의 손님 2와 버스 2의 손님 1에게 배정했는데, 이 두 사람은 그림에서 구석을 기준으로 두 번째 대각선에 위치한다. 이들을 안내한 뒤에 지배인은 세 번째 대각선으로 가 버스 3의 손님 1과 버스의 2의 손님 2와 버스 1의 손님 3에게 방 열쇠를 건넨다.

그림에서 보듯이 지배인의 절차 — 한 대각선에서 다음 대각선으로

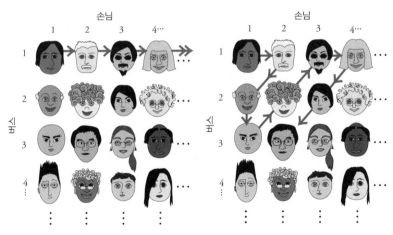

힐베르트 호텔 지배인이 손님들을 안내하는 방법에는 두 가지가 있다.

차례로 나아가는 — 는 아주 명백하며, 우리는 이 방법을 쓰면 유한한 수의 단계 다음에 특정 손님에게 도달할 것이라고 확신할 수 있다.

따라서 광고한 대로 힐베르트 호텔에는 항상 손님을 받아들일 방이 있다.

방금 내가 소개한 논증은 무한집합 이론에서 아주 유명한 것이다. 칸토어는 이것을 사용해 양수 분수($\frac{p}{q}$, 여기서 p와 q는 자연수)의 수가 자연수(1, 2, 3,…)만큼 많다는 것을 증명했다. 이것은 단순히 두 집합이 모두 무한하다고 말하는 것보다 훨씬 설득력이 강한 진술이다. 이것은 두 집합 사이에 일대일 대응 관계가 성립하므로 두 무한집합의 크기가 정확하게 똑같다고 말한다.

일대일 대응 관계는 각각의 자연수를 어떤 양수 분수와(그 반대도 마찬가지) 둘씩 짝짓는 방식이다. 이러한 일대일 대응 관계가 존재한다는 사실은 완전히 상식에 반하는 것처럼 보이는데, 푸앵카레도 궤변처럼 보이는 이 사실에 움찔했다. 이것은 가장 작은 양수 분수를 명시할 수 없다 하더라도, 모든 양수 분수의 명단 중 단 하나의 양수 분수도 빠뜨리지 않고 만들 수 있다는 것을 뜻하기 때문이다!

실제로 그런 명단이 있다. 우리는 이미 그것을 발견했다. $\frac{p}{q}$라는 분수는 버스 q에 탄 손님 p에 해당하는데, 위의 논증은 이 각각의 분수를 힐베르트 호텔의 호실에 해당하는 특정 자연수 1, 2, 3,…과 짝지을 수 있음을 보여준다.

어떤 무한집합은 이 무한집합(자연수 집합)보다 더 크다는 것을 보여준 칸토어의 증명은 무한과 집합에 관한 기존의 개념을 무너뜨리는 최후의 일격이 되었다. 구체적으로 말하면, 0과 1 사이의 실수 집합은 셀 수가 없다. 즉, 실수 집합은 자연수 집합과 일대일 대응을 시킬 수 없다(자연수 전체의 집합과 일대일 대응이 이루어지는 집합을 가산 집합이라 하고, 그렇지 않은 집합을 비가산 집합이라 한다. 짝수 전체의 집합, 유리수 전체의 집합은 가산 집합이고, 실수 전체의 집합은 비가산 집합이다). 따라서 만약 호텔 앞에 모든 실수가 몰려와 각자에게 방을 내놓으라고 요구한다면, 아무리 힐베르트 호텔이라 하더라도 그들을 모두 수용할 수 없다.

이것을 증명하는 방법은 모순을 이용한다. 각각의 실수에게 방을 하나씩 배정했다고 가정하자. 그러면 각 호실과 손님의 이름(소수로 나타낸)이 적힌 숙박계는 다음과 비슷할 것이다.

1호실: 0.6708112345…

2호실: 0.1918676053…

3호실: 0.4372854675…

4호실: 0.2845635480…

이것을 완전한 명단이라고 가정했다는 사실을 기억하라. 0과 1 사이의 모든 실수는 이 명단 어딘가에 반드시 있어야 한다.

칸토어는 실제로는 이 명단에서 많은 실수가 빠져 있음을 보여주었다. 이것은 가정과 모순된다. 예를 들어 위의 명단 어디에도 없는 실수를 하나 만들려면, 대각선 방향으로 내려가면서 밑줄이 쳐진 숫자들로 새로운 수를 만들면 된다.

1호실: 0.6708112345…

2호실: 0.1918676053…

3호실: 0.4372854675…

4호실: 0.2845635480…

새로 만든 그 소수는 0.6975…가 될 것이다.

이걸로 다 끝난 게 아니다. 이번에는 이 소수의 모든 자리에 있는 숫자들을 1과 8 사이에 있는 다른 숫자[5]로 바꾼다. 예를 들면, 6을 3으로, 9를 2로, 7을 5로,……바꾼다.

이렇게 해서 새로 생겨난 소수 0.325…가 바로 답이다. 이 소수는 1호실에 없는 게 분명한데, 소수 첫째 자리 수가 1호실 손님의 그것과 다르기 때문이다. 2호실에도 없는 게 분명한데, 소수 둘째 자리 수가 2호실 손님의 그것과 다르기 때문이다. 일반적으로 이 소수는 소수 n째 자리 수가 n번째 소수의 그것과 다르다. 따라서 이 소수는 위의 명단 어디에도 존재하지 않는다!

결국 힐베르트 호텔은 모든 실수를 수용할 수 없다는 결론이 나온다. 실수는 그 수가 너무 많아 무한을 넘어서는 무한[6]이다.

다른 상상의 호텔에서 여행을 시작한 우리는 이제 종착역에 이르렀다. 〈세서미 스트리트〉에 등장하는 인물인 험프리는 퍼리암스 호텔에서 일하다가 점심 시간에 한 방에 투숙한 펭귄들에게서 주문―"생선, 생선, 생선, 생선, 생선, 생선"―을 받고는 곧 수의 힘을 깨달았다.

생선에서 출발하여 무한까지 이르는 이 여행은 아주 긴 여정이었다. 나와 함께 끝까지 여행을 무사히 마친 데 대해 감사드린다.

| 감사의 말 |

많은 친구와 동료가 수학적 내용, 문체, 역사적 사실을 비롯해 많은 측면에서 현명한 조언을 아낌없이 제공함으로써 이 책의 질을 높이는 데 기여했다. 이 점에서 다음 사람들에게 감사드린다. 더그 아널드Doug Arnold, 셸던 액슬러Sheldon Axler, 래리 브레이든Larry Braden, 댄 캘러핸Dan Callahan, 밥 코넬리Bob Connelly, 톰 길로비치Tom Gilovich, 조지 하트, 바이 하트, 다이앤 홉킨스Diane Hopkins, 허버트 후이Herbert Hui, 신디 클라우스Cindy Klauss, 마이클 루이스Michael Lewis, 마이클 마우바우신Michael Mauboussin, 배리 매저Barry Mazur, 에리 노구치Eri Noguchi, 찰리 페스킨Charlie Peskin, 스티브 핑커Steve Pinker, 라비 라마크리슈나Ravi Ramakrishna, 데이비드 랜드David Rand, 리처드 랜드Richard Rand, 피터 렌즈Peter Renz, 더글러스 로저스Douglas Rogers, 존 스마일리John Smillie, 그랜트 위긴스, 스티븐 융Stephen Yeung, 칼 지머Carl Zimmer.

이 책을 위해 그림을 그리거나 자신의 시각적 작품을 사용하도록 허락해준 다음 사람들에게도 감사의 마음을 전한다. 릭 앨멘딩어Rick

Allmendinger, 폴 버크Paul Bourke, 마이크 필드Mike Field, 브라이언 매드슨Brian Madsen, 닉 데이먼(팀프레시)Nik Dayman(Teamfresh), 마크 뉴먼Mark Newman, 콘라트 폴티어Konrad Polthier, 오케이큐피드의 크리스티언 러더Christian Rudder, 사이먼 테이섬Simon Tatham, 제인 왕.

내게 《뉴욕 타임스》에 이 책의 탄생을 낳은 글을 연재하도록 권하고, 특히 어떤 식으로 글을 써야 하는지 비전을 제공한 데이비드 시플리에게 아주 큰 감사를 표시하고 싶다. 소로Thoreau는 『월든Walden』에서 "단순성, 단순성, 단순성!(Simplicity, simplicity, simplicity!)"을 촉구했는데, 이 점에서 소로와 시플리는 옳았다. 《타임스》의 내 편집자 조지 칼로게라키스George Kalogerakis는 펜을 가볍게 휘두르며 콤마를 이리저리 옮겼지만, 내가 심하게 부적절한 표현을 쓰지 않도록 보호하면서 꼭 필요할 때에만 그렇게 했다. 그의 자신감은 나를 크게 안심시켰다. 제작팀의 케이티 오브라이언Katie O'Brien은 수식이 제대로 표현되었는지 꼼꼼히 확인했고, 귀찮지만 꼭 필요한 서체 작업을 우아함과 훌륭한 유머를 잃지 않고 처리했다.

같은 지역에 사는 카팅카 맛슨Katinka Matson이 저작권 대리인을 맡아주어 얼마나 다행이었는지 모른다. 그녀는 처음부터 큰 열정을 갖고 이 책의 저작권 업무를 맡아 진행했다.

폴 긴스파그Paul Ginsparg, 존 클라인버그Jon Kleinberg, 팀 노비코프Tim Novikoff, 앤디 루이나는 거의 모든 장의 원고를 읽어주었다. 그들이 유일하게 얻은 보상은 심각한 실수를 찾아내고, 뛰어난 지성을 나쁜 일이 아니라 좋은 일에 쓰는 데서 느끼는 즐거움이었다. 보통은 주위에 아는 체하는 사람이 있으면 몹시 짜증나고 피곤하지만, 실상은 그들은 모든 것을 너무나 잘 알았다. 그 덕분에 이 책은 훨씬 나아졌다. 나는 그들의 노력과 격려를 진심으로 고맙게 여긴다.

훌륭한 재치와 과학적 감수성을 보여준 일러스트레이터 마기 넬슨Margy Nelson에게도 감사드린다. 수학 개념의 본질을 전달하는 독창적 방법을 찾아내는 데 비범한 능력을 보여준 그녀는 가끔 이 작품의 파트너처럼 여겨졌다.

어맨다 쿡Amanda Cook을 편집자로 맞이하는 작가는 축복받은 사람이다. 상냥함과 현명함과 결단력을 동시에 보여주는 사람이 또 있을까? 이 책을 믿어주고, 내가 그 모든 부분을 만들어가도록 도와준 것에 깊이 감사한다. 세상에서 내로라 하는 또 한 명의 편집자 이먼 돌런Eamon Dolan은 이 책의 출간 계획을(그리고 나도), 능숙한 솜씨로 그리고 전염성이 있는 열정을 보여주면서 최종 마무리까지 잘 이끌었다. 편집을 보조한 애실리 길리엄Ashley Gilliam과 벤 하이먼Ben Hyman은 아주 꼼꼼하고 함께 일하기에 즐거웠으며, 모든 진행 단계에서 필요한 일을 잘 처리해주었다. 교열 담당자 트레이시 로Tracy Roe는 내게 동격어, 아포스트로피, 정확한 단어를 가르쳐주었다. 하지만 더 중요한 것은, 그녀가 이 책의 글과 생각을 더 날카롭게 다듬었다는 사실이다. 홍보 담당자 미셸 보나노Michelle Bonanno, 마케팅 매니저 아예샤 미르자Ayesha Mirza, 제작 편집자 레베카 스프링어Rebecca Springer, 제작 책임자 데이비드 푸타토David Futato, 그리고 호턴 미플린 하코트의 전체 팀에도 감사드린다.

마지막으로 내 가족에게 진심으로 고마움을 표시하고 싶다. 리아와 조, 너희들은 이 책에 대해 오래 전부터 이야기를 들어왔겠지. 밑거나말거나 이제 정말로 끝이 났단다. 이제 너희들이 다음에 해야 할 일은 당연히 이 책에 있는 모든 수학을 배우는 거지. 그리고 각 장의 n교 교정지를 맨 먼저 묵묵히 읽음으로써 "n이 무한에 수렴함에 따라"라는 표현의 진정한 의미를 뼈저리게 느끼며 환상적인 인내심을 보여준 아내 캐럴에게는 간단하게 고마움을 표시하고자 한다. 사랑해, 여보. 당신을 발견한 것은 내가 푼 문제 중 최고의 문제였어.

1 생선에서 무한까지

1 〈세서미 스트리트〉: Sesame Street: 123 Count with Me(1997) 비디오는 온라인으로 구입할 수 있으며 VHS나 DVD 포맷으로 나와 있다.

2 수는……나름의 생명을 갖고 있다: 수가 나름의 생명을 갖고 있다는 개념과 수학을 일종의 예술로 볼 수 있다는 주장을 열정적으로 펼친 글은 P. Lockhart, *A Mathematician's Lament*(Bellevue Literary Press, 2009)를 보라.

3 "자연과학에서 수학이 차지하는 불합리한 효율성": 지금은 유명해진 이 표현이 나오는 글은 E. Wigner, "The unreasonable effectiveness of mathematics in the natural sciences," *Communications in Pure and Applied Mathematics*, Vol. 13, No. 1(February 1960), pp. 1-14이다. 온라인으로는 http://www.dartmouth.edu/~matc/MathDrama/reading/Wigner.html에서 볼 수 있다.

　이 개념들과 수학이 발명되었느냐 발견되었느냐는 관련 질문에 대한 더 깊은 논의는 M. Livio, *Is God a Mathematician?*(Simon and Schuster, 2009)과 R. W. Hamming, "The unreasonable effectiveness of mathematics," *American Mathematical Monthly*, Vol. 87, No. 2(February 1980)를 참고하라. 후자의 글은 http://www.-lmmb.ncifcrf.gov/~toms/Hamming.unreasonable.html에서 볼 수 있다.

2 돌멩이 집단

1 산술의 장난스러운 측면: 이 장은 두 권의 책을 많이 참고했음을 분명히 밝히고 싶다. 한 권은 논술에 관한 책이고, 또 한 권은 소설로, 둘 다 아주 훌륭한 책이다. 논술을 다룬 책은 P. Lockhart, *A Mathematician's Lament*(Bellevue Literary Press, 2009)로, 돌멩이 은유와 이 장에서 소개한 여러 가지 예에 영감을 주었다. 소설은 Y. Ogawa, *The Housekeeper and the Professor* (Picador, 2009)이다.

2 어린이의 호기심: 수와 수가 만들어내는 패턴을 더 자세히 알고 싶은 어린이가 보기에 좋은 책으로는 H. M. Enzensberger, *The Number Devil*(Holt Paperbacks, 2000)가 있다(국내에서는 한스 마그누스 엔첸스베르거의 『수학 귀신』으로 출간됨).

3 우아한 증명: 시각화를 사용한 증명의 예 중에서 재미있으면서 조금 더 어려운 것들은 R. B. Nelsen, *Proofs without Words*(Mathematical Association of America, 1997)에서 볼 수 있다(국내에서는 로저 넬슨의 『말이 필요 없는 증명』으로 출간됨).

3 내 적의 적

1 "Yeah, yeah〔잘도 그러겠다〕.": 시드니 모겐베서의 위트와 학술적 농담을 더 보고 싶으면, Language Log(August 5, 2004)의 "If P, so why not Q?"에서 그 예들을 볼 수 있다. 온라인으로는 http://itre.cis.upenn.edu/%7Emyl/languagelog/archives/001314.html에서 볼 수 있다.

2 관계 삼각형: 균형 이론은 사회심리학자 프리츠 하이더Fritz Heider가 처음 제안한 이래 소셜 네트워크 이론가, 정치학자, 인류학자, 수학자, 물리학자 들이 더 발전시키고 적용해왔다. 하이더가 처음 제안했던 형태의 균형 이론을 보고 싶으면, F. Heider, "Attitudes and cognitive organization," *Journal of Psychology*, Vol. 21(1946), pp. 107-112와 F. Heider, *The Psychology of Interpersonal Relations*(John Wiley and Sons, 1958)를 보라. 소셜 네트워크의 관점에서 균형 이론을 바라본 견해는 S. Wasserman and K. Faust, *Social Network Analysis*(Cambridge University Press, 1994), chapter 6을 참고하라.

3 낙원만큼 안정한 상태는 이 양극화된 상태'뿐': 모든 구성원이 완전히 연결된 네트워크에서 균형 잡힌 상태는 모두가 친구인 낙원이거나 서로 적대적인 두 파벌로 이루어진 상태여야 한다는 정리는 D. Cartwright and F. Harary, "Structural balance: A generalization of Heider's theory," *Psychological Review*, Vol. 63(1956), pp. 277-293에서 처음 증명되었다. D. Easley and J. Kleinberg, *Networks, Crowds, and Markets*(Cambridge University Press, 2010)는 코넬 대학의 내 두 동료가 그 증명을 알기 쉽게 설명하고, 균형 이론의 수학을 소개한 입문서이다.

균형 이론의 초기 연구 중 많은 것은 서로 적대 관계인 세 사람으로 이루어진

(따라서 부정적인 변 3개로 이루어진) 삼각형을 불안정한 것으로 간주했다. 완전히 연결된 네트워크에서 모든 삼각형들이 균형 잡힌 경우는 낙원과 양 진영으로 분열된 상태가 유일한 배열이라는 결과를 인용할 때, 나도 묵시적으로 그렇게 가정했다. 하지만 일부 연구자는 이 가정에 의심을 품고 부정적인 변 3개로 이루어진 삼각형을 안정한 상태로 다루면 어떻게 되는지 연구했다. 이 연구와 균형 이론에 관한 그 밖의 일반화에 대해 더 자세한 것을 알고 싶으면, 위에서 인용한 Wasserman and Faust와 Easley and Kleinberg의 책을 참고하라.

4 제1차 세계 대전: 제1차 세계 대전이 일어나기 전의 동맹 관계 변화를 예로 든 것과 그것을 그래프로 나타낸 것은 T. Antal, P. L. Krapivsky, and S. Redner, "Social balance on networks: The dynamics of friendship and enmity," *Physica D*, Vol. 224 (2006), pp. 130-136에서 인용했다. 온라인으로는 http://arxiv.org/abs/physics/0605183에서 볼 수 있다. 세 통계물리학자가 쓴 이 논문은 균형 이론을 동역학적 틀에서 재현함으로써 이전의 정적인 접근 방법을 뛰어넘어 확대한 것 때문에 주목할 만하다. 유럽 국가들의 동맹 관계에 대한 자세한 역사적 사실은 W. L. Langer, *European Alliances and Alignments*, 1871-1890, 2nd edition(Knopf, 1956)과 B. E. Schmitt, *Triple Alliance and Triple Entente* (Henry Holt and Company, 1934)를 참고하라.

4 교환법칙

1 곱셈을 처음부터 다시 들여다보았다: 키스 데블린Keith Devlin은 곱셈은 무엇이며, 무엇이 아니며, 곱셈에 대해 생각하는 방식 중 어떤 것은 왜 다른 것보다 더 가치 있고 믿을 만한 것인가를 비롯해 곱셈의 본질을 다룬 자극적인 에세이를 연재했다. 데블린은 곱셈을 덧셈의 반복보다는 크기 변환으로 생각하는 게 낫다고 주장하며, 이 두 개념이 단위가 포함된 현실 세계 상황에서 아주 다르다는 것을 보여준다. http://www.maa.org/devlin/devlin_01_11.html에서 2011년 1월에 그가 블로그에 올린 글 "What exactly is multiplication?"를 참고하라. 또 그보다 앞서 2008년에 올린 세 편의 글 "It ain't no repeated addition"(http://www.maa.org/devlin/devlin_06_08.html); "It's still not repeated addition"(http://www.maa.org/devlin/devlin_0708_08.html); "Multiplication and those pesky British spellings"(http://www.maa.org/devlin/devlin_09_08.html)도 참고하라. 이 글들은 블로고스피어에서 특히 교사들 사이에 많은 토론을 낳았다. 시간이

많지 않은 사람이라면 2011년의 글을 먼저 보길 권한다.

2 청바지를 사러 갔다고: 청바지 예에서 세금과 할인 중 어느 쪽을 먼저 적용하든지 나에게는 별 상관이 없더라도(두 시나리오 모두 나는 결국 43.20달러를 내야 하므로), 정부와 가게에는 큰 차이가 있다! 점원이 제안한 시나리오(정가를 기준으로 세금을 내는)에서는 세금으로 4달러를 내지만, 내 시나리오에서는 3.20달러만 낸다. 그런데 왜 최종 금액은 똑같이 나올까? 점원의 시나리오에서는 가게에 39.20달러가 돌아가는 반면, 내 시나리오에서는 40달러가 돌아가기 때문이다. 나는 어느 쪽이 적법한 것인지 잘 모르며, 지역에 따라 다를지도 모른다. 하지만 가게가 실제로 받는 돈을 기준으로 판매세를 부과하는 게 합리적으로 보인다. 이 기준에 맞는 것은 내 시나리오이다. 더 자세한 논의를 보고 싶으면, http://www.facebook.com/TeachersofMathematics/posts/166897663338316를 참고하라.

3 더 큰 금융 문제: 로스 401(k)와 전통적인 퇴직 연금 중 어느 쪽이 더 나은지, 그리고 교환법칙이 이 문제와 어떤 관계가 있는지 없는지를 둘러싼 온라인상의 열띤 논쟁은 the Finance Buff, "Commutative law of multiplication"(http://thefinancebuff.com/commutative-law-of-multiplication.html)과 the Simple Dollar, "The new Roth 401(k) versus the traditional 401(k): Which is the better route?"(http://www.thesimpledollar.com/2007/06/20/the-new-roth-401k-versus-thetraditional-401k-which-is-the-better-route/)를 참고하라.

4 MIT를 다니는 것과 자살은 교환법칙이 성립하지 않는다는: 머리 겔만의 이 이야기는 G. Johnson, *Strange Beauty*(Knopf, 1999), p. 55에 나온다. 겔만 자신의 표현을 빌리면, 그는 "너무나도 싫은" MIT에 입학을 허락받았지만, 그와 동시에 그는 "아이비리그에서 거절당한 사람이라면 누구나 자살을 생각했다. 하지만 MIT를 먼저 다녀보고 자살은 나중에 해도 되지만, 그 반대는 불가능하다는 생각(이것은 연산자의 교환법칙이 성립하지 않는 흥미로운 예이다)이 떠올랐다." 이 인용 구절은 H. Fritzsch, *Murray Gell-Mann: Selected Papers*(World Scientific, 2009), p. 298에 나온다.

5 양자역학이 발전하던 초기: 하이젠베르크와 디랙이 양자역학에서 교환법칙이 성립하지 않는 변수들의 역할을 발견한 이야기는 G. Farmelo, *The Strangest Man*(Basic Books, 2009), pp. 85-87을 보라.

5 나눗셈에 대한 불만

1 〈나의 왼발〉: 어린 크리스티가 "4분의 1의 25%는 얼마냐?"라는 질문에 답하기 위해 용감하게 애쓰는 장면은 온라인으로 http://www.tcm.com/mediaroom/video/223343/My-Left-Foot-Movie-Clip-25-Percent-of-a-Quarter.html에서 볼 수 있다.

2 버라이즌 와이어리스: 조지 바카로가 버라이즌 와이어리스의 상담 직원과 나눈 짜증나는 대화는 바카로의 블로그(http://verizonmath.blogspot.com/)에서 자세히 볼 수 있다. 상담 직원과 나눈 대화를 녹취한 기록은 http://verizonmath.blogspot.com/2006/12/transcription-jt.html에서 볼 수 있다. 녹음한 목소리는 http://imgs.xkcd.com/verizon_billing.mp3에서 들을 수 있다.

3 양변에 3을 곱하면 1은 0.9999…와 같다는 결론: 1=0.9999…라는 사실을 여전히 받아들이기가 힘들다는 독자를 위해 내가 결국 설득당한 논리를 소개한다. 이 둘은 같을 수밖에 없는데, 둘 사이에 끼워넣을 다른 소수가 존재하지 않기 때문이다(만약 두 소수가 같지 않다면, 두 소수의 중간값이 그 사이에 있어야 하고, 그와 함께 다른 소수들도 무한히 많이 있을 것이다).

4 대부분의 소수는 무리수: 무리수의 놀라운 성질은 MathWorld 웹페이지 중 수준이 높은 단계인 "Irrational Number," http://mathworld.wolfram.com/IrrationalNumber.html에서 다룬다. 무리수의 숫자들이 무작위로 배열돼 있다는 사실이 무엇을 의미하는지는 http://mathworld.wolfram.com/NormalNumber.html에서 명확하게 설명한다.

6 자리가 값을 결정하다

1 에즈라 코넬Ezra Cornell의 동상: 웨스턴유니언 회사에서 그리고 전신 시대 초기에 그가 기여한 역할을 포함해 코넬의 생애에 대한 자세한 내용은 P. Dorf, *The Builder: A Biography of Ezra Cornell*(Macmillan, 1952)와 W. P. Marshall, *Ezra Cornell*(Kessinger Publishing, 2006), 그리고 코넬 탄생 200주년을 기념해 열린 온라인 전시회인 http://rmc.library.cornell.edu/ezra/index.html을 참고하라.

2 수를 적고 셀 수 있는 수 체계: 옛날의 수 체계들과 십진법 자리값 수 체계의 기원을 자세히 다룬 내용은 V. J. Katz, *A History of Mathematics*, 2nd edition (Addison Wesley Longman, 1998)와 C. B. Boyer and U. C. Merzbach, *A*

History of Mathematics, 3rd edition(Wiley, 2011)에서 볼 수 있다. 좀 더 쉽고 재미있게 쓴 걸 원한다면 C. Seife, *Zero* (Viking, 2000), chapter 1을 보라.

3 로마 숫자: 마크 추-캐럴 Mark Chu-Carroll은 블로그에 올린 다음 글에서 로마 숫자와 산술의 특이한 성질 몇 가지를 자세히 설명했다. http://scienceblogs.com/goodmath/2006/08/roman_numerals_and_arithmetic.php.

4 고대 바빌로니아 인: 고대 바빌로니아 수학에 관한 흥미로운 전시회를 설명한 글을 N. Wade, "An exhibition that gets to the (square) root of Sumerian math," *New York Times* (November 22, 2010)에서 볼 수 있다. 온라인으로는 http://www.nytimes.com/2010/11/23/science/23babylon.html에서 볼 수 있고, 여기에 딸린 다음의 슬라이드 쇼도 볼 만하다. http://www.nytimes.com/slideshow/2010/11/18/science/20101123-babylon.html.

5 인간의 해부학적 구조와는 아무 관계가 없다: 이것은 과장된 말일 수도 있다. 엄지로 나머지 네 손가락의 마디들(각각 3개씩)을 짚으면서 12까지 셀 수 있다. 그리고 다른 손의 손가락 5개를 이용해 12개씩 센 묶음이 몇 개인지 표시함으로써 60까지 셀 수 있다. 고대 수메르 인이 사용한 60진법이 이런 식으로 생겨났는지도 모른다. 이 가설을 포함해 60진법의 기원에 관한 그 밖의 추측을 더 자세히 알고 싶으면 G. Ifrah, *The Universal History of Numbers* (Wiley, 2000), chapter 9를 참고하라.

7 *x*의 즐거움

1 조는 언니 리아에 대해 뭔가 놀라운 것을 발견했다: 꼬치꼬치 따지는 사람들을 위해 분명히 하자면, 리아는 조보다 21개월 일찍 태어났다. 따라서 조의 공식은 근사에 불과하다. 하지만 그야 당연한 이야기 아닌가?

2 로스앨러모스에 있을 때: 베테가 50 근처의 수들을 암산으로 제곱하는 방법에 대한 이 이야기는 파인만이 R. P. Feynman, "*Surely You're Joking, Mr. Feynman!*"(W. W. Norton and Company, 1985), p. 193에서 이야기했다(국내에서는 『파인만 씨, 농담도 잘하시네!』라는 제목으로 소개됨).

3 주식 시장에 투자하는: 주식 시장에서 주가가 동일한 비율로 상승과 하락을 반복할 때 미치는 효과에 대한 항등식은 $(1+x)$에 $(1-x)$를 곱해 수식으로 증명할 수도 있고, 베테의 암산 묘기를 설명하는 데 썼던 것과 비슷한 다이어그램을 사용해 기하학적으로 설명할 수도 있다. 내킨다면 연습삼아 두 가지를 다 시도해보라.

4 사회적으로 용인되는 데이트 상대의 나이 차: "자기 나이의 절반에 7세를 더한 나이"라는 규칙은 다음의 xkcd 만화에서는 표준 혐오 규칙이라 부른다. http://xkcd.com/314/

8 근을 찾아서

1 근根, 곧 해를 찾기 위해 그들이 쏟아부은 노력: 이차방정식부터 오차방정식에 이르기까지 점점 복잡한 방정식의 해를 찾기 위한 노력은 M. Livio, *The Equation That Couldn't Be Solved*(Simon and Schuster, 2005)에 자세히 기술되어 있다.

2 정육면체의 부피를 두 배로: 정육면체의 부피를 두 배로 늘리는 고전적 문제에 대해 더 자세한 것은 http://www-history.mcs.st-and.ac.uk/HistTopics/Doubling_the_cube.html를 참고하라.

3 음수의 제곱근: 허수와 복소수, 그리고 그 응용과 파란만장한 역사에 대해 더 자세히 알고 싶으면, P. J. Nahin, *An Imaginary Tale*(Princeton University Press, 1998)과 B. Mazur, *Imagining Numbers*(Farrar, Straus and Giroux, 2003)를 보라.

4 뉴턴이 사용한 방법의 실효성: 존 허버드의 연구를 언론에서 아주 훌륭하게 다룬 글은 J. Gleick, *Chaos*(Viking, 1987), p. 217를 참고하라. 허버드가 직접 뉴턴의 방법을 다룬 연구는 J. Hubbard and B. B. Hubbard, *Vector Calculus, Linear Algebra, and Differential Forms*, 4th edition(Matrix Editions, 2009)의 section 2.8에 나온다.

   뉴턴의 방법에 사용된 수학을 더 자세히 알고 싶은 사람을 위해 더 복잡하지만 비교적 이해하기 쉽게 설명한 글을 소개한다면, H.-O. Peitgen and P. H. Richter, *The Beauty of Fractals*(Springer, 1986), chapter 6을 보라. 또 같은 책 161쪽부터 나오는 두아디A. Douady(허버드의 협력 연구자)가 쓴 "Julia sets and the Mandelbrot set"라는 제목의 글도 참고하라.

5 경계 지역은 환각을 일으키는 사이키델릭 아트 작품처럼 보였다: 복소평면에서 뉴턴의 방법에 대한 질문을 던진 수학자는 허버드가 처음이 아니었다. 아서 케일리Arthur Cayley도 1879년에 같은 의문을 품었다. 그 역시 2차 다항식과 3차 다항식을 모두 검토했으며, 2차 다항식은 쉽고 3차 다항식은 어렵다는 사실을 발견했다. 케일리는 100년이나 지난 뒤에야 발견된 프랙탈을 알았을 리가 없지만, 근이 2개 이상일 때에는 뭔가 복잡하고 골치아픈 일이 일어난다는 사실을 분명히 알았다.

그가 쓴 1페이지짜리 논문 "Desiderata and suggestions: 'No. 3. the Newton-Fourier imaginary problem," *American Journal of Mathematics*, Vol. 2, No. 1 (March 1879), p. 97(온라인으로는 http://www.jstor.org/pss/2369201에서 볼 수 있음)에 나오는 마지막 문장 "2차방정식은 해가 쉽고 우아하지만, 다음 단계의 3차방정식은 상당한 어려움을 제기하는 것으로 보인다."는 그 어려움을 크게 축소해 표현한 것이라 할 수 있다.

6 이 구조는 프랙탈이다: 이 장에 실린 사진들은 다항식 z^3-1에 뉴턴의 방법을 적용해 계산한 것이다. 근들은 1의 세제곱근 3개이다. 이 경우에 뉴턴의 알고리듬은 복소평면의 점 z를 다음의 새로운 점으로 사영(도형이나 입체를 다른 평면으로 옮기는 것)한다.

$$z - \frac{(z^3-1)}{3z^2}$$

이 점은 다음 번의 z가 된다. 이 과정은 z가 하나의 근에 충분히 가까워지거나 혹은 같은 뜻이지만 z^3-1이 0에 충분히 가까워질 때까지 반복된다. 여기서 '충분히 가까운'은 컴퓨터를 프로그래밍한 사람이 임의로 선택한 아주 짧은 거리를 말한다. 그리고 나서 특정 근에 이르는 출발점들은 모두 다 똑같은 색으로 칠한다. 따라서 한 근으로 수렴하는 점들은 모두 빨간색으로 나타나고, 두 번째 근으로 수렴하는 점들은 모두 초록색으로 나타나고, 세 번째 근으로 수렴하는 점들은 모두 파란색으로 나타난다.

그 결과로 나타난 뉴턴 프랙탈의 사진들은 친절하게도 사이먼 태이섬이 제공했다. 태이섬의 연구에 대해 더 자세한 것을 알고 싶으면 그의 웹페이지 "Fractals derived from Newton-Raphson iteration"(http://www.chiark.greenend.org.uk/~sgtatham/newton/)를 보라.

뉴턴 프랙탈의 비디오 애니메이션은 팀프레시가 만들었다. 유명한 망델브로 집합을 비롯해 그 밖의 프랙탈을 놀랍도록 깊숙이 들여다보며 확대한 사진들은 팀프레시의 웹사이트 http://www.hd-fractals.com에서 볼 수 있다.

7 인도의 신전 건축가들: 고대 인도 사람들이 제곱근을 구하기 위해 사용한 방법을 소개한 책을 원한다면, D. W. Henderson and D. Taimina, *Experiencing Geometry*, 3rd expanded and revised edition(Pearson Prentice Hall, 2005)를 보라.

9 넘쳐흐르는 욕조의 비밀

1 내게 최초의 문장제: 고전적인 문장제들을 많이 모아놓은 자료는 http://MathNEXUS.wwu.edu/Archive/oldie/list.asp에서 볼 수 있다.

2 욕조를 물로 가득 채우는 문제: 1941년에 제작된 영화 〈나의 계곡은 푸르렀다 How Green Was My Valley〉에 더 어려운 욕조 문제가 나온다. 그 장면은 http://www.math.harvard.edu/~knill/mathmovies/index.html에서 볼 수 있다. 이것을 본 김에 야구 코미디 영화인 〈미네소타 트윈스 Little Big League〉에 나오는 이 장면도 보면 좋을 것이다. http://www.math.harvard.edu/~knill/mathmovies/m4v/league.m4v. 여기에는 집을 페인트칠하는 일에 관한 문장제가 나온다. "내가 집을 하나 페인트칠하는 데 세 시간이 걸리고, 네가 집을 하나 페인트칠하는 데 다섯 시간이 걸린다면, 둘이서 함께 페인트칠하면 몇 시간이 걸릴까?" 영화에서는 야구 선수들이 어리석은 답들을 다양하게 내놓는다. "그야 간단하지. 5 곱하기 3은 15. 따라서 열다섯 시간이야." "말도 안 되는 소리. 잘 봐. 여덟 시간이야. 다섯 시간에다 세 시간을 더하면 여덟 시간이지." 이렇게 말도 안 되는 소리들이 튀어나오다가 결국 한 선수가 $1\frac{7}{8}$시간이라는 정답을 알아맞힌다.

10 근의 공식

1 가장 아름답거나 가장 중요한 방정식 10개: 위대한 방정식들을 다룬 책은 M. Guillen, *Five Equations That Changed the World*(Hyperion, 1995); G. Farmelo, *It Must Be Beautiful*(Granta, 2002); and R. P. Crease, *The Great Equations*(W. W. Norton and Company, 2009)를 보라. 온라인에 게시된 명단도 여러 가지 있다. 나는 K. Chang, "What makes an equation beautiful?," *New York Times*(October 24, 2004), http://www.nytimes.com/2004/10/24/weekinreview/24chan.html부터 시작하라고 권하고 싶다. 이차방정식을 포함한 명단 중 하나는 http://www4.ncsu.edu/~kaltofen/top10eqs/ top10eqs.html에서 볼 수 있다.

2 유산을 계산하는 문제: 그런 문제들의 예는 S. Gandz, "The algebra of inheritance: A rehabilitation of al-Khuwarizmi," Osiris, Vol. 5 (1938), pp. 319-391에 많이 실려 있다.

3 알 콰리즈미: 알 콰리즈미가 이차방정식을 풀기 위해 사용한 방법은 V. J. Katz, *A History of Mathematics*, 2nd edition(Addison Wesley Longman, 1998), pp.

244-249에 잘 설명돼 있다.

11 함수, 수학자의 필수 도구

1 〈문라이팅〉: 로그에 관한 농담은 '우리는 신을 강하게 의심한다In God We Strongly Suspect'라는 에피소드에 나온다. 두 번째 시즌의 일부로 1986년 2월 11일에 처음 방송되었다. 비디오 클립은 http://opinionator.blogs.nytimes.com/2010/03/28/power-tools/에서 볼 수 있다.

2 함수: 나는 이야기를 간단하게 하기 위해 x^2과 같은 식을 함수라고 이야기했지만, 더 정확하게 말한다면 "x를 x^2으로 사영하는 함수"라고 이야기해야 한다. 우리는 모두 계산기 단추에서 그것을 보았기 때문에, 이런 종류의 축약이 혼동을 일으키 진 않으리라고 생각한다.

3 세상에서 가장 아름다운 포물선: WET Design이 만든 디트로이트 국제 공항 의 분수 홍보 비디오를 http://www.youtube.com/watch?v=VSUKNxVXE4E 에서 볼 수 있다. 유튜브에 올라온 홈 비디오도 여러 가지가 있다. 그 중에서 아 주 생생한 장면을 보여주는 것 하나는 PassTravelFool의 "Detroit Airport Water Feature"(http://www.youtube.com/watch?=or8i_EvIRdE)이다.

월 호프먼Will Hoffman과 데릭 폴 보일Derek Paul Boyle은 일상 세계에서 볼 수 있 는 흥미로운 포물선(그와 함께 그 사촌이라 할 수 있는 현수선도. 현수선은 실 따 위의 양쪽 끝을 고정시키고 중간 부분을 자연스럽게 늘어뜨렸을 때, 실이 이루 는 곡선이다)을 촬영해 비디오로 만들었다. "WNYC/NPR's Radio Lab presents Parabolas (etc.)"라는 제목의 이 비디오는 온라인으로 http://www.youtube.com/watch?v=rdSgqHuI-mw에서 볼 수 있다. 이들은 내가 라디오랩에 대해 한 이야기("Yellow fluff and other curious encounters," http://www.radiolab.org/2009/jan/12/에서 볼 수 있음)에서 영감을 받아 이 비디오를 만들었다고 한 다.

4 종이를 일곱 번이나 여덟 번 이상 접기 힘든 이유: 브리트니 갤리번이 종이 접 기 도전에 나선 이야기는 B. Gallivan, "How to fold a paper in half twelve times: An 'impossible challenge' solved and explained," Pomona, CA: Historical Society of Pomona Valley, 2002를 참고하라. 온라인으로는 http://pomonahistorical.org/12times.htm에서 볼 수 있다. 어린이를 위해 쓴 신문 기 사는 I. Peterson, "Champion paper-folder," *Muse*(July/August 2004), p. 33

를 보라. 온라인으로는 http://musemath.blogspot.com/2007/06/champion-paper-folder.html에서 볼 수 있다. 대중 과학 프로그램인 〈호기심 해결사 MythBusters〉는 텔레비전 쇼에서 브리트니의 실험을 재현하는 데 도전했다(http://kwc.org/mythbusters/2007/01/episode_72_underwater_car_and.html).

5 우리는 소리의 음을 로그값으로 인식하는 셈이다: 음계와 우리가 소리의 음을 (대략적인) 로그값으로 인식한다는 사실에 대한 참고 자료와 추가 논의는 J. H. McDermott and A. J. Oxenham, "Music perception, pitch, and the auditory system," *Current Opinion in Neurobiology*, Vol. 18(2008), pp. 1-12; http://en.wikipedia.org/wiki/Pitch_(music); http://en.wikipedia.org/wiki/Musical_scale과 http://en.wikipedia.org/wiki/Piano_key_frequencies를 참고하라.

우리의 본래적인 수 감각도 로그를 바탕으로 한다는 증거는 S. Dehaene, V. Izard, E. Spelke, and P. Pica, "Log or linear? Distinct intuitions of the number scale in Western and Amazonian indigene cultures," *Science*, Vol. 320(2008), pp. 1217-1220을 보라. 이 연구를 일반 대중을 위해 쉽게 설명한 이야기는 ScienceDaily(http://www.sciencedaily.com/releases/2008/05/080529141344.htm)와 라디오랩의 에피소드 "Numbers" (http://www.radiolab.org/2009/nov/30/)에서 볼 수 있다.

12 정사각형의 춤

1 피타고라스의 정리: 고대 바빌로니아와 인도, 중국 사람들은 피타고라스와 그리스 사람들보다 수백 년 앞서 이미 피타고라스의 정리를 알고 있었던 것으로 보인다. 이 정리를 증명하는 수많은 천재적 방법과 함께 이 정리의 역사와 의미에 대한 더 자세한 이야기는 E. Maor, *The Pythagorean Theorem*(Princeton University Press, 2007)를 보라.

2 hypotenuse(빗변): 마오르Maor는 자신의 책 xiii쪽에서 'hypotenuse'가 '아래로 뻗은'이라는 뜻이며, 유클리드의 『기하학 원론』에 나오는 것처럼 직각삼각형을 빗변이 아래로 향한 모습으로 본다면 이것은 충분히 일리가 있다고 지적한다. 그는 또 이 해석은 빗변을 나타내는 한자 현(弦)의 뜻과도 일치한다고 썼다. "현(弦)은 (류트에서처럼) 두 점 사이에 걸쳐 있는 줄이다."

3 작은 크래커들로 정사각형들을 만들어봄으로써: 어린이와 부모들은 조지 하트George Hart가 수학 박물관을 위해 쓴 자신의 글에서 먹을 수 있는 피타고라스

의 정리를 설명한 것을 좋아한다. "Pythagorean crackers"라는 제목의 그 글은 http://momath.org/home/pythagorean-crackers/에서 볼 수 있다.

4 다른 증명: 만약 다른 증명들이 보고 싶다면, 유클리드에서부터 레오나르도 다빈치, 제임스 가필드 대통령에 이르기까지 많은 사람들이 한 수십 가지 증명을 훌륭한 주석과 함께 모아놓은 자료를 알렉산더 보고몰니Alexander Bogomolny의 블로그 Cut the Knot에서 볼 수 있다. http://www.cut-the-knot.org/pythagoras/index.shtml.

5 그 자세한 단계: 이 장에 소개된 첫 번째 증명은 아마도 여러분에게 아하! 순간을 느끼게 했을 것이다. 하지만 논증을 완벽하게 하려면, 그림들이 우리를 속이지 않는다는 사실도 증명할 필요가 있다. 예를 들면, 바깥쪽 틀이 정말로 정사각형이고, 중간 정사각형과 작은 정사각형이 그림에서처럼 하나의 점에서 만난다는 사실을 확인해야 한다. 이러한 세부 사실들을 확인하는 것은 재미있으며 그렇게 어려운 것도 아니다.

두 번째 증명에서 생략한 단계들은 다음과 같다. 아래 방정식

$$\frac{a}{d} = \frac{c}{a}$$

는 다음과 같이 바꿀 수 있다.

$$d = \frac{a^2}{c}$$

이와 같은 방법으로 또 다른 방정식을 다음과 같이 바꿔 쓸 수 있다.

$$e = \frac{b^2}{c}$$

마지막으로, 위에서 구한 d와 e의 값을 다음 방정식

$$c = d + e$$

에 대입하면, 다음 결과가 나온다.

$$c = \frac{a^2}{c} + \frac{b^2}{c}$$

그리고 양변에 c를 곱하면, 우리가 찾던 공식이 나온다.

$$c^2 = a^2 + b^2.$$

13 기하학의 증명

1 유클리드: 『기하학 원론』 13권을 풍부한 다이어그램을 곁들여 한 권으로 묶어 펴
   낸 훌륭한 책으로 *Euclid's Elements*, edited by D. Densmore, translated by T.
   L. Heath(Green Lion Press, 2002)가 있다. 또 한 가지 훌륭한 선택은 공짜로 다
   운로드받을 수 있는 PDF 문서인데, 리처드 피츠패트릭Richard Fitzpatrick이 유클리
   드의 『기하학 원론』을 현대적으로 번역한 것이다. http://farside.ph.utexas.edu/
   euclid.html에서 다운로드할 수 있다.

2 토머스 제퍼슨: 토머스 제퍼슨이 유클리드와 뉴턴을 존경한 사실과 독립 선언
   서에서 그들의 공리적 방법을 사용한 것에 대한 더 자세한 내용은 I. B. Cohen,
   Science and the Founding Fathers(W. W. Norton and Company, 1995), pp.
   108-134을 참고하라. J. Fauvel, "Jefferson and mathematics," http://www.
   math.virginia.edu/Jefferson/jefferson.htm도 참고할 만하다. 특히 독립 선언서
   를 다룬 페이지인 http://pi.math.virginia.edu/Jefferson/jeff_r(4).htm을 보라.

3 '정삼각형': 유클리드가 정삼각형을 작도하고 증명한 방법은 그리스어로 된 것이
   긴 하지만, http://en.wikipedia.org/wiki/File:Euclid-proof.jpg에서 볼 수 있다.

4 논리적이고 창조적인 능력: 나는 이 장에서 소개한 두 가지 증명에 포함된 미묘
   한 사실 몇 가지를 얼버무리고 넘어갔다. 예를 들면, 정삼각형 증명에서 우리는
   (유클리드가 그랬듯이) 두 원이 어디선가, 특히 *C*라고 표시한 점에서, 교차한다
   고 가정했다. 하지만 유클리드의 어떤 공리도 그런 교점의 존재를 보장하진 않는
   다. 여기에는 원의 연속성에 관한 추가 공리가 필요하다. 여러 사람 중에서도 특
   히 버트런드 러셀Bertrand Russell이 이 빈틈을 지적했다. B. Russell, "The Teaching
   of Euclid," *Mathematical Gazette*, Vol. 2, No. 33(1902), pp. 165-167 참고.
   온라인으로는 http://www-history.mcs.st-and.ac.uk/history/Extras/Russell_
   Euclid.html에서 볼 수 있다.

   또 한 가지 미묘한 사실은 삼각형의 내각의 합이 180°임을 증명하는 데 평행선
   공준을 암묵적으로 사용한 것이다. 우리가 삼각형의 밑변에 평행한 직선을 그을
   수 있는 것은 바로 이 공준 때문이다. 다른 종류의 기하학(비유클리드 기하학이
   라 부르는)에서는 밑변에 평행한 직선이 '하나도 존재하지 않을 수도' 있고, '무한
   히 많이' 존재할 수도 있다. 유클리드 기하학만큼 논리적으로 모순이 없는 그런 종
   류의 기하학에서는 삼각형의 내각의 합이 항상 180°가 되는 것은 '아니다.' 따라
   서 여기서 소개한 피타고라스의 증명은 단지 놀랍도록 우아하기만 한 것이 아니

다. 그것은 공간의 본질 자체에 대해 심오한 사실을 알려준다. 이 문제에 대해 더 자세한 설명은 보고몰니가 블로그에 올린 글인 "Angles in triangle add to 180°," http://www.cut-the-knot.org/triangle/pythpar/AnglesInTriangle.shtml과 베어든T. Beardon이 쓴 기사 "When the angles of a triangle don't add up to 180 degrees," http://nrich.maths.org/1434를 보라.

14 원뿔곡선 가족

1 포물선과 타원: 원뿔곡선에 대한 배경 지식과 그것을 다룬 방대한 연구에 대한 참고 문헌은 http://mathworld.wolfram.com/ConicSection.html과 http://en.wikipedia.org/wiki/Conic_section을 참고하라. 제임스 캘버트James B. Calvert 는 전문적인 수학 교육을 약간 받은 독자들을 위해 자신의 웹사이트에 흥미롭고 특이한 정보를 많이 모아놓았다. "Ellipse"(http://mysite.du.edu/~jcalvert/math/ellipse.htm), "Parabola"(http://mysite.du.edu/~jcalvert/math/parabola.htm), "Hyperbola"(http://mysite.du.edu/~jcalvert/math/hyperb.htm)를 찾아보라.

2 포물선 거울: 루 탤먼Lou Talman이 만든 온라인 애니메이션과 그의 웹페이지에서 "The geometry of the conic sections," http://rowdy.mscd.edu/~talmanl/HTML/GeometryOfConicSections.html를 찾아보면 많은 직관을 얻을 수 있을 것이다. 특히 http://clem.mscd.edu/~talmanl/HTML/ParabolicReflector.html에서 하나의 광자에 초점을 맞춰 포물선 반사경에 다가오고 튀어나가는 모습을 유심히 관찰해보라. 그런 다음, 모든 광자가 함께 움직이는 모습을 보라. 그러면 태양 반사경에 얼굴을 태우고 싶은 생각은 다시는 들지 않을 것이다. 타원에 관한 비슷한 애니메이션은 http://rowdy.mscd.edu/~talmanl/HTML/EllipticReflector.html에서 볼 수 있다.

15 사인파의 비밀

1 일출과 일몰: 본문에 실린 도표는 2011년에 플로리다 주 주피터에서 관찰한 데이터를 바탕으로 작성한 것이다. 편의상 일광 절약 시간제(서머 타임)로 인한 인위적인 단절을 피하기 위해 일출과 일몰 시간은 일년 내내 동부 표준시를 기준으로 나타냈다. http://ptaff.ca/soleil/?lang=en_CA나 http://www.gaisma.com/en/ 같은 웹사이트를 이용하면 여러분이 사는 장소의 일출과 일몰 시간을 가지고

이와 비슷한 도표를 만들 수 있다.

학생들은 이러한 도표를 보고 놀랍다는 반응을 보이므로(예를 들면, 어떤 학생들은 곡선들이 둥글고 부드러운 대신에 삼각형을 나타낼 것이라고 예상한다), 중학교나 고등학교 수업에서 실습 활동으로 해보기에 좋다. 교육학적 사례 연구는 A. Friedlander and T. Resnick, "Sunrise, sunset," *Montana Mathematics Enthusiast*, Vol. 3, No. 2(2006), pp. 249-255를 참고하라. 온라인으로는 http://www.math.umt.edu/tmme/vol3no2/TMMEvol3no2_Israel_pp249_255.pdf에서 볼 수 있다.

일출과 일몰 시간 공식을 유도하는 과정은 수학적으로 복잡하고, 관련된 물리학 지식도 복잡하다. 예컨대 와트T. L. Watts의 웹페이지 "Variation in the time of sunrise"를 http://www.physics.rutgers.edu/~twatts/sunrise/sunrise.html에서 찾아보라. 와트의 분석은 왜 일 년 중 일출과 일몰 시간이 단순한 사인파 형태로 변하지 않는지 명확하게 설명한다. 그것은 또한 2차 고조파(주기가 6개월인 사인파)도 포함하는데, 이것은 주로 지구 자전축의 기울기로 인해 나타나는 미묘한 효과 때문이다. 이 효과는 반 년을 주기로 하루 중 태양이 하늘에서 가장 높은 고도에 오는 시간인 현지의 정오 시간에 변화를 초래한다. 다행히도 이 항은 일출 시간과 일몰 시간을 나타내는 두 공식 모두에서 똑같다. 그래서 낮의 길이(일출 시간에서 일몰 시간까지의 시간)를 계산하기 위해 하나에서 다른 하나를 뺄 때 2차 고조파는 상쇄되어 사라진다. 그리고 남는 것은 거의 완전한 사인파이다.

여기에 대한 더 자세한 정보는 인터넷에서 "the Equation of Time(시간의 방정식)"을 검색하면 찾을 수 있다(기묘하게 들릴지 모르지만, 실제로 그것은 시간의 방정식이라 불린다!). 출발점으로 삼기에 좋은 곳은 테일러K. Taylor의 웹페이지 "The equation of time: Why sundial time differs from clock time depending on time of year"로, http://myweb.tiscali.co.uk/moonkmft/Articles/EquationOfTime.html이나 위키피디아 웹페이지 http://en.wikipedia.org/wiki/Equation_of_time에서 볼 수 있다.

2 삼각법: 이 주제를 아주 잘 다룬 책으로는 E. Maor, *Trigonometric Delights*(Princeton University Press, 1998)를 참고하라.

3 패턴 생성: 자연에서 나타나는 패턴을 광범위하게 개관한 책은 P. Ball, *The Self-Made Tapestry*(Oxford University Press, 1999)를 참고하라. 이 분야의 수학적 방법을 대학원생 수준에 맞춰 소개한 책으로는 R. Hoyle, *Pattern*

Formation(Cambridge University Press, 2006)이 있다. 얼룩말의 줄무늬, 나비 날개의 패턴, 그 밖의 생물학적 패턴 생성 사례를 보고 싶으면, J. D. Murray, *Mathematical Biology: II. Spatial Models and Biomedical Applications*, 3rd edition(Springer, 2003)을 참고하라.

4 우주배경복사: 생물학적 패턴 생성과 우주론 사이의 연결 관계는 재나 레빈Janna Levin이 쓴 책 *How the Universe Got Its Spots*(Princeton University Press, 2002)에서 발견할 수 있는 많은 즐거움 중 하나이다. 이 책은 어머니에게 보내려고 써놓고서 보내지 않은 편지들로 이루어져 있는데, 젊은 여성 과학자가 경력을 시작하면서 쓴 친근한 일기와 함께 수학과 물리학의 역사와 개념을 광범위하게 다룬다.

5 인플레이션 우주론: 우주론과 인플레이션을 간략하게 소개한 글로는 스티븐 배터스비Stephen Battersby가 쓴 다음 두 편의 글을 참고하라: "Introduction: Cosmology," *New Scientist*(September 4, 2006), http://www.newscientist.com/article/dn9988-introduction-cosmology.html과 "Best ever map of the early universe revealed," *New Scientist*(March 17, 2006), http://www.newscientist.com/article/dn8862-best-ever-map-of-the-early-universe-revealed.html. 하지만 인플레이션이 실제로 일어났느냐 하는 것은 아직 논란의 대상으로 남아 있다. 인플레이션 이론의 장점과 약점을 잘 설명한 글로는 P. J. Steinhardt, "The inflation debate: Is the theory at the heart of modern cosmology deeply flawed?" *Scientific American*(April 2011), pp. 18-25를 보라.

16 극한까지 나아가다

1 제논: 제논의 역설에 대한 역사와 지적 유산을 다룬 책은 J. Mazur, *Zeno's Paradox* (Plume, 2008)를 참고하라.

2 원과 파이: π의 역사를 개인의 흥미로운 견해를 덧붙여 위트가 넘치는 필체로 다룬 책은 『파이의 역사』(페트르 베크만 지음, 박영훈 옮김, 2002, 경문북스)를 보라.

3 아르키메데스는 비슷한 방법을 사용해: PBS에서 제작한 〈노바Nova〉 시리즈는 "Infinite Secrets(무한의 비밀)"이라는 에피소드에서 아르키메데스와 무한, 극한값을 흥미진진하게 다루었다. 처음 방송된 날은 2003년 9월 30일이었다. 그 프로그램의 웹사이트(http://www.pbs.org/wgbh/nova/archimedes/)는 프로그램 대본과 인터랙티브 시범을 포함해 많은 온라인 자료를 제공한다.

4 실진법: 아르키메데스의 실진법을 수학적으로 자세히 설명한 것을 보고 싶어하

는 독자를 위해 닐 캐러더스Neal Carothers는 삼각법(아르키메데스가 의존한 피타고라스의 절묘한 방법에 해당하는)을 사용해 원에 내접한 다각형과 외접한 다각형의 둘레 길이를 유도했다. http://personal.bgsu.edu/~carother/pi/Pi3a.html 참고. 피터 알펠드Peter Alfeld의 웹페이지 "Archimedes and the computation of pi"에는 다각형의 변의 수를 변화시킬 수 있게 해주는 인터랙티브형 자바 애플릿이 등장한다. http://www.math.utah.edu/~alfeld/Archimedes/Archimedes.html. 아르키메데스의 원래 논증에 사용한 개별적 단계들은 역사적으로는 흥미로울지 몰라도, 실망스러울 정도로 모호하게 보일 수도 있다. http://itech.fgcu.edu/faculty/clindsey/mhf4404/archimedes/archimedes.html 참고.

5 π의 정확한 값은 여전히 손에 잡히지 않는다: π의 값을 영웅적으로 계산한 사람들이 궁금한 사람은 리처드 프레스턴이 쓴 추드노프스키Chudnovsky 형제 이야기를 읽어보라. "The mountains of pi"라는 제목으로 실린 이 글은 친근하면서 아주 익살스러운 필체로 기술되었으며, 1992년 3월 2일자 《뉴요커》에 실렸다. 그리고 더 최근에는 R. Preston, *Panic in Level Four*(Random House, 2008)에 한 장으로 실렸다.

6 수치해석: 수치해석의 기초를 소개한 입문서로는 W. H. Press, S. A. Teukolsky, W. T. Vetterling과 B. P. Flannery, *Numerical Recipes*, 3rd edition(Cambridge University Press, 2007)을 보라.

17 변화를 다루는 미적분학

1 미국에서 미적분학을 배우는 학생은 한 해에 약 100만 명이나 된다: D. M. Bressoud, "The crisis of calculus," Mathematical Association of America(April 2007), 온라인으로는 http://www.maa.org/columns/launchings/launchings_04_07.html에서 볼 수 있음.

2 마이클 조던Michael Jordan이 공중을 날아: 마이클 조던의 멋진 덩크 슛 장면은 다음 비디오 클립에서 볼 수 있다. http://www.youtube.com/watch?v=H8M2NgjvicA.

3 고등학교 때 내게 미적분학을 가르쳤던 조프레이Joffray 선생님: 고전적인 것과 새로 창안한 것을 포함해 조프레이의 미적분학 문제를 모아놓은 것은 S. Strogatz, *The Calculus of Friendship*(Princeton University Press, 2009)에서 볼 수 있다.

4 스넬의 법칙(굴절의 법칙): 스넬의 법칙과 그것을 페르마의 원리(빛은 시간

이 최소한 걸리는 경로를 택한다는)에서 유도하는 과정을 자세히 소개한 글과 비디오, 웹사이트는 여러 가지가 있다. 예를 들어 M. Golomb, "Elementary proofs for the equivalence of Fermat's principle and Snell's law," *American Mathematical Monthly*, Vol. 71, No. 5(May 1964), pp. 541-543과 http://en.wikibooks.org/wiki/Optics/Fermat%27s_Principle를 참고하라. 그 역사를 기술한 것은 http://en.wikipedia.org/wiki/Snell%27s_law를 참고하라.

페르마의 원리는 더 일반적인 최소 작용의 원리의 선구적 이론에 해당한다. 이 원리가 양자역학을 기반으로 한다는 내용을 포함해 이 원리를 흥미진진하면서도 심도 있게 논의한 글은 R. P. Feynman, R. B. Leighton, and M. Sands, "The principle of least action," *The Feynman Lectures on Physics*, Vol. 2, chapter 19(Addison-Wesley, 1964)와 R. Feynman, *QED*(Princeton University Press, 1988)를 참고하라.

5 가능한 모든 경로: 간단하게 말하자면, 파인만은 자연이 실제로 모든 경로를 다 시도한다는 놀라운 주장을 한다. 하지만 그 작용이 최소화되는(혹은 더 정확하게는 정지되는) 고전적 경로에 아주 가까운 경로들을 제외한 나머지 경로는 거의 다 상쇄 간섭에 해당하는 양자 과정을 통해 상쇄된다. 그리고 그렇지 않은 곳에서는 양자 간섭이 보강 간섭으로 일어나기 때문에 이 경로들은 관찰될 가능성이 크게 높아진다. 파인만의 설명에 따르면, 자연이 최소 작용의 원리를 따르는 이유는 이 때문이다. 여기서 중요한 것은 우리가 경험하는 일상적인 세계에서 일어나는 작용들은 플랑크 상수에 비해 어마어마하게 거대하다는 점이다. 이러한 고전적 한계에서는 양자 상쇄 간섭이 아주 강하게 일어나, 그러지 않았더라면 일어날 수도 있는 거의 모든 사건을 사라지게 한다.

18 얇게 썰어서 합하는 방법

1 종양학: 적분이 암 연구자들에게 도움을 준 방식에 대해 더 자세한 내용은 D. Mackenzie, "Mathematical modeling of cancer," *SIAM News*, Vol. 37(January/February 2004)와 H. P. Greenspan, "Models for the growth of a solid tumor by diffusion," *Studies in Applied Mathematics*(December 1972), pp. 317-340을 참고하라.

2 원통 2개가 직각으로 교차할 때 공통되는 입체: 그 축이 서로 직각으로 만나는 동일한 원통 2개에 공통되는 부분은 스타인메츠 입체 또는 이중 원기둥 등 여러 가

지 이름으로 알려져 있다. 자세한 배경 지식을 알고 싶으면, http://mathworld. wolfram.com/SteinmetzSolid.html과 http://en.wikipedia.org/wiki/ Steinmetz_solid를 참고하라. 위키피디아 웹페이지에는 교차하는 원통들에서 스타인메츠 입체가 유령처럼 나타나는 장면을 보여주는 컴퓨터 애니메이션도 포함되어 있다. 그 부피는 현대적 방법을 사용해 직접적으로, 그렇지만 불투명하게 계산할 수 있다.

오래되었지만 훨씬 간단한 방법은 아르키메데스와 조충지祖冲之(중국 위진남북조 시대의 수학자이자 천문학자. 동양에서 최초로 원주율을 계산해낸 인물이기도 하다)가 모두 알고 있었다. 이것은 조각들로 자르고 정사각형과 원의 넓이를 비교하는 방법만 사용한다. 이것을 놀랍도록 명쾌하게 설명한 글은 마틴 가드너가 쓴 칼럼 "Mathematical games: Some puzzles based on checkerboards," *Scientific American*, Vol. 207(November 1962), p. 164를 보라. 아르키메데스와 조충지에 대한 자료는 Archimedes, *The Method*, English translation by T. L. Heath (1912), reprinted by Dover(1953)와 T. Kiang, "An old Chinese way of finding the volume of a sphere," *Mathematical Gazette*, Vol. 56(May 1972), pp. 88-91을 보라.

모어턴 무어Moreton Moore는 이중 원통이 건축에도 응용된다고 지적한다. "건물들을 잇는 데 반원통형 둥근 천장을 사용한 로마 인과 노르만 인은 그러한 둥근 천장 2개가 서로 교차하여 십자형 둥근 천장이 만들어지는 곳에서 마주치는 교차 원통의 기하학을 잘 알고 있었다." 이것과 결정학 분야의 응용에 대해서는 M. Moore, "Symmetrical intersections of right circular cylinders," *Mathematical Gazette*, Vol. 58(October 1974), pp. 181-185를 보라.

3 컴퓨터 그래픽스: 이중 원기둥의 인터랙티브 시범과 적분의 다른 문제들은 온라인으로 Wolfram Demonstrations Project(http://demonstrations.wolfram. com/)에서 볼 수 있다. 이것을 플레이하려면 Mathematica Player가 필요한데, http://www.wolfram.com/products/player/에서 무료로 다운로드받을 수 있다. 이것을 다운로드받으면, 모든 수학 분야에 걸쳐 수백 가지나 되는 인터랙티브 시범도 볼 수 있다. 이중 원기둥 시범은 http://demonstrations.wolfram. com/IntersectingCylinders/에서 볼 수 있다. 칼텍의 마미콘 음나차카니안 Mamikon Mnatsakanian은 아르키메데스의 정신과 잘게 쪼개기의 힘을 잘 보여주는 일련의 애니메이션을 만들었다. 내가 좋아하는 것은 http://www.its.caltech.

edu/~mamikon/Sphere.html인데, 이것은 구와 높이와 반지름이 구의 그것과 일치하는, 특정 이중 원뿔과 원통의 부피 사이에 성립하는 아름다운 관계를 묘사한다. 그는 또한 원통에서 가상 부피의 액체를 뽑아내 나머지 두 형태로 쏟아부음으로써 같은 것을 더 구체적으로 보여준다. http://www.its.caltech.edu/~mamikon/SphereWater.html를 보라.

이에 못지않게 우아한 수학적 논증을 M. Levi, *The Mathematical Mechanic* (Princeton University Press, 2009)에서 볼 수 있다.

4 아르키메데스는 이 문제를 풀었지만: 아르키메데스가 이중 원기둥의 부피를 구하는 문제에 자신의 기계적 방법을 적용한 것을 다룬 글은 T. L. Heath, ed., Proposition 15, *The Method of Archimedes*, *Recently Discovered by Heiberg*(Cosimo Classics, 2007), p. 48을 보라.

같은 책 13쪽에서 아르키메데스는 자신의 기계적 방법을 정리를 증명하기보다는 발견하는 수단으로 본다고 고백한다: "기계적 방법을 통해 우선 어떤 것들이 명백해졌다. 다만 이 방법을 통한 탐구는 실제 증명을 제공하지 않았기 때문에 나중에 기하학으로 입증해야 한다. 하지만 그 방법으로 사전에 문제에 대한 일부 지식을 얻는다면, 사전 지식 없이 증명을 찾으려고 하는 것보다 증명을 제시하기가 더 쉽다는 것은 말할 것도 없다."

아르키메데스의 연구를 일반 대중을 위해 쉽게 설명한 책은 R. Netz and W. Noel, *The Archimedes Codex*(Da Capo Press, 2009)를 보라.

19 e에 관한 모든 것

1 e가 정확하게 무엇인지: e와 지수에 관한 모든 것을 설명한 입문서로는 E. Maor, *e*: *The Story of a Number*(Princeton University Press, 1994)를 참고하라. 미적분학을 배운 사람이라면 B. J. McCartin, "e: The master of all," *Mathematical Intelligencer*, Vol. 28, No. 2(2006), pp. 10–21를 읽어보라. http://mathdl.maa.org/images/upload_library/22/Chauvenet/mccartin.pdf.에서 PDF 파일로 볼 수 있다.

2 전체 좌석 중 약 13.5%가 빈자리로 남게 된다: 극장에서 무작위로 자리를 잡는 커플들이 전체 좌석을 채우는 비율을 계산하는 문제는 다른 형태로 연구한 것들을 과학 문헌에서 많이 찾아볼 수 있다. 이 문제는 유기화학에서 맨 먼저 다루었다. P. J. Flory, "Intramolecular reaction between neighboring substituents of

vinyl polymers," *Journal of the American Chemical Society*, Vol. 61(1939), pp. 1518-1521을 참고하라. 마법의 수 $\frac{1}{e^2}$ 은 p. 1519의 오른쪽 위 칼럼에 등장한다. 더 최근에는 이 문제를 확률론과 통계물리학 분야에서 고전적인 퍼즐인 무작위적 주차 문제와 연관지어 다룬 연구가 있다. W. H. Olson, "A Markov chain model for the kinetics of reactant isolation," *Journal of Applied Probability*, Vol. 15, No. 4(1978), pp. 835-841을 참고하라. 컴퓨터과학자들은 네트워크에서 이웃한 노드들을 짝짓는 '무작위적 탐욕 매칭random greedy matching' 알고리듬 연구에서 비슷한 문제들을 다루었다. M. Dyer and A. Frieze, "Randomized greedy matching," *Random Structures and Algorithms*, Vol. 2(1991), pp. 29-45을 참고하라.

3 몇 사람과 연애를 한 다음에 결혼 상대를 선택하는 게 좋을까: 언제 연애를 멈추고 배우자를 선택하는 게 좋을까 하는 이 질문은 다양한 형태로 연구가 이루어졌으며, 재정 문제, 결혼 문제, 까다로운 구혼자 문제, 술탄의 지참금 문제 등의 이름이 붙어 있다. 하지만 오늘날 가장 일반적인 이름은 비서 문제이다(이 시나리오에서는 일정 수의 지원자들 중에서 최선의 비서를 선택하려고 하는데, 한 번에 한 명씩 면접을 보면서 그 자리에서 그 사람을 채용할지 아니면 탈락시킬지 결정해야 한다). 이 경이로운 문제의 수학과 역사를 잘 요약 소개한 글은 http://mathworld.wolfram.com/SultansDowryProblem.html과 http://en.wikipedia.org/wiki/Secretary_problem을 보라. 더 자세한 내용을 원하면, T. S. Ferguson, "Who solved the secretary problem?" *Statistical Science*, Vol. 4, No. 3(1989), pp. 282-289를 읽어보라. 문제를 푸는 방법을 명쾌하게 설명한 것은 http://www.math.uah.edu/stat/urn/Secretary.xhtml을 보라. 최적 정지 이론이라는 더 넓은 주제를 소개한 글을 보고 싶으면, T. P. Hill, "Knowing when to stop: How to gamble if you must-the mathematics of optimal stopping," *American Scientist*, Vol. 97(2009), pp. 126-133를 읽어보라.

20 사랑의 미분방정식

1 로미오가 줄리엣과 사랑에 빠졌다고 가정하자: 미분방정식을 기초로 한 사랑의 모형은 S. H. Strogatz, *Nonlinear Dynamics and Chaos*(Perseus, 1994)에서 section 5.3을 참고하라.

2 "미분방정식을 푸는 것은 유용하다.": 뉴턴의 애너그램에 관한 내용은 V.

I. Arnold, *Geometrical Methods in the Theory of Ordinary Differential Equations*(Springer, 1994)에서 p. vii를 보라.

3 카오스: 삼체 문제의 카오스에 관한 내용은 I. Peterson, *Newton's Clock*(W. H. Freeman, 1993)을 참고하라.

4 "자신의 골치를 지끈거리게": 삼체 문제가 뉴턴의 골치를 지끈거리게 했다는 인용문은 D. Brewster, *Memoirs of the Life, Writings, and Discoveries of Sir Isaac Newton* (Thomas Constable and Company, 1855), Vol. 2, p. 158에 나온다.

21 빛의 본질

1 벡터미적분학: 벡터미적분학과 맥스웰의 방정식에 대한 훌륭한 입문서이자 내가 읽은 책 중 최고의 교과서는 E. M. Purcell, *Electricity and Magnetism*, 2nd edition(Cambridge University Press, 2011)이다. 또 하나의 고전은 H. M. Schey, *Div, Grad, Curl, and All That*, 4th edition(W. W. Norton and Company, 2005)이다.

2 맥스웰은 몇 개의 기호를 이리저리 옮김으로써 빛의 본질이 무엇인지 알아냈다: 이 글을 쓴 때는 맥스웰이 1861년에 쓴 논문 「물리적 역선에 대하여On physical lines of force」가 150주년을 맞이한 시점이었다. 더 정확하게는 "Part III. The theory of molecular vortices applied to statical electricity," *Philosophical Magazine*(April and May, 1861), pp. 12-24을 참고하라. 온라인으로는 http:// en.wikisource.org/wiki/On_Physical_Lines_of_Force와 원본을 스캔한 http:// www.vacuum-physics.com/Maxwell/maxwell_oplf.pdf에서 볼 수 있다.

원래의 논문도 읽어볼 만한 가치가 있다. 흥미로운 부분은 방정식 137 바로 아래에 나오는데, 여기서 맥스웰 ─ 진지한 성격이라 평소에 극적인 제스처를 전혀 내보이지 않는 사람인 ─ 도 자신의 연구가 지닌 혁명적 의미를 이탤릭체로 표시하지 않을 수 없었던 것 같다. "우리의 가상 매질에서 횡파의 속도를 콜라우슈M. M. Kohlrausch와 베버Weber의 전자기 실험으로 계산한 결과는 피조의 광학 실험으로 계산한 빛의 속도와 너무나도 정확하게 일치하기 때문에, 빛이 전기와 자기 현상의 원인인 같은 매질의 횡파로 이루어져 있다는 추론을 피해갈 수 없다."

3 공중에 정지한 상태로 떠 있는 잠자리 주변의 기류: 잠자리의 비행에 관한 제인 왕의 연구는 Z. J. Wang, "Two dimensional mechanism for insect hovering,"

Physical Review Letters, Vol. 85, No. 10(September 2000), pp. 2216-2219 과 Z. J. Wang, "Dragonfly flight," *Physics Today*, Vol. 61, No. 10(October 2008), p. 74를 참고하라. 이 논문들은 http://dragonfly.tam.cornell.edu/insect.html에서 다운로드받을 수 있다. 잠자리의 비행을 보여주는 비디오는 http://ptonline.aip.org/journals/doc/PHTOAD-ft/vol_61/iss_10/74_1.shtml 끝 부분에 나온다.

4 나는 인류가 빛의 본질을 최초로 이해하는 그 순간을 목격할 수 있다면 얼마나 감격스러울까: 아인슈타인도 맥스웰이 그 연구를 하는 순간 벽에 붙어 있던 파리였더라면 하고 바랐던 것으로 보인다. 아인슈타인은 1940년에 이렇게 썼다. "자신이 기술한 미분방정식들이, 전자기장이 편광파의 형태로, 그리고 빛의 속도로 나아간다는 사실을 증명했을 때, [맥스웰의] 느낌이 어땠을지 상상해보라! 세상에서 그런 경험을 할 수 있는 사람은 극소수에 불과하다." A. Einstein, "Considerations concerning the fundaments of theoretical physics," *Science*, Vol. 91(May 24, 1940), pp. 487-492를 참고하라(온라인으로는 http://www.scribd.com/doc/30217690/Albert-Einstein-Considerations-Concerning-theFundaments-of-Theoretical-Physics에서 볼 수 있음). 위의 표현은 489쪽에 나온다.

5 맥스웰이 수학 기호들을 가지고 요술을 부린 결과로 생겨난 유산: 맥스웰의 방정식은 종종 순수 이성의 승리로 묘사되지만, 케임브리지 대학의 과학사학자인 사이먼 새퍼Simon Schaffer는 당시의 기술적 도전 과제인 해저 전신 케이블을 통해 신호를 전송하던 문제도 그 업적에 큰 영향을 미쳤다고 주장했다. S. Schaffer, "The laird of physics," *Nature*, Vol. 471 (2011), pp. 289-291 참고.

22 지금 무엇이 정상적인가

1 오늘날 세상은 데이터가 흘러넘치고 있다: 데이터 마이닝의 새로운 세계에 관해서는 S. Baker, The Numerati (Houghton Mifflin Harcourt, 2008)과 I. Ayres, *Super Crunchers*(Bantam, 2007)를 참고하라.

2 스포츠 부분의 통계학자들은 수치 데이터를 분석하여: M. Lewis, *Moneyball* (W. W. Norton and Company, 2003).

3 "통계학을 약간 배워두라.": N. G. Mankiw, "A course load for the game of life," *New York Times* (September 4, 2010).

4 "통계학을 들어라.": D. Brooks, "Harvard-bound? Chin up," *New York*

Times(March 2, 2006).

5 통계학의 핵심 가르침: 유익하고 흥미로운 통계학 입문서로는 D. Salsburg, *The Lady Tasting Tea*(W. H. Freeman, 2001)와 L. Mlodinow, *The Drunkard's Walk*(Pantheon, 2008)를 보라.

6 골턴 보드: 골턴 보드를 실제로 본 적이 없다면, 유튜브에서 시범 장면을 찾아볼 수 있다. 가장 극적인 비디오 중 하나는 공 대신에 모래를 사용한다. http://www. youtube.com/watch?v=xDIyAOBa_yU 참고.

7 성인 남녀의 키: http://www.shortsupport.org/Research/analyzer.html에서 온라인 분석기를 사용해 전체 분포 중 자신의 위치가 어디쯤인지 볼 수 있다. 이 것은 1994년의 통계 자료를 바탕으로 전체 인구 중에서 특정 키보다 크거나 작은 비율이 얼마인지 보여준다. 더 최근의 자료를 원한다면, M. A. McDowell et al., "Anthropometric reference data for children and adults: United States, 2003-2006," *National Health Statistics Reports*, No. 10(October 22, 2008)를 참고하라. 온라인으로는 http://www.cdc.gov/nchs/data/nhsr/nhsr010.pdf에서 볼 수 있다.

8 오케이큐피드: 오케이큐피드는 미국 내에서 가장 큰 무료 온라인 데이트 사이트 이다. 2011년 여름 현재 활동 회원 수는 약 700만 명에 이른다. 이곳의 통계학자 들은 회원들에게서 수집한 익명의 집단 데이터를 바탕으로 독창적인 분석을 한 다음, 그 결과와 통찰을 그들의 블로그인 OkTrends(http://blog.okcupid.com/ index.php/about/)에 발표한다. 키 분포는 C. Rudder, "The big lies people tell in online dating," http://blog.okcupid.com/index.php/the-biggest-lies-in-online-dating/로 발표되었다. 그가 게시한 글에 나오는 그래프를 수정해 사용하 도록 너그럽게 허락해준 크리스티안 러더에게 감사드린다.

9 멱함수 분포: 마크 뉴먼Mark Newman은 M. E. J. Newman, "Power laws, Pareto distributions and Zipf's law," *Contemporary Physics*, Vol. 46, No. 5(2005), pp. 323-351에서 이 주제를 아주 훌륭하게 소개했다(온라인으로는 http://www-personal.umich.edu/~mejn/courses/2006/cmplxsys899/powerlaws.pdf에서 볼 수 있음). 이 글에는 『모비 딕』에 나오는 단어들의 빈도, 1910년부터 1992년 까지 캘리포니아 주에서 일어난 지진의 세기, 2003년 미국의 400대 부자의 순자 산, 그리고 그 밖에 이 장에서 언급한 꼬리가 두꺼운 분포들의 그래프가 포함돼 있 다. 이보다 앞서 멱함수 분포를 잘 설명한 책으로 M. Schroder, *Fractals, Chaos,*

Power Laws(W. H. Freeman, 1991)이 있다.

10 2003년 감세안: 이 예는 C. Seife, Proofiness(Viking, 2010)에서 빌려왔다. 부시 대통령의 연설문은 http://georgewbush-whitehouse.archives.gov/news/releases/2004/02/print/20040219-4.html에서 볼 수 있다. 본문에 사용된 수치들은 FactCheck.org(펜실베이니아 대학의 애넌버그공공정책센터에서 진행하는 비당파적 계획)의 분석을 바탕으로 한 것으로, 그 분석은 온라인으로 http://www.factcheck.org/here_we_go_again_bush_exaggerates_tax.html에서 볼 수 있다. 또 이 분석은 비당파적인 Tax Policy Center: W. G. Gale, P. Orszag, and I. Shapiro, "Distributional effects of the 2001 and 2003 tax cuts and their financing", http://www.taxpolicycenter.org/publications/url.cfm?ID=411018에 발표되었다.

11 주가 요동: B. Mandelbrot and R. L. Hudson, *The (Mis)Behavior of Markets*(Basic Books, 2004); N. N. Taleb, *The Black Swan*(Random House, 2007).

12 두껍고, 무겁고, 긴?: 이 세 단어가 항상 동의어로 쓰이는 것은 아니다. 통계학자들이 말하는 긴 꼬리는 사업이나 기술 부문의 사람들이 이야기하는 것과는 다른 의미를 지닌다. 예를 들면, 크리스 앤더슨Chris Anderson이 2004년 10월에 《와이어드Wired》에 '긴 꼬리The long tail'라는 제목으로 쓴 글(http://www.wired.com/wired/archive/12.10/tail.html)과 또 같은 제목의 저서에서 말한 긴 꼬리는, 대다수 사람들에게는 알려지지 않았지만 그래도 그것을 선호하는 사람들이 있어 온라인에서 살아남는 수많은 영화와 책, 노래, 그 밖의 작품을 가리킨다. 다시 말해 앤더슨이 생각한 긴 꼬리는 수백만 명의 보통 사람들이다. 하지만 통계학자가 생각하는 긴 꼬리는 슈퍼부자나 대지진처럼 극소수의 거물에 해당한다.

차이점은 앤더슨이 자신의 그래프에서 축을 바꾼 것인데, 이것은 망원경을 거꾸로 들여다보는 것과 같다. 이것은 누적도수분포 그래프에서 통계학자들이 사용하는 관습과 정반대이지만, 19세기 후반에 유럽 국가들의 소득 분포를 연구했던 공학자이자 경제학자인 빌프레도 파레토Vilfredo Pareto까지 거슬러 올라가는 오랜 전통을 지니고 있다. 간단히 말해서 앤더슨과 파레토는 빈도를 지위의 함수로 나타낸 반면, 지프Zipf와 통계학자들은 지위를 빈도의 함수로 나타낸다. 같은 정보를 축을 서로 바꾸어 두 가지 방법으로 제시한 것이다.

이것은 과학 문헌에서 많은 혼란을 낳았다. 이 혼란을 바로잡기 위한 라다 애더믹Lada Adamic의 지침은 http://www.hpl.hp.com/research/idl/papers/ranking/

ranking.html을 참고하라. 마크 뉴먼도 위에서 언급한 멱함수 분포에 관한 논문에서 이 점을 분명히 했다.

23 조건부확률

1   확률론: 조건부확률과 베이즈 정리를 훌륭하게 다룬 교과서는 S. M. Ross, *Introduction to Probability and Statistics for Engineers and Scientists*, 4th edition(Academic Press, 2009)을 보라. 토머스 베이즈Thomas Bayes와 확률론적 추론에 대한 그의 접근 방법을 둘러싼 논란은 S. B. McGrayne, *The Theory That Would Not Die*(Yale University Press, 2011)를 참고하라.

2   병든 식물: 병든 식물 문제에서 (a)의 답은 59%이다. (b)의 답은 $\frac{27}{41}$, 즉 약 65.85%이다. 이 답을 얻으려면, 병든 식물 100개가 있다고 상상하고, (평균적으로) 그 중에서 몇 개가 물을 얻는지 얻지 못하는지 생각한 뒤에 주어진 정보를 바탕으로 그 중 몇 개가 죽을지 죽지 않을지 생각해보라. 이 문제는 수치와 표현이 약간 변한 형태로 로스의 교과서 84쪽에 문제 29번으로 나온다.

3   유방 촬영 사진: 의사들이 유방 촬영 사진 결과를 어떻게 해석하는지를 다룬 연구는 G. Gigerenzer, *Calculated Risks*(Simon and Schuster, 2002), chapter 4에 소개돼 있다.

4   조건부확률은 다른 이유 때문에 여전히 사람들을 당혹스럽게 할 수 있다: 조건부확률과 그것을 현실 세계에 응용한 사례, 그리고 사람들이 그것을 오해하는 사례에 대한 재미있는 일화와 통찰은 J. A. Paulos, *Innumeracy*(Vintage, 1990)와 L. Mlodinow, *The Drunkard's Walk*(Vintage, 2009)를 참고하라.

5   심프슨의 재판: 심프슨 사건과 더 넓은 맥락에서 아내 구타를 더 자세하게 논의한 것은 Gigerenzer, *Calculated Risks*의 제8장을 보라. 심프슨 사건 재판과 구타당한 여성이 배우자에게 살해당할 비율에 대한 더쇼위츠의 추정에 관한 인용들은 A. Dershowitz, *Reasonable Doubts*(Touchstone, 1997), pp. 101-104에 나온다.

심프슨 사건 재판에서 확률론이 처음으로 제대로 적용된 것은 1995년이었다. 이 장에서 소개한 분석은 굿이 "When batterer turns murderer," *Nature*, Vol. 375 (1995), p. 541에서 발표하고, "When batterer becomes murderer," *Nature*, Vol. 381(1996), p. 481에서 개선한 글을 바탕으로 했다. 굿은 자신의 분석을 이 책과 기거렌처의 책에서 사용한 직관적인 자연 빈도보다는 확률 비와 베이즈의 정리를 바탕으로 설명했다(말이 나온 김에 덧붙이자면, 굿은 아주 흥미로운 경력을 거쳤다. 확률론과 베이즈 통계학에 많은 기여를 한 것 외에도 그는 제2차 세계 대전 때 나치의 에니그마 암호를 해독하는 일을 도왔고, 오늘날 기술적 특이점으로 알려진 미래학 개념을 소개했다).

본질적으로 똑같은 결론에 이르렀고, 역시 1995년에 발표된 독립적인 분석은 J. F. Merz and J. P. Caulkins, "Propensity to abuse . propensity to murder?" *Chance*, Vol. 8, No. 2(1995), p. 14를 보라. 두 분석 사이의 사소한 차이점은 J. B. Garfield and L. Snell, "Teaching bits: A resource for teachers of statistics," *Journal of Statistics Education*, Vol. 3, No. 2(1995)에서 다루었다. 온라인으로는 http://www.amstat.org/publications/jse/v3n2/resource.html에서 볼 수 있다.

6 피고 측 변호사인 앨런 더쇼위츠Alan Dershowitz는: 아마도 더쇼위츠는 다음과 같은 방법으로 배우자를 구타하는 남성 중 배우자를 살해하는 비율이 연간 2500명당 한 명 미만이라고 계산했을 것이다. 그는 자신의 저서 『합리적인 의심Reasonable Doubts』 104쪽에서 1992년에 미국에서 250만~400만 명의 여성이 남편이나 남자친구 또는 전 남자 친구에게 구타를 당했다는 추정치를 인용했다. 같은 해의 FBI 범죄 보고서(http://www.fbi.gov/aboutus/cjis/ucr/ucr)에 따르면, 남편에게 살해당한 여성은 913명, 남자 친구나 전 남자 친구에게 살해당한 여성은 519명이었다. 이 둘을 합친 1432명을 구타당하는 여성 250만 명으로 나누면, 구타당하는 여성 1746명당 한 명꼴로 살해당한다는 결과가 나온다. 반면에 구타당하는 여성의 수를 최대 추정치인 연간 400만 명으로 잡으면, 2793명당 한 명꼴로 살해당한다는 결과가 나온다. 더쇼위츠는 이 양 극단 사이에 있는 2500명을 어림값으로 선택한 것 같다. 하지만 살해당한 여성 중 이전에 남편이나 남자 친구 또는 전 남자 친구에게 구타당한 여성의 비율이 얼마인지는 불확실하다. 더쇼위츠는 모든 살인 희생자는 이전에 구타를 당했다고 가정한 것 같다. 이 비율이 이런 식으로 과장되었다 하더라도, 그것은 '사소한' 것이라는 점을 강조하기 위해서였을 것이다.

심프슨 사건에 대한 평결이 나오고 나서 몇 년 후, 더쇼위츠와 수학자 존 앨런 파울로스John Allen Paulos는 《뉴욕 타임스》의 편집자에게 보낸 편지를 통해 치열한 논쟁을 벌였다. 쟁점은 이 책에서 다룬 것과 비슷한 확률론적 논증을 바탕으로 바라볼 때, 배우자 학대 전력이 있다는 증거를 살인 사건 재판에 채택하는게 적절한가 하는 것이었다. A. Dershowitz, "The numbers game," *New York Times* (May 30, 1999), http://www.nytimes.com/1999/05/30/books/l-thenumbers-game-789356.html와 J. A. Paulos, "Once upon a number," *New York Times*(June 27, 1999), http://www.nytimes.com/1999/06/27/books/l-once-upon-a-number-224537.html 참고.

7 평균적으로 이들 여성 중 추가로 3명이 다른 사람에게 살해당할 것이라고: FBI의 범죄 보고서에 따르면, 1992년에 살해된 여성은 4936명이었다. 이들 중 1432명(약 29%)가 남편이나 남자 친구에게 살해당했다. 나머지 3504명은 다른 사람에게 살해당했다. 따라서 그 당시 미국의 여성 인구가 약 1억 2500만 명이었다는 점을 감안하면, 배우자나 남자 친구가 아닌 사람에게 살해당하는 여성의 비율은 1억 2500만분의 3504로, 일 년에 3만 5673명 중 한 명꼴로 살해당한다.

배우자나 남자 친구가 아닌 사람에게 살해당하는 여성의 이 비율이 구타를 당하는 여성이건 당하지 않는 여성이건 모든 여성에게 동일하게 적용된다고 가정하자. 그렇다면 구타당하는 여성 10만 명으로 이루어진 우리의 가상 표본에서는 10만 나누기 3만 5673=2.8이니, 2.8명이 배우자나 남자 친구가 아닌 사람에게 살해당할 것이라고 예상할 수 있다. 2.8을 반올림해서 3으로 만들면, 본문에서 언급한 수치가 나온다.

24 인터넷 검색의 비밀

1 웹으로 검색하는 것: 웹 검색과 링크 분석에 대한 입문서로는 D. Easley and J. Kleinberg, *Networks, Crowds, and Markets*(Cambridge University Press, 2010), chapter 14를 보라. 나는 이 책의 우아한 설명에서 영감을 얻어 이 글을 썼다. 주요 인물과 회사에 관한 이야기를 포함해 인터넷 검색의 역사를 일반 대중을 위해 설명한 글은 J. Battelle, *The Search*(Portfolio Hardcover, 2005)를 보라. 선형대수학을 잘 아는 독자를 위해 링크 분석의 초기 발전을 다룬 내용은 S. Robinson, "The ongoing search for efficient Web search algorithms," *SIAM News*, Vol. 37, No. 9(2004)에 잘 요약돼 있다.

2 메뚜기: '메뚜기'란 단어에 고개를 갸우뚱하는 사람을 위해 설명하자면, 이것은 선사禪師에게서 많은 걸 배워야 하는 제자를 다정하게 부르는 별명이다. 텔레비전에 방송된 〈쿵후Kung Fu〉 시리즈에서 장님 스님 포Po는 제자 케인Caine을 가르칠 때 처음 가르치던 장면을 종종 들먹이면서 메뚜기라고 부른다. 그것은 1972년에 방송된 파일럿 필름에 나오는 장면으로, 온라인으로는 http://www.youtube.com/watch?v=WCyJRXvPNRo에서 볼 수 있다.

포: 눈을 감아라. 무슨 소리가 들리느냐?

케인: 물 소리도 들리고, 새 소리도 들립니다.

포: 네 심장 뛰는 소리는 안 들리느냐?

케인: 안 들립니다.

포: 네 발 옆에 있는 메뚜기 소리는 안 들리느냐?

케인: 스님, 어째서 스님 귀에는 그런 소리가 들립니까?

포: 어째서 네 귀에는 그 소리가 들리지 않는단 말이냐?

3 순환 논법: 웹페이지의 순위를 매기는 것은 순환성 문제가 있다는 인식과 선형대
수학을 통해 그것을 해결하는 방법은 1998년에 발표된 두 갈래의 연구를 통해 나
왔다. 하나는 코넬 대학의 내 동료로 그 당시 IBM 알마덴연구센터에서 방문 과
학자로 일하고 있던 존 클라인버그Jon Kleinberg가 한 연구였다. '허브와 권한' 알
고리듬(구글의 페이지랭크 알고리듬보다 조금 더 일찍 나온 링크 분석의 한 대체
형태)에 관해 쓴 그의 획기적인 논문은 J. Kleinberg, "Authoritative sources in
a hyperlinked environment," *Proceedings of the Ninth Annual ACM-SIAM
Symposium on Discrete Algorithms*(1998)을 참고하라.

또 다른 갈래의 연구는 구글의 공동 창립자인 래리 페이지와 세르게이 브린이
했다. 그들의 페이지랭크 방법은 원래 임의의 서퍼가 웹의 각 페이지에서 보내
는 시간 비율에 대해 생각한 것이 동기가 되어 개발되었는데, 기술하는 방법은 다
르지만 순환 정의를 해결하는 방법은 결국 같은 것에 이르는 과정이다. 페이지랭
크의 토대가 되는 논문은 S. Brin and L. Page, "The anatomy of a large-scale
hypertextual Web search engine," *Proceedings of the Seventh International
World Wide Web Conference* (1998), pp. 107-117이다.

과학에서 자주 일어나는 일이지만, 이 개념들과 놀랍도록 비슷한 선구적 개념들
이 이미 다른 분야들에서 발견되었다. 계량서지학, 심리학, 사회학, 계량경제학에
서 일어난 페이지랭크의 이전 역사는 M. Franceschet, "PageRank: Standing on
the shoulders of giants," *Communications of the ACM*, Vol. 54, No. 6(2011),
http://arxiv.org/abs/1002.2858과 S. Vigna, "Spectral ranking," http://arxiv.
org/abs/0912.0238를 보라.

4 선형대수학: 선형대수학과 그 응용에 관한 입문서를 원하는 사람에게는 길 스트
랭Gil Strang의 다음 책과 온라인 비디오 강의를 추천한다. G. Strang, *Introduction*

to Linear Algebra, 4th edition(Wellesley-Cambridge Press, 2009)과 http://web.mit.edu/18.06/www/videos.html.

5 선형대수학이 필요한 도구들을 제공한다: 선형대수학의 가장 인상적인 응용 중 일부는 특이값 분해와 주성분 분석이라는 기술에 의존한다. D. James, M. Lachance, and J. Remski, "Singular vectors' subtle secrets," *College Mathematics Journal*, Vol. 42, No. 2(March 2011), pp. 86-95 참고.

6 페이지랭크 알고리듬: 구글에 따르면, '페이지랭크PageRank'라는 용어는 웹페이지가 아니라 래리 페이지를 가리킨다. http://web.archive.org/web/20090424093934/http://www.google.com/press/funfacts.html 참고.

7 사람의 얼굴을 분류하고: 기본 개념은 어떤 사람의 얼굴도 적은 수의 기본 얼굴 성분, 즉 아이겐페이스eigenface(고유 얼굴)를 조합함으로써 표현할 수 있다는 것이다. 얼굴 인식과 분류에 이렇게 선형대수학을 응용한 연구는 L. Sirovich and M. Kirby, "Low-dimensional procedure for the characterization of human faces," *Journal of the Optical Society of America A*, Vol. 4(1987), pp. 519-524가 선도했고, M. Turk and A. Pentland, "Eigenfaces for recognition," *Journal of Cognitive Neuroscience*, Vol. 3(1991), pp. 71-86이 더 발전시켰다. 후자의 연구는 http://cse.seu.edu.cn/people/xgeng/files/under/turk91eigenfaceForRecognition.pdf에서 볼 수 있다.

이 분야에서 나온 학술 논문의 포괄적 명단은 the Face Recognition Homepage (http://www.face-rec.org/interesting-papers/)를 참고하라.

8 대법관들의 투표 패턴: L. Sirovich, "A pattern analysis of the second Rehnquist U.S. Supreme Court," *Proceedings of the National Academy of Sciences*, Vol. 100, No. 13(2003), pp. 7432-7437. 이 연구를 언론에서 다룬 글은 N. Wade, "A mathematician crunches the Supreme Court's numbers," *New York Times*(June 24, 2003)를 보라. 수학자였다가 현재는 법학 교수로 활동하는 사람이 법학자들을 겨냥해 전개한 논의를 보고 싶으면, P. H. Edelman, "The dimension of the Supreme Court," *Constitutional Commentary*, Vol. 20, No. 3(2003), pp. 557-570를 참고하라.

9 넷플릭스상: 초기의 참가자들과 영화 〈나폴레옹 다이너마이트Napoleon Dynamite〉의 중요성에 관한 흥미로운 사실들을 포함한 넷플릭스상 관련 이야기는 C. Thompson, "If you liked this, you're sure to love that .Winning the Netflix

prize," *New York Times Magazine*(November 23, 2008)를 참고하라. 이 상의 수상자는 대회가 시작된 지 3년이 지난 2009년 9월에 나왔다. S. Lohr, "A \$1 million research bargain for Netflix, and maybe a model for others," *New York Times*(September 22, 2009) 참고. 넷플릭스상 수상 후보로 특이값 분해를 신청한 이야기는 B. Cipra, "Blockbuster algorithm," *SIAM News*, Vol. 42, No. 4(2009)에 나온다.

10 일부 세부 내용을 생략했는데: 단순성을 위해 나는 가장 기본적인 버전의 페이지랭크 알고리듬을 소개했다. 어떤 구조적 특징을 공통적으로 지닌 네트워크들을 다루려면, 페이지랭크를 수정할 필요가 있다. 예를 들어 그 네트워크에 자신은 다른 웹페이지를 가리키지만 자신을 가리키는 웹페이지는 전혀 없는 웹페이지가 일부 포함되어 있다고 가정해보자. 그러면 업데이트 과정에서 이 웹페이지들은 마치 물이 새어나가거나 출혈이 일어나는 것처럼 자신의 페이지랭크를 잃고 말 것이다. 이 웹페이지들은 페이지랭크를 다른 웹페이지들에 전해주지만, 자신의 페이지랭크는 결코 보충되지 않는다. 결국 이 웹페이지들은 모두 페이지랭크가 0으로 끝날 것이고, 따라서 이 점에서 구별이 불가능할 것이다.

또 다른 극단으로는 일부 웹페이지나 웹페이지 집단이 어떤 웹페이지하고도 연결을 내보내지 않는 배타적 태도를 취함으로써 페이지랭크를 저장하는 네트워크를 생각해보라. 이런 웹페이지는 페이지랭크 흡수원으로 행동하는 경향을 보인다.

이런 효과와 그 밖의 효과를 극복하기 위해 브린과 페이지는 그들의 알고리듬을 다음과 같이 수정했다. 업데이트 과정에서 매 단계가 일어난 뒤에 현재의 모든 페이지랭크를 일정한 비율로 축소하여 전체 합이 1보다 작아지게 한다. 그러고 나서 남은 것은 마치 모두에게 비가 쏟아지는 것처럼 네트워크 내의 모든 노드들에 균일하게 분배한다. 이것은 궁극적인 평등주의 행동으로, 페이지랭크를 그것이 가장 절실히 필요한 노드들로 확산시킨다.

인터랙티브 탐구와 함께 페이지랭크의 수학을 더 깊이 다룬 글은 E. Aghapour, T. P. Chartier, A. N. Langville, and K. E. Pedings, "Google PageRank: The mathematics of Google"(http://www.whydomath.org/node/google/index.html)를 보라. 포괄적으로 다루었지만 쉽게 이해할 수 있게 쓴 책은 A. N. Langville and C. D. Meyer, *Google's PageRank and Beyond*(Princeton University Press, 2006)를 참고하라.

25 가장 외로운 수

1 1은 가장 외로운 수: '원One'이라는 노래를 작곡한 사람은 해리 닐슨Harry Nilsson이다. 스리 도그 나이트Three Dog Night가 이 노래를 불러 히트를 쳤는데, 빌보드 핫 100에서 5위까지 차지했다. 또 에이미 만Aimee Mann도 이 노래를 아주 아름답게 불렀는데, 영화 〈매그놀리아Magnolia〉에서 들을 수 있다.

2 『소수의 고독』: P. Giordano, *The Solitude of Prime Numbers*(Pamela Dorman Books/Viking Penguin, 2010). 본문에서 인용한 내용은 pp. 111-112에 나온다.

3 정수론: 정수론, 특히 소수의 수수께끼를 설명하는 입문서를 일반 대중에게 추천하려고 할 때 가장 어려운 문제는 어디서부터 시작해야 하느냐 하는 것이다. 아주 훌륭한 입문서로는 최소한 세 권이 있다. 이 책들은 모두 비슷한 시기에 출판되었고, 모두 수학에서 풀리지 않은 문제 중 가장 중요한 문제로 간주되는 리만 가설을 중심으로 이야기를 전개한다. 리만 가설에 대한 초기 역사와 함께 자세한 수학적 내용을 알고 싶다면, J. Derbyshire, *Prime Obsession*(Joseph Henry Press, 2003)을 추천하고 싶다. 최근의 발전에 더 방점을 두고 소개한 책이면서 아주 쉽게 읽을 수 있는 책으로는 D. Rockmore, *Stalking the Riemann Hypothesis*(Pantheon, 2005)와 M. du Sautoy, *The Music of the Primes*(HarperCollins, 2003)가 있다.

4 암호화 알고리듬: 정수론이 암호에 쓰이는 방식에 대해서는 M. Gardner, *Penrose Tiles to Trapdoor Ciphers*(Mathematical Association of America, 1997), 13장과 14장을 참고하라. 13장은 가드너가 《사이언티픽 아메리칸》 1977년 8월호에 쓴 유명한 칼럼을 그대로 옮겨놓은 것인데, 여기서 가드너는 사실상 해독 불가능한 RSA 암호 시스템을 일반 대중을 위해 쉽게 설명한다. 14장은 RSA가 국가안보국에 야기한 '격렬한 분노'에 대해 이야기한다. 최근의 발전에 대한 더 자세한 이야기는 du Sautoy, *The Music of the Primes*, 10장을 참고하라.

5 소수 정리: 소수 정리에 관한 정보는 더비셔Derbyshire, 록 모어Rockmore, 그리고 위에서 언급한 뒤 소토이du Sautoy가 쓴 책들과 함께 온라인에서 찾아볼 수 있는 자료가 많다. 예컨대 Chris K. Caldwell의 웹페이지 "How many primes are there?"(http://primes.utm.edu/howmany.shtml), MathWorld 웹페이지 "Prime number theorem"(http://mathworld.wolfram.com/PrimeNumberTheorem.html), 위키피디아 웹페이지 "Prime number theorem"(http://en.wikipedia.org/wiki/Prime_number_theorem) 등이 있다.

6 카를 프리드리히 가우스: 가우스가 열다섯 살 때 소수 정리를 발견한 이야기는 Derbyshire, *Prime Obsession* 53-54쪽에 나오며, L. J. Goldstein, "A history of the prime number theorem," *American Mathematical Monthly*, Vol. 80, No. 6(1973), pp. 599-615에서 아주 자세히 다룬다. 가우스가 이 정리를 증명한 것은 아니고, 재미로 자신이 계산한(손으로) 소수 표들을 보고 숙고하다가 소수 정리를 알아냈다. 최초의 증명은 100년쯤 뒤인 1896년에 자크 아다마르Jacques Hadamard 와 샤를 드 라 발레 푸생Charles de la Vallee Poussin이 각자 독자적으로 발표했다.

7 쌍둥이 소수가 계속 존재한다는: 소수 정리를 바탕으로 생각한다면, 쌍둥이 소수는 어떻게 큰 N에서 존재할 수 있을까? 소수 정리는 소수들 사이의 '평균' 간격이 $\ln N$라고만 말할 뿐이다. 하지만 이 평균에는 요동이 있고, 소수의 수도 무한히 많기 때문에, 그 중에서 운 좋은 확률을 극복하는 소수가 존재할 수 있다. 다시 말해서, 대부분의 소수는 $\ln N$보다 더 가까운 곳에서 이웃 소수를 발견할 수 없지만, 극히 일부는 그럴 수 있다.

'소수 사이의 아주 작은 간격'을 지배하는 수학을 알고 싶은 독자는 앤드루 그랜빌Andrew Granville이 해석적 수론에 대해 아주 간결하면서도 아름답게 설명한 글 T. Gowers, *The Princeton Companion to Mathematics*(Princeton University Press, 2008), pp. 332-348, 특히 p. 343를 보라.

테렌스 타오Terence Tao가 쌍둥이 소수에 많은 통찰(구체적으로는 쌍둥이 소수가 어떻게 분포하고, 수학자들은 왜 쌍둥이 소수가 무한히 존재한다고 믿는지)을 제공하고, 그러고 나서 좀 더 깊이 들어가 벤 그린Ben Green과 함께 증명한 그린-타오 정리(소수 집합에 임의의 길이를 가지는 등차수열이 항상 존재한다는)를 훌륭하게 설명한 글도 온라인에서 찾아볼 수 있다. T. Tao, "Structure and randomness in the prime numbers," http://terrytao.wordpress.com/2008/01/07/ams-lecture-structure-and-randomness-in-the-prime-numbers/ 참고.

쌍둥이 소수에 대해 더 자세한 내용과 배경 정보는 http://en.wikipedia.org/wiki/Twin_prime과 http://mathworld.wolfram.com/TwinPrimeConjecture.html을 참고하라.

8 근처에서 또 다른 쌍둥이 소수를: 이것은 그냥 농담이며, 연속되는 쌍둥이 소수 쌍들 사이의 간격에 대해 진지한 이야기를 하려는 게 아니다. 어쩌면 수직선에서 아득하게 멀리 떨어진 저기 어딘가에 우연히 쌍둥이 소수 두 쌍이 서로 아주 가까이 붙어 있을지도 모른다. 이런 질문들을 쉽게 소개한 글은 I. Peterson, "Prime

twins"(June 4, 2001), http://www.maa.org/mathland/mathtrek_6_4_01.html 를 참고하라.

어쨌든 어색한 커플을 쌍둥이 소수에 비유하는 것은 할리우드에서는 별로 재미를 보지 못했다. 가벼운 오락 영화를 좋아한다면, 바브라 스트라이샌드Barbra Streisand와 제프 브리지스Jeff Bridges가 주연을 맡은 *The Mirror Has Two Faces*(우리나라에서는 〈로즈 앤 그레고리〉라는 제목으로 소개)를 보라. 그레고리는 잘생겼지만 사교성이 전혀 없는 수학 교수인 반면, 영문학 교수인 로즈는 결단력이 있고 에너지가 넘치지만 가정적인 여성(어쨌든 우리는 그렇게 받아들여야 한다)으로, 어머니와 아주 잘생긴 여동생과 함께 산다. 결국 두 교수는 어떻게 하여 첫 데이트를 하게 된다. 저녁 식사 중 대화 주제가 춤(그레고리에겐 당황스러운)으로 옮아가자, 그레고리는 갑자기 쌍둥이 소수 이야기를 꺼낸다. 로즈는 그 개념을 즉각 이해하고는 "100만을 넘어가면 어떻게 되나요? 그래도 여전히 그것과 같은 쌍이 있나요?"라고 묻는다. 그레고리는 깜짝 놀라 하마터면 의자에서 굴러 떨어질 뻔하면서 "그걸 생각하다니 믿을 수가 없군요! 그건 바로 쌍둥이 소수 추측에서 아직 증명되지 않은 것이라오."라고 말한다. 나중에 두 사람이 사랑에 빠질 무렵, 로즈는 그레고리에게 생일 선물로 소수들이 새겨진 커프스 단추를 준다.

26 매트리스 수학

1 매트리스 수학: 매트리스군은 전문적으로는 클라인 4원군Klein four-group이라 부른다. 이것은 거대한 가능성의 동물원에서 가장 단순한 군 중 하나이다. 수학자들은 지난 200년 동안 군들을 분석하고 그 구조를 분류해왔다. 군론과 모든 유한 단순군을 분류하려는 최근의 노력을 흥미롭게 설명한 책은 M. du Sautoy, *Symmetry*(Harper, 2008)를 보라.

2 군론: 나는 이 책을 쓰면서 최근에 나온 다음 두 책에서 영감을 얻었다: N. Carter, *Visual Group Theory*(Mathematical Association of America, 2009) 와 B. Hayes, *Group Theory in the Bedroom*(Hill and Wang, 2008). 카터는 군론의 기초를 부드럽게 그림을 통해 소개한다. 또, 군론이 루빅 큐브, 콩트르당스 contredance(18세기에 프랑스에서 유행한 사교춤. 4~8쌍의 남녀가 4분의 2박자 또는 8분의 6박자로 명랑하게 추는 춤으로, 본래는 영국의 민속 무용이었다), 스퀘어댄스, 결정, 화학, 미술, 건축과 어떤 관계가 있는지도 다룬다. 헤이스는 매트리스 뒤집기에 관한 이 글과 비슷한 내용을 먼저 *American Scientist*, Vol. 93, No.

5(September/October 2005), p. 395에 발표했다. 온라인으로는 http://www.americanscientist.org/issues/pub/group-theory-in-the-bedroom에서 볼 수 있다.

'군'이 무엇인지 그 정의를 알고 싶은 독자는 해당 주제에 관한 권위 있는 온라인 참고 문헌이나 표준 교과서를 보기 바란다. 시작하기에 좋은 곳은 MathWorld 웹페이지 http://mathworld.wolfram.com/topics/GroupTheory.html나 위키피디아 웹페이지 http://en.wikipedia.org/wiki/Group_(mathematics)이다. 이 책에서 내가 다룬 글은 가장 일반적인 의미의 군보다는 대칭군에 초점을 맞추었다.

3 그에 상응하는 카오스적 이미지: 마이클 필드Michael Field와 마틴 골루비츠키Martin Golubitsky는 군론과 비선형역학 사이의 상호 작용을 연구했다. 연구 과정에서 그들은 대칭적 카오스를 보여주는 놀라운 컴퓨터 그래픽스를 만들어냈는데, 그 중 많은 것은 필드의 웹페이지(http://www.math.rice.eu/ag/index.html)에서 볼 수 있다. 이 주제와 관련된 미술, 과학, 수학을 더 자세히 알고 싶으면, M. Field and M. Golubitsky, *Symmetry in Chaos*, 2nd edition(Society for Industrial and Applied Mathematics, 2009)을 보라.

4 이 그림은 $HR=V$임을 증명한다: 이 장 전체를 통해 혼란을 야기할 가능성이 있는 표기법에 대한 설명이 필요하다. $HR=V$와 같은 방정식에서 왼쪽에 쓴 H는 그것이 먼저 수행해야 할 변환임을 가리킨다. 카터는 자신의 책에서 함수 합성을 다룰 때 이 표기법을 사용하지만, 독자들은 많은 수학자가 이럴 때 반대로 H를 오른쪽에 쓰는 관행을 따른다는 사실에 유의할 필요가 있다.

5 리처드 파인만Richard Feynman이 어떻게 징병 유예를 받았는지: 파인만과 정신과 의사의 일화는 R. P. Feynman, "*Surely You're Joking, Mr. Feynman!*"(W. W. Norton and Company, 1985), p. 158과 J. Gleick, *Genius*(Random House, 1993), p. 223에 나온다.

27 뫼비우스의 띠

1 뫼비우스의 띠: 미술과 오행 희시, 특허, 오락용 마술, 진지한 수학……그리고 그 밖에 뭐든지 간에 뫼비우스의 띠와 관계가 있는 것이라면, 그것은 분명 클리프 피코버Cliff Pickover가 쓴 흥미진진한 책 *The Möbius Strip*(Basic Books, 2006)에 들어 있을 것이다. 그보다 앞선 세대는 이 경이로운 이야기 중 일부를 M. Gardner, "The world of the Möbius strip: Endless, edgeless, and one-sided," *Scientific*

American, Vol. 219, No. 6(December 1968)에서 처음 배웠다.

2 여섯 살짜리 꼬마도 이것을 가지고 재미있는 활동을: 이 장에서 소개한 일부 활동에 대한 단계별 지시를 사진들과 함께 보고 싶으면, http://www.wiki-how.com/Explore-a-Möbius-Strip에서 "How to explore a Möbius strip"를 보라. 줄리언 플레런Julian Fleron은 "Recycling Möbius," http://artofmathematics.wsc.ma.edu/sculpture/workinprogress/Mobius1206.pdf에서 그 밖에 뫼비우스 화환, 심장, 클립 별 등 많은 아이디어를 제시한다.

종이 모형을 사용한 재미있는 실험을 더 보고 싶으면, 바s. Barr가 쓴 고전적인 책 *Experiments in Topology*(Crowell, 1964)를 보라.

3 위상수학: 위상수학의 기초에 관한 아주 훌륭한 설명을 보려면 R. Courant and H. Robbins(revised by I. Stewart), *What Is Mathematics*? 2nd edition(Oxford University Press, 1996) 5장을 보라. 위상수학을 흥미진진하게 탐구한 책으로는 M. Gardner, *The Colossal Book of Mathematics*(W. W. Norton and Company, 2001)가 있다. 가드너는 제5부 18~20장에서 클라인 병, 매듭, 연결된 도넛을 비롯해 레크리에이션 위상수학에서 흥미진진한 주제들을 다룬다. 최근에 위상수학을 아주 훌륭하게 다룬 책으로는 D. S. Richeson, *Euler's Gem*(Princeton University Press, 2008)이 있다. 리키슨은 위상수학의 역사를 소개하고, 오일러의 다면체 공식을 중심으로 주요 개념들을 설명한다. T. Gowers, *The Princeton Companion to Mathematics*(Princeton University Press, 2008), pp. 383-408에서 대수위상수학과 미분대수수학을 다룬 장들은 수준이 훨씬 높지만 대학에서 수학을 배운 사람이라면 읽는 데 무리가 없을 것이다.

4 원과 정사각형 형태가 지닌 고유한 속성인 고리 모양: 원과 정사각형이 위상수학적으로 동일한 곡선이라고 하면, 위상수학적으로 다른 곡선은 어떤 것이 있을까 하고 의아하게 생각할 사람도 있을 것이다. 가장 간단한 예는 선분이다. 이것을 증명하는 것은 아주 간단하다. 원이나 정사각형이나 다른 종류의 고리에서 한쪽 방향으로 계속 나아가면 항상 출발점으로 돌아오지만, 선분에서는 이것이 불가능하다. 그 물체의 위상수학을 보존하는 어떤 변형을 일으키더라도 이 속성은 변하지 않기 때문에, 그리고 이 속성은 고리와 선분에서 서로 다르기 때문에, 고리와 선분은 위상수학적으로 다르다고 결론내릴 수 있다.

5 바이 하트: 이 장에서 다룬 바이의 비디오 "Möbius music box"와 "Möbius story: Wind and Mr. Ug"는 유튜브에서 찾아볼 수 있고, http://vihart.com/

musicbox/와 http://vihart.com/blog/mobius-story/에서도 볼 수 있다. 바이의 수학적 음식, 낙서, 풍선, 구슬 세공, 뮤직 박스에 대한 독창적이고 흥미진진한 모험에 대해 더 많은 것을 보고 싶으면, 그녀의 웹사이트 http://vihart.com/everything/를 방문해보라. 바이는 K. Chang, "Bending and stretching classroom lessons to make math inspire," *New York Times*(January 17, 2011)에서 소개되었다. 이 글은 http://www.nytimes.com/2011/01/18/science/18prof.html에서 볼 수 있다.

6 뫼비우스의 띠의 신기한 성질에서 영감을 얻은 미술가가 많다: 마우리츠 에셔, 맥스 빌, 우시오 게이조가 뫼비우스의 띠를 모티프로 만든 작품 이미지를 보고 싶으면, 해당 미술가의 이름과 '뫼비우스'를 검색어로 사용해 웹에서 검색해보라. 이바스 피터슨Ivars Peterson은 자신의 Mathematical Tourist 블로그 http://mathtourist.blogspot.com/search/label/Moebius%20Strips에서 문학과 미술, 건축, 조각 작품에 뫼비우스의 띠가 사용된 예들에 대한 글을 사진과 설명을 곁들여 썼다.

7 카자흐스탄국립도서관: 이 도서관은 현재 건축 중이다. 그 설계 개념과 완공되었을 때의 흥미로운 모습을 보고 싶으면, BIG(Bjarke Ingels Group)의 웹사이트 http://www.big.dk/를 방문해 찾아보라. 거기서 ANL, Astana National Library 아이콘을 누르면 된다. 그것은 2009년 칼럼(오른쪽에서 네 번째 칼럼)에 있다. 이 사이트에는 도서관의 내부 구조와 외부 구조, 순환 통로, 열 노출 등을 보여주는 41장의 슬라이드가 포함돼 있는데, 이것들은 건물의 설계에 반영된 뫼비우스의 띠 구조 때문에 모두 특이하다. 비야르케 잉겔스Bjarke Ingels의 프로필과 그의 설계에 대한 설명은 G. Williams, "Open source architect: Meet the maestro of 'hedonistic sustainability'" http://www.wired.co.uk/magazine/archive/2011/07/features/open-source-architect를 참고하라.

8 뫼비우스 특허: 이 중 일부는 Pickover, *The Möbius Strip*에서 다룬다. Google Patents에서 "Möbius strip"를 친 뒤에 검색하면 그 밖에 수백 가지를 더 발견할 수 있다.

9 베이글: 베이글을 이런 식으로 자르고 싶다면, 조지 하트가 자신의 웹사이트 http://www.georgehart.com/bagel/bagel.html에서 설명한 방법을 참고하라. 아니면, 빌 자일스Bill Giles가 만든 컴퓨터 애니메이션 http://www.youtube.com/watch?v=hYXnZ8-ux80을 보아도 된다. 실시간으로 일어나는 것을 보고 싶다면, UltraNurd가 만든 비디오 "Möbius Bagel"(http://www.youtube.com/

watch?v=Zu5z1BCC70s)을 보라. 하지만 엄밀하게 말하면, 이것은 뫼비우스 베이글이라고 부를 수 없다. 이 점은 조지 하트의 연구에 대해 글을 쓰거나 그의 연구를 베낀 사람들 사이에 혼란을 야기하는 한 가지 원인이다. 크림치즈를 바르는 표면은 뫼비우스의 띠와 동일한 것이 아닌데, 거기에는 반 바퀴 비틀림이 한 번이 아니라 두 번 포함돼 있어, 그 결과로 만들어진 표면은 한 면이 아니라 두 면이기 때문이다. 게다가 진정한 뫼비우스 베이글은 반으로 자른 뒤에도 두 조각이 아니라 한 조각이어야 한다. 진짜 뫼비우스의 띠 방식으로 베이글을 자르는 시범은 http://www.youtube.com/watch?v=l6Vuh16r8o8를 보라.

28 구면기하학과 미분기하학

1 지구가 편평하다는 상상: 평면기하학을 편평한 지구의 기하학이라고 표현한 것이 마치 이 분야를 깎아내리는 것처럼 들릴지 모르겠지만, 내 의도는 전혀 그런 게 아니다. 굽은 모양을 국지적으로 편평한 것으로 근사적으로 바라보는 방법은 미적분학에서 상대성 이론에 이르기까지 수학과 물리학의 많은 분야에서 아주 유용한 단순화임이 입증되었다. 평면기하학은 이 대단한 개념을 보여주는 첫 번째 사례이다.

또한 나는 옛날 사람들이 모두 다 지구가 편평하다고 생각했다고 주장하는 것은 아니다. 고대 그리스의 에라토스테네스Eratosthenes가 지구 둘레의 길이를 측정한 이야기가 N. Nicastro, *Circumference*(St. Martin's Press, 2008)에 흥미진진하게 기술돼 있다. 여러분이 직접 시도해볼 수 있는 더 현대적인 방법도 있는데, 프린스턴 대학의 로버트 밴더베이Robert Vanderbei는 얼마 전에 딸의 고등학교 기하학 시간에 일몰 사진을 사용해 지구가 편평하지 않음을 보여주고, 지구의 지름을 추정하는 시범을 보여주었다. 그의 슬라이드는 http://orfe.princeton.edu/~rvdb/tex/sunset/34-39.OPN.1108twoup.pdf에서 볼 수 있다.

2 미분기하학: 아주 훌륭한 현대 기하학 입문서로 20세기의 위대한 수학자인 다비트 힐베르트David Hilbert가 공동 저술한 책이 있다. 이 고전적인 저서는 1952년에 출간되었다가 나중에 D. Hilbert and S. Cohn-Vossen, *Geometry and the Imagination*(American Mathematical Society, 1999)으로 재출간되었다. 그밖에 미분기하학에 관한 훌륭한 교과서와 온라인 강의는 위키피디아 웹페이지 http://en.wikipedia.org/wiki/Differential_geometry에 실려 있다.

3 가장 똑바른 경로: 지표면 위의 어떤 두 점 사이를 잇는 최단 경로를 그리

게 해주는 인터랙티브 온라인 시범을 보고 싶다면, http://demonstrations. wolfram.com/GreatCirclesOnMercatorsChart/를 보라(이것을 플레이하려면 Mathematica Player가 필요한데, http://www.wolfram.com/products/player/ 에서 무료로 다운로드받을 수 있다. 이것을 다운로드받으면, 모든 수학 분야에 걸 쳐 수백 가지의 인터랙티브 시범도 볼 수 있다).

4 콘라트 폴티어: 수학을 주제로 폴티어가 만든 여러 가지 흥미로운 교육용 비디 오들을 발췌한 것을 http://page.mi.fu-berlin.de/polthier/video/Geodesics/ Scenes.html에서 찾아볼 수 있다. 폴티어와 그 동료들이 만들어 상을 수상한 비디 오들은 VideoMath Festival 모음(http://page.mi.fu-berlin.de/polthier/Events/ VideoMath/index.html)에서 볼 수 있고, Springer-Verlag가 제작한 DVD로 도 볼 수 있다. 더 자세한 것은 G. Glaeser and K. Polthier, *A Mathematical Picture Book*(Springer, 2012)을 참고하라. 본문 중의 그림들은 *Touching Soap Films*(Springer, 1995), by Andreas Arnez, Konrad Polthier, Martin Steffens, and Christian Teitzel이라는 DVD에서 인용한 것이다.

5 네트워크에서 최단 경로: 네트워크의 최단 경로 문제를 푸는 고전적인 알고리듬 은 에츠허르 데이크스트라Edsger Dijkstra가 만들었다. 개략적인 설명을 원한다면 http://en.wikipedia.org/wiki/Dijkstra's_algorithm을 찾아보라. 스티븐 스키 나Steven Skiena는 데이크스트라의 알고리듬에 관한 교육용 애니메이션을 만들어 http://www.cs.sunysb.edu/~skiena/combinatorica/animations/dijkstra.html 에 게시했다.

자연은 아날로그 연산과 유사한 분권화 과정을 통해 특정 최단 거리 문제를 풀 수 있다. 미로를 푸는 화학적 파동에 대해서는 O. Steinbock, A. Toth, and K. Showalter, "Navigating complex labyrinths: Optimal paths from chemical waves," *Science*, Vol. 267(1995), p. 868를 보라. 이에 뒤질세라 점균류도 미로 문제를 풀 수 있다. T. Nakagaki, H. Yamada, and A. Toth, "Maze-solving by an amoeboid organism," *Nature*, Vol. 407(2000), p. 470 참고. 점균류는 심 지어 도쿄 철도 시스템만큼 효율적인 네트워크도 만들 수 있다. A. Tero et al., "Rules for biologically inspired adaptive network design," *Science*, Vol. 327 (2010), p. 439 참고.

6 여러분이 살아온 이야기를 단 여섯 단어로: 여섯 단어로 쓴 흥미로운 회고록의 예 들은 http://www.smithmag.net/sixwords/와 http://en.wikipedia.org/wiki/

Six-Word_Memoirs에서 볼 수 있다.

29 해석학

1 해석학: 해석학은 미적분학의 논리적 기초를 강화해야 할 필요성 때문에 발전
했다. 윌리엄 더넘William Dunham은 자신의 저서 W. Dunham, *The Calculus
Gallery*(Princeton University Press, 2005)에서 뉴턴부터 시작해 르베그Lebesgue
에 이르기까지 대가 11명의 연구를 통해 이 이야기를 추적한다. 이 책에는 대
학에서 수학을 배운 사람이라야 이해할 수 있는 수준의 수학 내용이 포함돼 있
다. 비슷한 맥락에서 쓴 교과서로는 D. Bressoud, *A Radical Approach to Real
Analysis*, 2nd edition(Mathematical Association of America, 2006)이 있다.
더 포괄적인 역사를 다룬 책을 원하면 C. B. Boyer, *The History of the Calculus
and Its Conceptual Development*(Dover, 1959)를 보라.

2 영원히 진동하는: 그란디의 무한급수 $1-1+1-1+1-1+\cdots$은 위키피디어에서 그
역사와 함께 그 수학적 지위와 수학 교육에서 차지하는 역할을 다룬 글들에 대
한 링크까지 포함해 자세히 다루고 있다. 이것은 "Grandi's series"(http://
en.wikipedia.org/wiki/Grandi's_series)에서 찾아볼 수 있다.

3 리만의 재배열 정리: 리만의 재배열 정리를 명쾌하게 설명한 글은 Dunham, *The
Calculus Gallery*, pp. 112-115를 참고하라.

4 실로 이상하고, 실로 병적이다: 교대조화급수는 조건부 수렴한다. 즉, 수렴하긴
하지만 절대 수렴하는 것은 아니다(그 항들의 절대값의 합은 수렴하지 않는다).
이와 같은 급수의 경우, 순서를 바꿈으로써 그 합을 어떤 실수로도 만들 수 있다.
리만의 재배열 정리에 내포된 충격적인 의미는 바로 이것이다. 수렴급수가 '절대'
수렴하지 않을 경우 그 합은 우리의 직관으로 예상한 것과 어긋날 수 있음을 보여
준다.

훨씬 순하고 말을 잘 듣는 절대수렴급수의 경우, 어떻게 재배열하더라도 항상 같
은 값으로 수렴한다. 이것은 아주 편리한데, 절대수렴급수가 유한급수처럼 행동
한다는 것을 의미한다. 특히 절대수렴급수에서는 덧셈의 교환법칙이 성립한다.
항들을 어떤 식으로 재배열하더라도 합은 변함이 없다. 절대수렴에 대해 더 자세
한 것을 알고 싶으면, http://mathworld.wolfram.com/AbsoluteConvergence.
html과 http://en.wikipedia.org/wiki/Absolute_convergence를 참고하라.

5 푸리에 해석: 톰 쾨르너Tom Körner가 쓴 훌륭한 책 *Fourier Analysis*(Cambridge

University Press, 1989)는 푸리에 해석의 개념, 기법, 응용, 역사를 들여다볼 수 있는 '쇼윈도'이다. 수학적 엄밀성의 수준은 높은 편이지만, 위트가 넘치고 우아하고 특이한 유머 감각이 번뜩인다. 푸리에 연구와 그것이 음악과 연관된 부분을 잘 소개한 입문서는 M. Kline, *Mathematics in Western Culture*(Oxford University Press, 1974) 제19장을 보라.

6 깁스 현상: 깁스 현상과 그 파란만장한 역사를 다룬 글은 E. Hewitt and R. E. Hewitt, "The Gibbs-Wilbraham phenomenon: An episode in Fourier analysis," *Archive for the History of Exact Sciences*, Vol. 21(1979), pp. 129-160를 보라.

7 디지털 사진과 MRI 스캔: 깁스 현상은 디지털 비디오의 MPEG와 JPEG 압축에 영향을 미칠 수 있다. http://www.doc.ic.ac.uk/~nd/surprise_96/journal/vol4/sab/report.html 참고. MRI 스캔에서 나타나는 깁스 현상은 절단 또는 깁스 고리라 부른다. http://www.mr-tip.com/serv1.php?type=art&sub=Gibbs%20Artifact 참고. 이러한 인공물을 다루는 방법에 대해서는 T. B. Smith and K. S. Nayak, "MRI artifacts and correction strategies," *Imaging Medicine*, Vol. 2, No. 4(2010), pp. 445-457을 참고하라. 온라인으로는 http://mrel.usc.edu/pdf/Smith_IM_2010.pdf에서 볼 수 있다.

8 깁스 인공물의 원인이 무엇인지 정확하게 알아냈다: 19세기의 해석학자들은 깁스 현상의 바탕을 이루는 수학적 원인을 알아냈다. 예리한 가장자리나 다른 약한 종류의 뜀 불연속성을 나타내는 함수(혹은 오늘날에는 이미지)의 경우, 사인파의 부분합은 점으로 수렴하지만 원래 함수로 균일하게 수렴하지는 않음이 증명되었다. 점 수렴은 '어떤' 점 x에서, 부분합이 더 많은 항들을 더할수록 원래 함수에 임의로 가까워진다는 것을 의미한다. 그런 의미에서 그 급수는 수렴한다. 문제점은 어떤 점들은 다른 점들보다 훨씬 까다롭다는 사실이다. 깁스 현상은 그런 점들 중 최악의 점 근처, 즉 원래 함수의 가장자리에서 일어날 수 있다.

예를 들어 본문에서 다룬 톱니 파동을 생각해보라. x가 톱니 가장자리에 더 가까이 다가갈수록 주어진 근사 수준에 도달하기 위해 푸리에 급수에서 점점 더 많은 항들을 포함한다. 수렴이 균일하지 않다고 말하는 것은 바로 이런 뜻이다. 수렴은 x의 값에 따라 서로 다른 비율로 일어난다.

이 경우, 수렴의 불균일성이 일어나는 원인은 그 항들이 톱니 파동의 푸리에 계수로 나타나는 교대조화급수의 병적 측면으로 돌릴 수 있다. 앞에서 이야기했듯이, 교대조화급수는 수렴하지만, 양의 항과 음의 항이 교대로 섞이면서 대량 상쇄가 일어나기 때문에 수렴한다. 만약 절대값을 취함으로써 모든 항들을 양수로 만들면, 급수는 수렴한다 — 그 합은 무한대에 접근할 것이다. 교대조화급수가 '절대수렴이 아니라 조건부 수렴'을 한다고 말한 이유는 이 때문이다. 이렇게 위태로운 형태의 수렴은 그것과 연관이 있는 푸리에 급수까지 감염시켜 불균일하게 수렴하게 만들어 깁스 현상과 가장자리 근처에서 위로 치솟은 손가락 모양을 낳는다.

이와는 대조적으로, 푸리에 계수들의 급수가 절대 수렴하는 경우는 훨씬 나은데, 이 경우에는 관련 푸리에 급수가 균일하게 원래의 함수로 수렴한다. 그러면 깁스 현상이 일어나지 않는다. 더 자세한 내용은 http://mathworld.wolfram.com/GibbsPhenomenon.html과 http://en.wikipedia.org/wiki/Gibbs_phenomenon을 참고하라.

요점은 해석학자들이 조건부 수렴급수를 경계하라고 가르쳤다는 것이다. 수렴은 좋은 것이지만 무조건 좋은 것만은 아니다. 무한급수가 모든 점에서 유한급수처럼 행동하려면 조건부 수렴이 제공하는 것보다 훨씬 엄격한 구속 조건이 필요하다. 절대수렴 조건을 따르도록 요구하면, 급수 자체뿐만 아니라 그것과 연관된 푸리에 급수에도 우리가 직관적으로 예상하는 행동을 낳는다.

30 힐베르트 호텔

1 게오르크 칸토어: 그의 연구를 둘러싼 수학적, 철학적, 신학적 논란을 포함해 칸토어에 관한 더 자세한 내용은 J. W. Dauben, *Georg Cantor*(Princeton University Press, 1990)를 참고하라.

2 집합론: 아직 읽지 않았다면, 아주 놀라운 베스트셀러인 『로지코믹스Logicomix』를 추천하고 싶다: A. Doxiadis and C. H. Papadimitriou, *Logicomix*(Bloomsbury, 2009). 이 책은 집합론, 논리, 무한, 광기, 수학적 진리 탐구를 다룬 아주 독창적인 그래픽 소설이다. 버트런드 러셀이 주인공으로 나오지만, 칸토어, 힐베르트, 푸앵카레를 비롯해 많은 인물이 등장한다.

3 다비트 힐베르트: C. Reid, *Hilbert*(Springer, 1996)는 힐베르트의 삶과 연구와 시대를 일반 사람들도 읽을 수 있게 감동적으로 서술한 고전적 전기이다. 힐베르트가 수학에 기여한 업적은 너무 많아서 여기에 일일이 열거할 수 없지만, 가장 위대한 업적은 20세기에 수학이 나아갈 길을 인도할 것으로 그가 생각한 스물세 가지 문제 — 그 당시에는 모두 풀리지 않은 채 남아 있던 문제 — 가 아닐까 싶다. 힐

베르트의 스물세 가지 문제의 뒷이야기와 의미, 그리고 일부 문제를 푼 사람들에 대해서는 B. H. Yandell, *The Honors Class*(A K Peters, 2002)를 참고하라. 많은 문제는 아직도 풀리지 않은 채 남아 있다.

4 **힐베르트 호텔**: 힐베르트의 무한 호텔 비유는 조지 가모브의 대작 *One Two Three……Infinity*(Dover, 1988), p. 17(국내에는 『1, 2, 3 그리고 무한』이라는 제목으로 소개)에 나온다. 가모브는 가산 집합과 비가산 집합, 그리고 그것과 관련된 무한 개념들도 아주 잘 설명한다.

　수학 소설 작가들은 힐베르트 호텔의 희극적 및 극적 가능성을 종종 탐구했다. 예를 들어 S. Lem, "The extraordinary hotel or the thousand and first journey of Ion the Quiet," reprinted in *Imaginary Numbers*, edited by W. Frucht(Wiley, 1999)와 I. Stewart, *Professor Stewart's Cabinet of Mathematical Curiosities*(Basic Books, 2009)를 보라. 같은 주제를 다룬 어린이 책으로는 I. Ekeland, *The Cat in Numberland*(Cricket Books, 2006)가 있다.

5 **1과 8 사이에 있는 다른 숫자**: 실수의 비가산성 증명에서 대각선 방향의 숫자들을 1과 8 사이의 숫자로 대체하라고 말한 데에는 미묘한 이유가 있다. 반드시 그래야 하는 것은 아니다. 하지만 내가 0과 9를 사용하지 말라고 한 이유는 일부 실수를 두 가지 소수로 표현하는 게 가능하다는 사실에서 비롯되는 문제를 피하기 위해서이다. 예를 들면, 0.200000…은 0.199999…와 같다. 따라서 만약 0과 9의 사용을 제외하지 않는다면, 대각선 논법이 이미 명단에 있는 숫자를 우연히 만들어낼 가능성이 있다. 그렇게 되면 증명은 좌초하고 말 것이다. 하지만 0과 9를 제외하면, 이런 문제를 더 이상 염려하지 않아도 된다.

6 **무한을 넘어서는 무한**: 무한(그리고 이 책에서 다룬 그 밖의 많은 개념)에 대해 좀 더 수학적이지만 그래도 쉽게 읽을 수 있게 기술한 책으로는 J. C. Stillwell, *Yearning for the Impossible*(A K Peters, 2006)이 있다. 무한에 대해 좀 더 깊이 알고자 하는 사람은 테리 타오Terry Tao가 자신의 블로그에서 자기 모순적 대상에 대해 쓴 글인 http://terrytao.wordpress.com/2009/11/05/the-no-self-defeating-objectargument/을 보라. 그는 집합론, 철학, 물리학, 컴퓨터과학, 게임 이론, 논리학에서 나타나는 무한에 관해 많은 기본적 논쟁을 쉽게 이해할 수 있는 방식으로 제시하고 명쾌하게 밝힌다. 이런 종류의 개념들이 제기하는 근본적인 쟁점을 살펴본 책으로는 J. C. Stillwell, *Roads to Infinity*(A K Peters, 2010)가 있다.

x의 즐거움

초판 1쇄 발행 2014년 7월 11일
초판 27쇄 발행 2024년 1월 2일

지은이 스티븐 스트로가츠 옮긴이 이충호

발행인 이재진 단행본사업본부장 신동해
교정교열 이보영 디자인 최보나 조판 성인기획
마케팅 최혜진 이은미 홍보 반여진 허지호 정지연 송임선
국제업무 김은정 김지민 제작 정석훈

브랜드 웅진지식하우스
주소 경기도 파주시 회동길 20
문의전화 031-956-7430(편집) 02-3670-1123(마케팅)
홈페이지 www.wjbooks.co.kr
인스타그램 www.instagram.com/woongjin_readers
페이스북 https://www.facebook.com/woongjinreaders
블로그 blog.naver.com/wj_booking

발행처 ㈜웅진씽크빅
출판신고 1980년 3월 29일 제406-2007-000046호